机械基础

（少学时）

刘新江　夏宇阳　主　编
黄仕利　张瑶瑶　副主编
徐生明　主　审

人民交通出版社股份有限公司
北　京

内 容 提 要

本教材是“十四五”职业教育国家规划教材。本教材共包括：绪论、杆件的静力分析、直杆的基本变形、工程材料、连接、机构、机械传动、支承零部件、机械的节能环保与安全防护、气压传动与液压传动、综合实践等。

本教材在深入领会教学改革精神和教学大纲要求的基础上，突出了汽车维修与制造、机械制造与加工技术等专业的鲜明特色，可作为机械类及工程技术类专业、汽车运用与维修专业教材使用。

图书在版编目(CIP)数据

机械基础：少学时/刘新江，夏宇阳主编. —3 版
. —北京：人民交通出版社股份有限公司，2021.9（2024.12重印）
ISBN 978-7-114-17534-3

Ⅰ.①机… Ⅱ.①刘…②夏… Ⅲ.①机械学—中等专业学校—教材 Ⅳ.①TH11

中国版本图书馆 CIP 数据核字(2021)第 182380 号

Jixie Jichu(Shaoxueshi)

书　　名：机械基础(少学时)(第 3 版)
著 作 者：刘新江　夏宇阳
责任编辑：时　旭
责任校对：赵媛媛
责任印制：刘高彤
出版发行：人民交通出版社股份有限公司
地　　址：(100011)北京市朝阳区安定门外外馆斜街 3 号
网　　址：http://www.ccpcl.com.cn
销售电话：(010)85285911
总 经 销：人民交通出版社股份有限公司发行部
经　　销：各地新华书店
印　　刷：北京市密东印刷有限公司
开　　本：787×1092　1/16
印　　张：17.75
字　　数：305 千
版　　次：2010 年 7 月　第 1 版
　　　　　2016 年 6 月　第 2 版
　　　　　2021 年 9 月　第 3 版
印　　次：2024 年12月　第 3 版　第 8 次印刷　总第13次印刷
书　　号：ISBN 978-7-114-17534-3
定　　价：45.00 元
(有印刷、装订质量问题的图书，由本公司负责调换)

第3版前言

本教材自2010年首次出版以来，获得师生的一致好评，被国内多所中等职业院校选为教学用书；人民交通出版社股份有限公司于2016年对教材进行了修订，使之在结构和内容上与教学内容更加吻合，更注重对学生实践能力的培养。

为了更好地体现"以行业需求为导向、以能力为本位"的职业教育理念，促进"教、学、做"更好结合，突出对学生技能的培养，使之成为技能型人才，故人民交通出版社股份有限公司组织相关老师再次对本教材进行了修订。

本次教材的修订工作，是以本书第2版为基础，吸收了教材使用院校教师的意见和建议，在修订方案和《四川省普通高校对口招生职业技能考试大纲(汽车类)》的指导下完成的。修订内容主要体现在以下几个方面：

(1)删去极限与配合、形状和位置公差及检测等内容。

(2)更新V带、滚动轴承、蜗杆、黑色金属材料、有色金属材料等内容及相关标准。

(3)对气压传动与液压传动整个章节进行了重新编写，重构了教材内容。

(4)进一步修正第2版教材中的不足之处，并配有习题答案。

(5)部分知识点配有二维码链接动画资源，有助于学生更形象地理解相关内容。

本书由四川交通运输职业学校刘新江、夏宇阳担任主编，四川交通运输职业学校黄仕利、张瑶瑶担任副主编，四川交通运输职业学校谢志强、李婷、冯太刚、袁永东、曾蕾、陈勃西担任参编。四川交通职业技术学院徐生明担任全书主审。

限于编者水平，书中难免有疏漏和错误之处，恳请广大读者提出宝贵建议，以便进一步修改和完善。

编　者

2021年8月

中等职业教育课程改革国家规划新教材 出版说明

为贯彻《国务院关于大力发展职业教育的决定》(国发〔2005〕35号)精神,落实《教育部关于进一步深化中等职业教育教学改革的若干意见》(教职成〔2008〕8号)关于“加强中等职业教育教材建设,保证教学资源基本质量”的要求,确保新一轮中等职业教育教学改革顺利进行,全面提高教育教学质量,保证高质量教材进课堂,教育部对中等职业学校德育课、文化基础课等必修课程和部分大类专业基础课教材进行了统一规划并组织编写,从2009年秋季学期起,国家规划新教材将陆续提供给全国中等职业学校选用。

国家规划新教材是根据教育部最新发布的德育课程、文化基础课程和部分大类专业基础课程的教学大纲编写,并经全国中等职业教育教材审定委员会审定通过的。新教材紧紧围绕中等职业教育的培养目标,遵循职业教育教学规律,从满足经济社会发展对高素质劳动者和技能型人才的需要出发,在课程结构、教学内容、教学方法等方面进行了新的探索与改革创新,对于提高新时期中等职业学校学生的思想道德水平、科学文化素养和职业能力,促进中等职业教育深化教学改革,提高教育教学质量将起到积极的推动作用。

希望各地、各中等职业学校积极推广和选用国家规划新教材,并在使用过程中,注意总结经验,及时提出修改意见和建议,使之不断完善和提高。

教育部职业教育与成人教育司

二〇一〇年六月

目　录

MULU

第一章 绪论

机械是人类的生产劳动工具,是人类社会生产力发展的重要标志,是人类文明的产物。随着科学技术的进步和工业生产的发展,机械产品正向着高速、高效、精密、多功能和轻量化方向发展。机械产品水平的高低已成为衡量国家机械制造技术水平和现代化程度的重要标志之一。

第一节 走进机械基础

本节描述

机械的发展是人类文明发展的标志。结合所学专业,了解机械的发展历程,总结机械基础的学习性质和任务,探索学习本课程的方法。

学习目标

完成本节的学习以后,你应能:

1. 简述机械的发展历程;
2. 查阅资料,搜集 2 个我国由制造大国迈向制造强国的典型案例;
3. 知道本课程的性质、内容和任务。

一、机械的发展

机械是人类祖先在长期的生活和生产劳动中逐渐创造出来的。人类用机械代替简单工具,使手和足的"延长"在更大程度上得到了发展。机械的发展与人类文明发展紧密相连,概括起来可分为三个阶段。

1 机械起源和古代机械发展阶段(公元前 7000 年城市文明的出现到公元 17 世纪末)

据考古学家发现,公元前 7000 年,在巴勒斯坦地区犹太人建立的杰里科城,城市文明首次出现在地球上,最早的机械——车轮(图 1-1)或许是此时诞生的。

当人类进入青铜器时代,机械得到了很大的发展。公元前3000年,美索不达米亚人和埃及人开始普及青铜器,此后一系列的青铜工具(图1-2),如凿子、铜刀、两轮战车等得到了广泛的应用。

图1-1 车轮的诞生图

图1-2 青铜工具

到公元前600年,学者希罗著书阐明了关于五种简单机械(杠杆、尖劈、滑轮、轮与轴、螺纹)推动重物的理论。这是已知的最早的机械理论。

公元前513年,希腊罗马地区对木工工具作了很大改进,除木工常用的成套工具,如斧、弓形锯、弓形钻(图1-3)、铲和凿外,还发展了球形钻、能拔铁钉的羊角锤、伐木用的双人锯等。此时,长轴车床和脚踏车床(图1-4)已开始广泛使用,用来制造家具和车轮辐条。脚踏车床一直沿用到中世纪,为近代车床的发展奠定了基础。

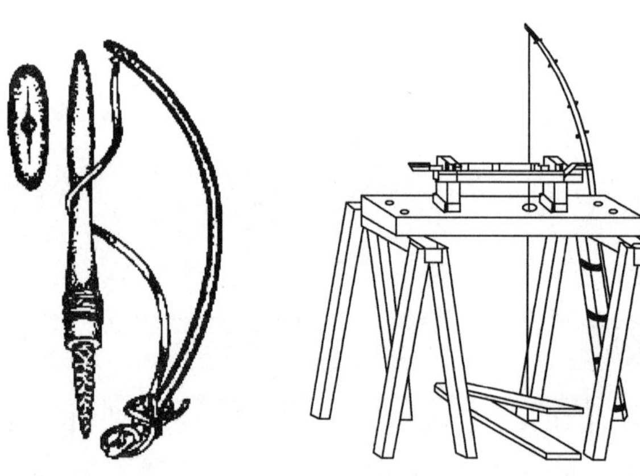

图1-3 弓形钻　　图1-4 脚踏车床

此后,随着人类对不同材料的成功开采与使用,以及阿基米德原理、静止液体中压力传递的基本定律等理论的产生,机械开始由简单走向复杂化。

1698年,英国人萨弗里制成了第一台实用的用于矿井抽水的蒸汽机——“矿工之友”,开创了机械的原动力创新的先河。

2 近代机械发展阶段(公元18世纪到公元20世纪初)

1769年,英国人瓦特(图1-5)取得带有独立的实用凝汽器蒸汽机专利,从而完成蒸汽机(图1-6)的发明。人类从此进入了“蒸汽时代”。

图1-5 詹姆斯·瓦特　　图1-6 瓦特发明的蒸汽机

1774年,英国人威尔金森发明了较精密的炮筒镗床,这是第一台真正的机床——加工零件的机器。它成功地用于加工汽缸体,使瓦特蒸汽机得以投入运行。

1799年,法国人蒙日(图1-7)发表《画法几何》一书,使画法几何成为机械制图的投影理论基础。

1889年,第一届国际计量大会首次正式定义“米”为“在零摄氏度,保存在国际计量局的铂铱米尺(图1-8)的两中间刻线间的距离”,世界从此有了更加统一的尺寸单位。

图1-7 几何学家蒙日　　图1-8 国际计量局的铂铱米尺

在这短暂的两个世纪之间,世界机械的发展主要集中于欧洲,人类经历了蒸汽时代(1770—1870)和电气时代(1870—1914)两次工业革命,让世界机械发生了脱胎换骨的改变。

图 1-9　高速钢刀具

3　现代机械发展阶段(20 世纪初至今)

20 世纪初期,资本主义为了继续满足疯狂扩张的需要,更加注意生产效率的提高及大批量生产的实现。

美国费拉德尔菲尔机械工厂的工人——泰勒,经过对工作实践的研究,发明了高速钢刀具(图 1-9),极大地提高了金属的切削速度;随后他又发明了一种计算尺(图 1-10),使一个技术熟练的一流机械技师计算速度提高了一倍。

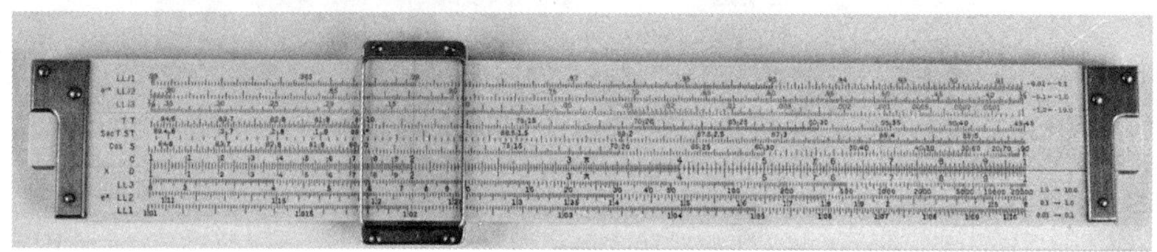
图 1-10　计算尺

为了实现大批量生产,从 19 世纪开始,人们就开始探索互换式的生产方法。其后,各种新式可互换的机床附件也应运而生。在制造机床的同时,为了保证机床的制造精度,千分尺等一大批测量器具被设计并制造出来。

随着对管理模式研究的逐步深入,机械的制造开始走向自动化,自动化生产线应运而生。英国莫林斯公司根据威廉森提出的柔性制造系统的基本概念研制出“系统 24”。1976 年,日本发那科公司首次展出由 4 台加工中心和 1 个工业机器人组成的柔性制造单元。

随着科学技术的进步和工业生产的迅速发展,现代的机械已经远远不再是传统的“原动机 + 传动机 + 工作机”,而是已经逐渐会“自行思考”。未来的机械,将更加普及计算机控制,就像一个个机器人,发挥更加智能、高效的作用。

相关链接

柔性制造单元是由一台或数台数控机床或加工中心构成的加工单元。该单元根据需要可以自动更换刀具和夹具,加工不同的工件。柔性制造单元适合加工形状复杂、加工工序简单、加工工时较长、批量小的零件。

图 1-11 所示为加工回转体零件为主的柔性制造单元。它利用 1 台数控车床、1 台加工中心、两台运输小车在工件装卸工位 3、数控车床 1 和加工中心 2 之间进行

输送；利用龙门式机械手4为数控车床装卸工件和更换刀具；利用机器人5进行加工中心刀具库和机外刀库6之间的刀具交换。控制系统由车床数控装置7、龙门式机械手控制器8、小车控制器9、加工中心控制器10、机器人控制器11和单元控制器12等组成。单元控制器负责对单元组成设备进行控制、调度、信息交换和监视。

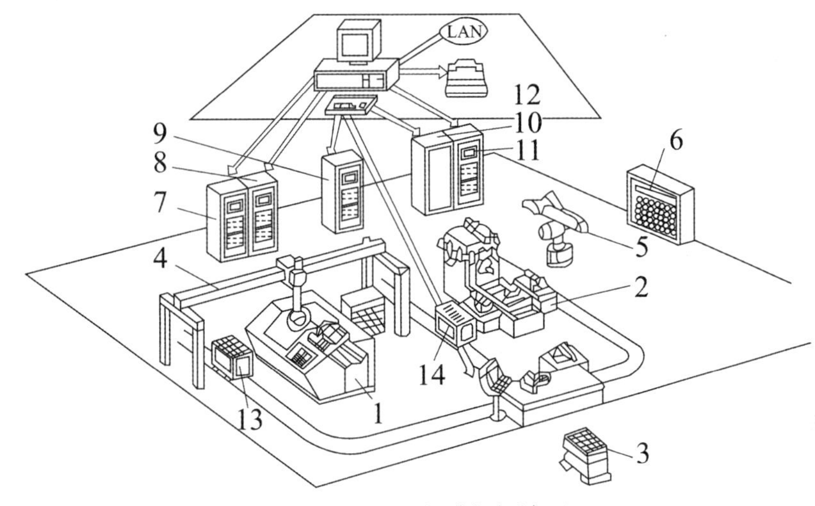

图1-11 柔性制造单元

1-数控车床；2-加工中心；3-装卸工位；4-龙门式机械手；5-机器人；6-机外刀库；7-车床数控装置；8-龙门式机械手控制器；9-小车控制器；10-加工中心控制器；11-机器人控制器；12-单元控制器；13、14-运输小车

做一做

查阅资料，叙述中国机械的发展史。

二、课程的性质、内容和任务

机械基础课程是中等职业学校机械类及工程技术类相关专业、汽车运用与维修专业的一门基础课程，在各专业学习中起到承上启下的作用。其任务是：使学生掌握必备的机械基础知识和基本技能，懂得机械工作原理，了解机械工程材料性能，准确表达机械技术要求，正确操作和维护机械设备；培养学生分析问题和解决问题的能力，使其形成良好的学习习惯，具备继续学习专业知识的能力；对学生进行职业意识培养和职业道德教育，使其形成严谨、敬业的工匠精神，为今后解决生产实际问题和职业生涯的发展奠定基础。

通过本课程的学习，使学生掌握对构件进行受力分析的基本知识，会判断直杆的基本变形；理解极限与配合；了解机械工程常用材料的种类、牌号、性能，会正确选用材料;熟悉常用机构的结构和特性,掌握主要机械零部件的工作原理、结构和特点,初步掌握其选用的方法;了解气压传动和液压传动的原理、特点及应用,会正确使用常用气压和液压元件,并会搭建简单常用回路;能够分析和处理一般机械运行中发生的问题,具备维护一般机械的能力。

本课程是从理论性、系统性很强的基础课和专业基础课向实践性较强的专业课过渡的一个重要转折点。因此,学习本课程时必须在学习方法上有所转变。学习本课程,要贯彻理论联系实际的原则,注重理解和运用,注意在实验实训和生产劳动中观察、思考问题,积累经验,不断提高分析问题、解决问题的能力。在实训环节应加强团队合作和沟通协作意识,认真执行相关技术标准和7S管理规范。

做一做

结合所学专业主要机械设备,查阅相关资料,叙述该设备的发展历程。想一想,如何学好机械基础课程。

第二节　认识机械

本节描述

机械是机器和机构的统称。现代化生产离不开机器,了解机器的组成是学好机械类专业课的基础;掌握摩擦、磨损,防止机器零件过早损坏,延长机器的使用寿命,是学习机械的重要任务。

学习目标

完成本节的学习以后,你应能:

1. 认识机器的组成;
2. 描述摩擦、磨损的基本要求。

一、机器和机构

1　机器

做一做

观察以下机器设备(图1-12)的工作过程,回答下面的问题。

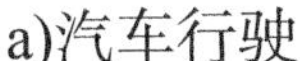

a)汽车行驶　　b)飞机飞行　　c)机床切削运动

图 1-12　常见机器设备

问题 1：这些机器是怎样产生的，用来做什么？

问题 2：这些机器如何实现上述功能？

问题 3：这些机器哪些部位有相对运动？运动轨迹是否确定？

问题 4：根据以上特点，你觉得什么是机器？

以上观察结论可列表（表 1-1）汇总如下。

常见机器特征分析　　表 1-1

问题	汽　　车	飞　　机	车　　床
功能	可以加快行进速度，代替人类劳动	可以加快行进速度，代替人类劳动	可用于加工零件，减轻人的劳动强度
实现途径	将燃料的化学能转化为车轮转动的机械能	将航空燃料的化学能转化为飞机飞行的机械能	将电动机的旋转运动转化为工件的旋转运动、车刀的进给运动，实现车削的目的
运动确定性	在人的控制下，各运动构件之间有确定的相对运动	各运动构件之间有确定的相对运动	工件和车刀有明确的运动

机器种类繁多，各类机器的功能不同，但是各类机器有共同的特征：

（1）都是人为的实物组合，由多构件组成；

（2）各构件间有确定的相对运动；

（3）能作功或进行能量转换。

由此可知，机器是执行机械运动的装置，用来变换或传递能量、物料与信息，以代替或减轻人的劳动。

想一想

你知道生活中还有哪些机器吗?它们有什么特征?

2 机器组成部件

(1)零件:机器中最小的制造单元,如螺钉、螺母(图1-13)。零件具有不可拆分性。

(2)部件:一套协同工作且完成共同任务的零件组合,如滚动轴承(图1-14)。

(3)构件:机器中作为一个整体运动的最小单位,如发动机连杆、汽车轮胎(图1-15)等。

图1-13 螺母

图1-14 滚动轴承

图1-15 汽车轮胎

(4)机构:由多构件组成且各构件间有确定的相对运动,如脚踏自行车的踏板机构、发动机中的曲柄连杆机构(图1-16)。

图1-16 发动机中的曲柄连杆机构

3 机械

机构是机器的一部分,主要用来传递和变换运动,而机器主要用来传递和变换能量、物料和信息。机械是机器和机构的统称。

二、一般机器的组成

想一想

观察图 1-17 的汽车,看看它主要由哪些部分组成?

图 1-17　汽车的组成

通过对汽车这个典型机器的观察可知,机器通常由四大部分组成,如图 1-18 所示。

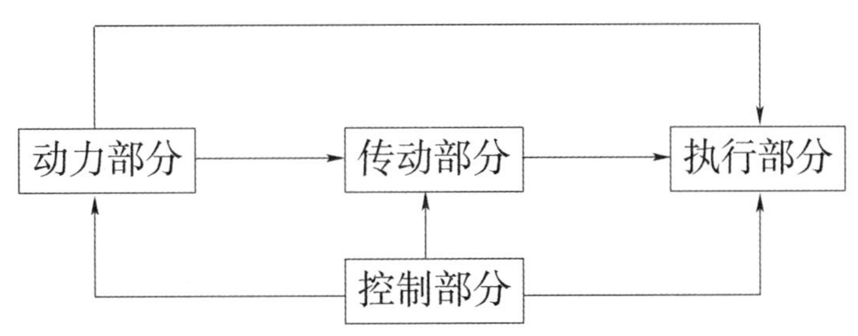

图 1-18　机器的组成

(1)原动机部分:它是机器工作的动力来源,可将其他形式的能量转为机械能,如发动机、电动机等。

(2)执行部分:它是直接完成机器预定工作任务的部分,它处于整个传动路线的终端,如车轮等。

(3)传动部分:它是将动力部分的运动和动力传递给执行部分的中间装置,它将原动机的运动和动力传递给执行(工作)部,如离合器、变速器、传动轴、差速器等。

(4)操作或控制部分:它是使动力部分、传动部分、执行部分按一定的顺序和规律实现预期运动、完成给定的工作循环,如转向盘、换挡杆、制动踏板、节气门等。

随着科技的发展,控制部分在机器中所占比重越来越大,地位也越来越重要。

做一做

观察家中的洗衣机,请指出它的四大组成部分。

 三、摩擦、磨损与润滑

想一想

观察下面已损坏的齿轮表面(图 1-19),分析其失效的原因。

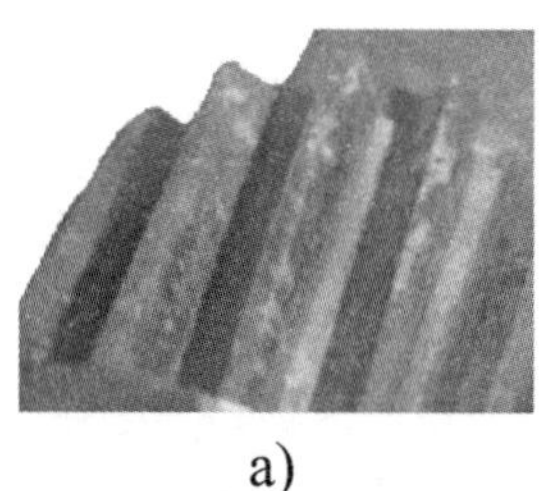
a)

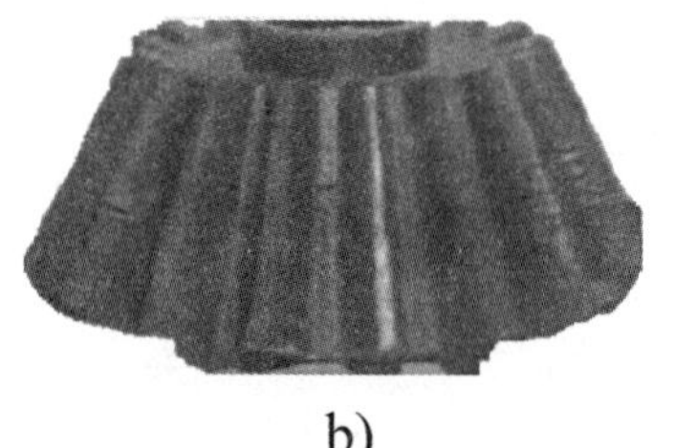
b)

图 1-19　失效的齿轮

观察可以发现,齿轮失效的主要原因是严重磨损,不能继续工作。实际上,两构件间相互接触又相互运动的过程必然产生物质和能量的消耗。据统计,目前世界上约 50% 的能量消耗是在各种形式的摩擦中,约有 80% 的机器失效是因零件的磨损造成的。磨损是决定机器寿命的主要因素。

1 摩擦

摩擦是指相对运动(或者相对运动趋势)的两个物体,在接触面上的阻碍相对运动的现象。相互摩擦的两个物体构成一个摩擦副。根据摩擦副的运动形式

分为滑动摩擦和滚动摩擦；根据摩擦副的摩擦状态可分为干摩擦、边界摩擦、流体摩擦和混合摩擦(图 1-20)。

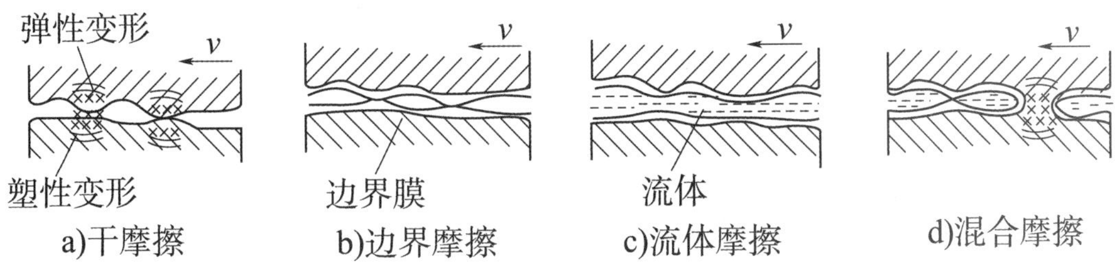

图 1-20 摩擦的四种状态

(1)干摩擦：摩擦表面间无任何润滑剂或保护膜的摩擦。这种摩擦形式的动摩擦因数大，用于有意识利用摩擦的场合中，如带传动油泵(图 1-21)、盘式制动、汽车离合器等。

(2)边界摩擦：表面间被极薄的润滑膜隔开，且摩擦性质与润滑剂的黏度无关，而取决于两表面的特性和润滑油油性的摩擦。大多数的机器、机构都采用边界摩擦，如图 1-22 所示的减速器齿轮。

图 1-21 带传动油泵

图 1-22 减速器齿轮

(3)流体摩擦：表面间的润滑膜把摩擦副完全隔开，摩擦力的大小取决于流体分子内部摩擦力的摩擦。这是一种理想的摩擦状态，如液体动力轴承、磁悬浮列车(图 1-23)等。

(4)混合摩擦：摩擦副处于干摩擦、边界摩擦和流体摩擦混合状态时的摩擦，如滑动轴承的轴瓦(图 1-24)。

2 磨损

摩擦将导致机件表面材料的逐渐丧失或转移，形成磨损。磨损会降低机器工作可靠性，影响机器的精度，最终导致机器报废。

图 1-23　磁悬浮列车

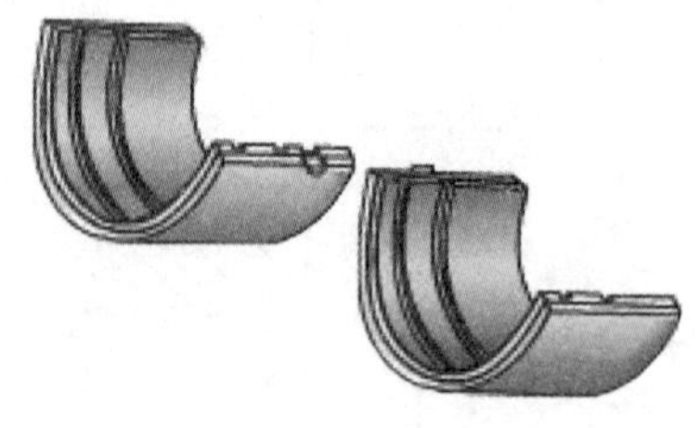

图 1-24　滑动轴承的轴瓦

1)磨损过程

一个机器的磨损过程大致分为三个阶段(图 1-25)。

(1)初期磨损(跑合)阶段:机件运转初期,摩擦副的接触面积较小,单位面积实际载荷较大,磨损速度较快;随着摩擦的进行,有效接触面积增大,磨损速度明显放慢,进入稳定工作阶段。

(2)稳定磨损阶段:该阶段由于摩擦副的有效接触面积增大,单位面积实际载荷较小,磨损平稳而缓慢。

(3)剧烈磨损阶段:该阶段运动副的间隙不断增大,磨损加剧,直至零件或机器失效。

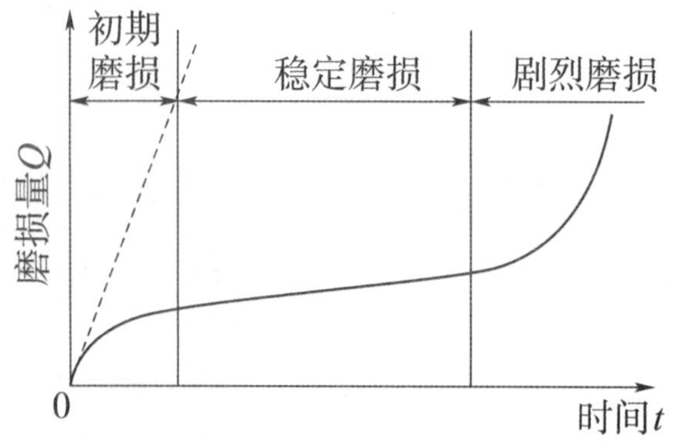

图 1-25　磨损曲线

2)磨损类型

根据磨损机理,磨损主要分为黏着磨损、磨料磨损、疲劳磨损、腐蚀磨损等类型。

(1)黏着磨损:摩擦表面的微凸体在相互作用的各点发生黏着作用,使材料由一表面转移到另一表面的磨损。

(2)磨料磨损:摩擦表面间的游离硬颗粒或硬的微凸体峰间在较软的材料表

面上犁刨出很多沟纹的微切削过程。

(3)疲劳磨损:摩擦表面受循环接触应力作用到达一定程度时,就会在零件工作表面形成疲劳裂纹,随着裂纹的扩展与相互连接,会造成许多微粒从零件表面上脱落下来,致使表面上出现许多浅坑,这种磨损过程即为疲劳磨损。

(4)腐蚀磨损:在摩擦过程中金属与周围介质发生化学反应而引起的磨损。

在实际中,大多数的磨损都是以上述基本磨损形式的复合形式出现的。

自我检测

一、填空题

1. 世界机械的发展可分为__________、__________、__________三个阶段。

2. 机械是__________和__________的统称。

3. 机器通常由四大部分组成,它们分别是__________、__________、__________和__________。

二、选择题

1. 公元前600年,(　　)著书阐明五种简单机械,发表了已知的最早的机械理论书籍。

A. 希罗　　B. 萨弗里　　C. 蒙日　　D. 瓦特

2. 1976年,(　　)发那科公司首次展出由4台加工中心和1台工业机器人组成的柔性制造单元。

A. 中国　　B. 美国　　C. 德国　　D. 日本

3. 大多数的机器、机构都采用(　　)。

A. 干摩擦　　B. 边界摩擦　　C. 流体摩擦　　D. 混合摩擦

4. 汽车轮胎是汽车的一部分,它是汽车的一个(　　)。

A. 零件　　B. 部件　　C. 构件　　D. 机构

三、简答题

1. 机器与机构的主要区别是什么? 举例说明。

2. 举例说明零件、部件、构件、机构及其区别。

3. 机器的磨损过程分为哪几个阶段?

4. 磨损有几种类型? 各有什么特点?

第二章

杆件的静力分析

当人们在推、拉、提、掷物体时，从肌肉的紧张收缩中，感觉到力的作用。其实，力的作用无处不在。机器在运转过程中会受到各种力的作用，受力情况复杂。正确分析物体的受力情况，是我们认识机器运动的关键。

第一节　受　力　图

本节描述

杆件的静力分析，是选择杆件材料、确定杆件外形尺寸的基础。对杆件进行初步的受力分析，作出其受力图，在工程实际中有着重要意义。

学习目标

完成本单元的学习以后，你应能：

1. 知道力、力系的基本概念；
2. 叙述静力学的基本公理、约束和约束力的类型和作用；
3. 对机器主要构件作受力分析。

静力学是研究物体平衡问题的科学。所谓平衡是指物体相对于地面保持静止或匀速直线运动状态，它是物体机械运动的一种特殊形式。静力学研究的基本内容主要包括物体的受力分析、力系的简化、力系的平衡条件等。

一、什么是力

想一想

为什么月亮“挂”在天上而掉不下来？为什么汽车可以行驶？为什么我们感觉到有的物体很重，有的却很轻？

1 认识力

力是物体间的相互作用。这种相互作用使物体的运动状态或形状尺寸发生改变。

相关链接

研究物体受力情况时,必须分清哪个是受力物体,哪个是施力物体。

2 力的三要素及表示方法

在工程实践中,物体间相互作用的形式是多种多样的,如重力、压力、摩擦力等。力对物体的效应取决于力的三要素。

力的三要素及表示方法

(1)力的大小[单位为牛顿,简称为牛(N),工程上常用千牛(kN)作为力的单位];

(2)力的方向;

(3)力的作用点。

力是一个既有大小又有方向的物理量,称为力矢量。力的图示法(图2-1):用一条有向线段表示,线段的长度(按一定比例尺)表示力的大小;线段的方位和箭头表示力的方向;线段的起始点(或终点)表示力的作用点。

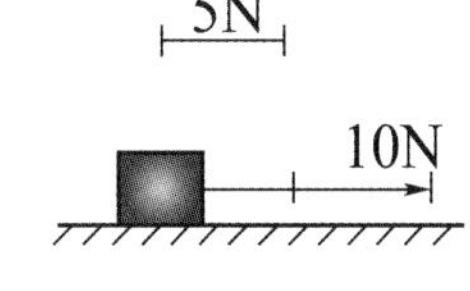

图2-1　力的图示法

相关链接

静力学中,常把研究的物体抽象为刚体。刚体是指在外力作用下形状保持不变的物体。这是一个理想化的力学模型,事实上是不存在的,因为任何物体受力后都会变形。但微小变形对所研究物体的平衡问题可以忽略不计,使问题的研究大为简化。静力学中研究的物体均可视为刚体。

3 力系的概念

(1)力系:同时作用于同一物体上的一群力。

(2)平衡力系:如果某一力系作用到一个原来平衡的物体上,而物体仍然保持平衡,则此力系为平衡力系。

(3)平面力系:各力作用线均在同一个平面内的力系称为平面力系。

(4)平面汇交力系:力系中各力作用线在同一个平面内,且汇交于一点的力系称为平面汇交力系。

(5)平面平行力系:力系中各力作用线在同一个平面内,且相互平行的力系称为平面平行力系。

(6)平面一般力系:力系中各力作用线在同一个平面内,且各个力的作用线在平面内任意分布的力系称为平面一般力系。

(7)空间力系:各力的作用线不在同一平面内的力系,称为空间力系。

(8)等效力系:对物体的作用效果相同的两个力系。等效力系可相互替代。

(9)合力与分力:如果一个力和一个力系等效,那么这个力就称为这个力系的合力;反之,力系中的各个力称为这个合力的分力。

由已知力系求合力的过程称为力的合成;反之为力的分解。

二、静力学的基本公理

公理是人类从长期的观察和实践中积累起来的经验,它的正确性已被大量的实践所证明。静力学公理揭示了有关力的基本规律,它是静力学的基础,是进行构件受力分析、研究力系简化和力系平衡的理论依据。

1 公理1 二力平衡公理

作用在刚体上的两个力(图2-2),使刚体保持平衡的必要和充分条件是:这两个力大小相等,方向相反,且作用在同一条直线上。

$$F_1 = -F_2$$

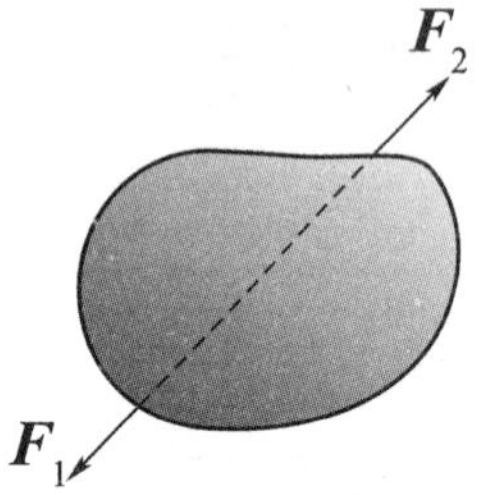

对于变形体而言,二力平衡公理只是必要条件,但不是充分条件。如在绳索两端施加一对等值、反向、共线的拉力时可以平衡,但受到一对等值、反向、共线的压力时就不能平衡了(图2-3)。

图2-2 二力平衡公理

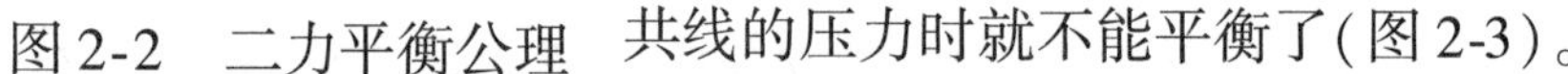

只在两力作用下平衡的刚体称为二力体或二力构件。当构件为直杆时称为二力杆,如图2-4所示。

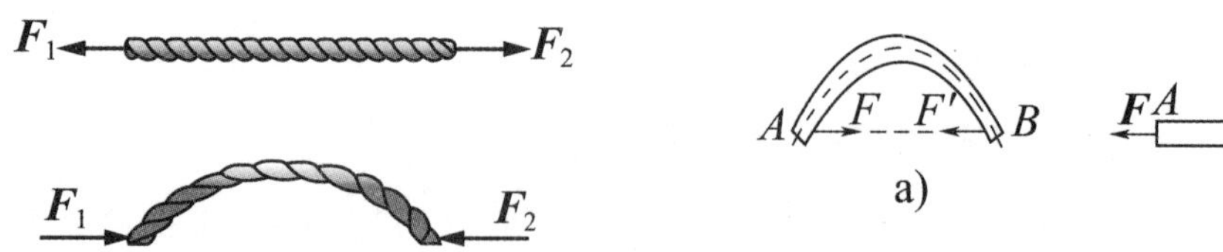

图2-3 变形体不适用于二力平衡公理

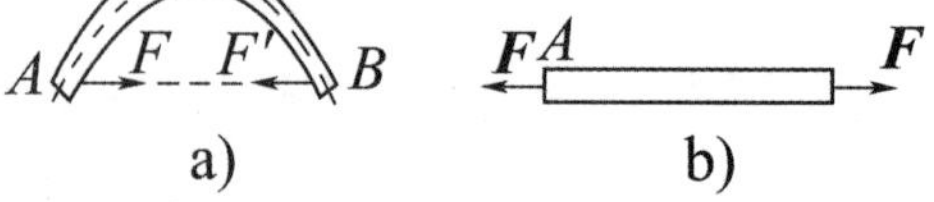

图2-4 二力构件

2 公理2 加减平衡力系公理

在已知力系上加上或者减去任意平衡力系,并不改变原力系对刚体的作用。

推论　力的可传性原理

作用在刚体上某点的力，可以沿着它的作用线移动到刚体内任意一点，并不改变该力对刚体的作用效应（图2-5）。

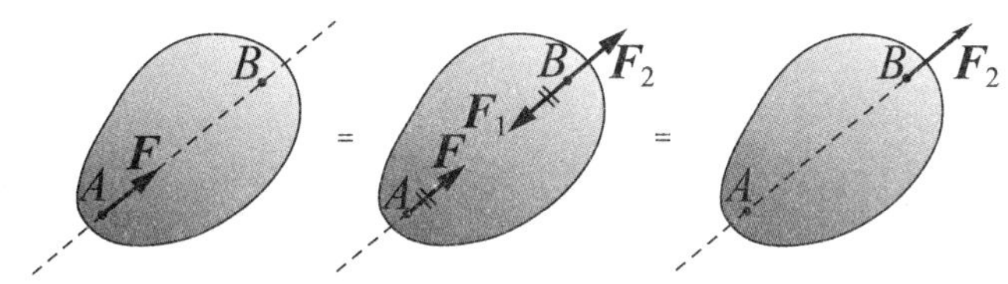

图2-5　力 F 沿作用线移到 F_2

注：F、F_1、F_2 三力大小相等，作用在同一作用线上。

3　公理3　力的平行四边形公理

作用在物体上同一点的两个力，可合成一个合力，合力的作用点仍在该点，其大小和方向由以此两力为边构成的平行四边形的对角线确定（图2-6）。矢量表达式为：

$$F = F_1 + F_2$$

平行四边形法则是力的合成法则，也是力的分解法则。在图2-7中，拉力 F 作用在螺钉 A 上，与水平方向的夹角为 α，按此法则可将其沿水平及铅垂方向分解为两个分力 F_1 和 F_2。

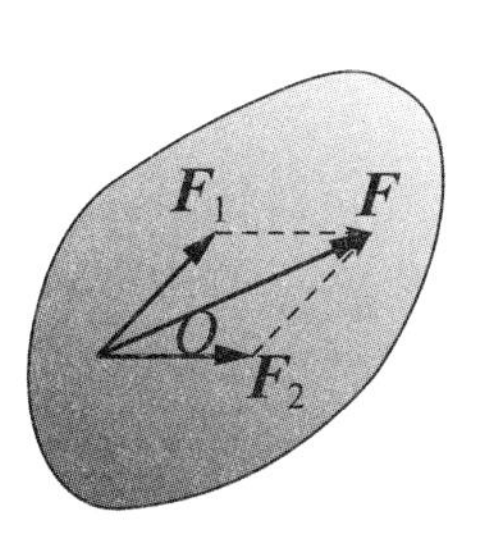

图2-6　力的合成

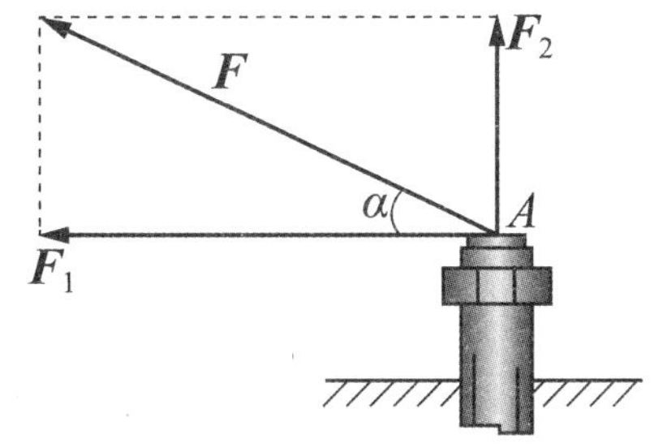

图2-7　力的分解

推论　三力平衡汇交原理

作用在刚体上同一平面上三个相互平衡的力，若其中两个力的作用线汇交于一点，则第三个力的作用线必然也通过该点（图2-8）。

4　公理4　作用与反作用公理

两物体间的作用力与反作用力总是同时存在，且大小相等、方向相反、沿同一条直线，分别作用在这两个物体上。

想一想

作用力与反作用力公理中所讲的两个力与二力平衡公理中的两个力是一样的吗?

三、约束与约束力

自由体和非自由体:在空间的位移不受任何限制的物体称为自由体,如飞机;位移受到限制的物体称为非自由体。图2-9所示的曲柄冲压机,冲头只能沿铅垂方向平动,飞轮只能绕轴转动,所以都是非自由体。工程结构中的构件或机械中的零件都是非自由体。

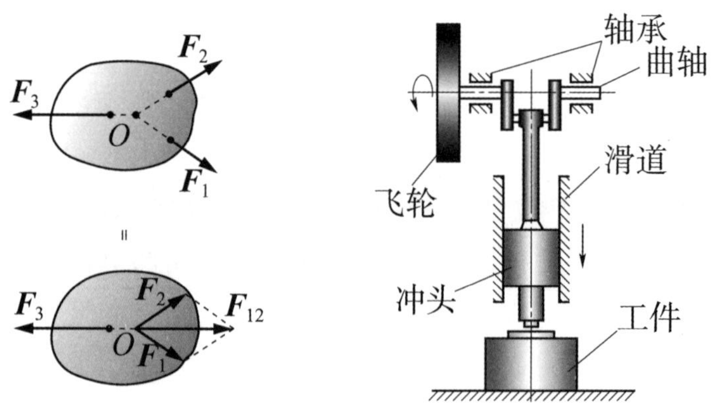

图2-8　三力平衡汇交　　　　图2-9　非自由体

约束:对非自由体的某些位移起限制作用的周围物体称为约束。如铁轨对于火车、轴承对于曲轴、机床刀夹对于刀具等,都是约束。

约束力或约束反力:约束作用于被约束物体上的力称为约束力(或约束反力)。约束力的方向总是和所限制的位移方向相反,由此可确定约束力的方向和作用线位置。约束力的大小是未知的,在静力学中,可用平衡条件由主动力求出。

下面我们来看看工程中常见的约束类型及其约束力。

约束及其约束反力

1　柔性约束

由绳索、链条或胶带等构成的约束,叫作柔性约束。由于柔索本身只能承受拉力,故约束力沿柔索且背离物体,如绳索约束(图2-10)和传动带约束(图2-11)。

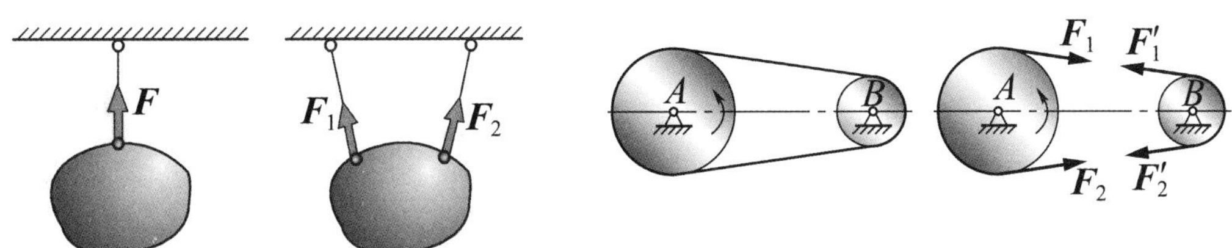

图 2-10　绳索约束　　　　图 2-11　传动带约束

2 光滑面约束

两物体相互接触,当接触表面非常光滑,摩擦可忽略不计时,即属于光滑面约束。

例如,支持物体的固定面(图 2-12a、b)、啮合齿轮的齿面(图 2-12c)都属于这类约束。此类约束限制物体沿接触面法线向约束内部的位移,故其约束力沿接触面的公法线指向被约束物体,常称为法向约束力。

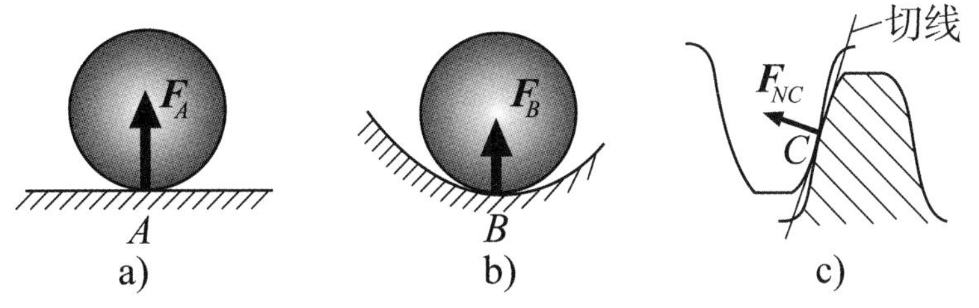

图 2-12　光滑面约束

3 铰链约束

通过圆柱形式的轴、螺栓或销子将两个物体连接起来,形成一种两相连物体间只能绕轴、螺栓或销子转动的约束称为圆柱形铰链约束,简称铰链约束(图 2-13)。

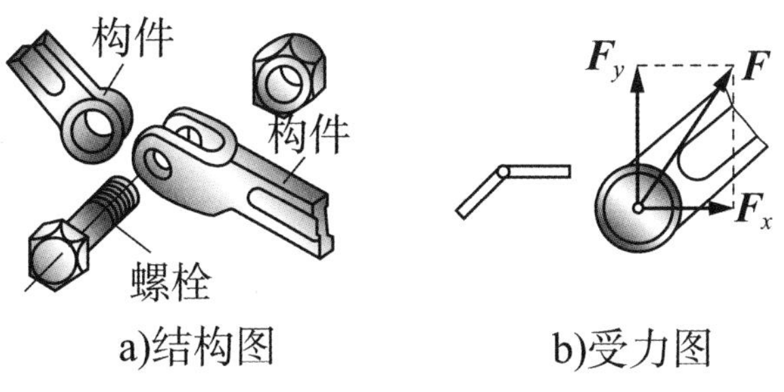

图 2-13　铰链约束

铰链约束限制物体沿径向的位移,故其约束力在垂直于销钉轴线的平面内并通过销钉中心。由于该类约束接触点位置不能预先确定,因而该类约束力的方向通常是未知的。铰链约束分为固定铰链约束和活动铰链约束。

(1)固定铰链约束:铰链约束中两个构件有一个固定在地面或机架上(图2-14)。

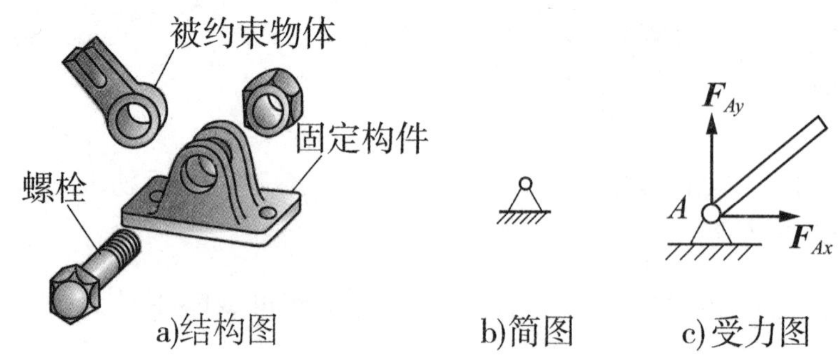

图2-14 固定铰链约束

(2)活动铰链约束:铰链约束中两个构件与地面或机架的连接是可动的(图2-15)。

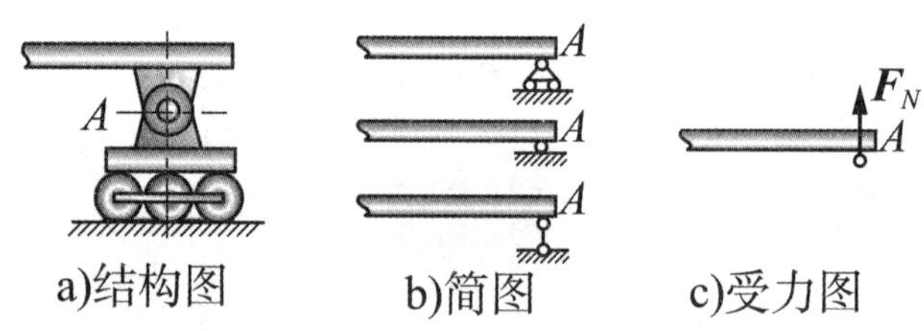

图2-15 活动铰链约束

想一想

举例说明生活中有哪些约束,分别是什么类型?

四、物体受力分析与受力图

在工程实际中,受力分析是指研究某个物体受到的力,并分析这些力对物体的作用情况。为了清晰地表示物体受力情况,需要把研究的物体从周围物体中取出来,然后把其他物体对研究对象的全部作用力用简图形式画出来。这种表示物体受力的简明图形,称为受力图。

【例2-1】 用力 F 拉动压路的碾子。已知碾子重 G,并受到固定石块 A 的阻挡,如图2-16a)所示。试画出碾子的受力图。

解:(1)取碾子为研究对象,画出碾子的轮廓图。

(2)受力分析:作用在碾子上的主动力有拉力 F 和重力 G,碾子在 A、B 两点受到石块和地面的约束，都是光滑面约束，约束力分别为 F_{NA} 和 F_{NB}。不计摩擦，约束力都沿接触点的公法线而指向碾子的中心。

(3)画出受力简图，如图 2-16b)所示。

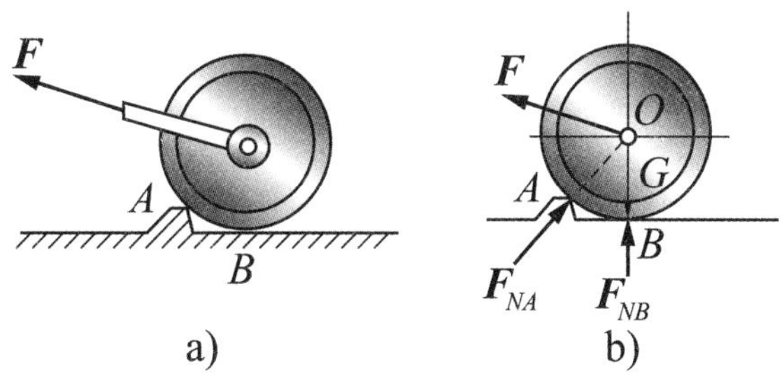

图 2-16　碾子受力图

想一想

碾子即将越过石块的瞬时，其受力图有何变化呢？

提示：此时碾子将在 B 处脱离约束。

【**例 2-2**】　两只油桶堆放在槽中，如图 2-17a)所示，试画出每个桶的受力图。

解：先取桶Ⅰ为研究对象。作用的主动力有重力 G_1；在 A 和 B 两处分别受到墙和桶Ⅱ的约束力 F_{NA} 和 F_{NB}，它们都通过桶的中心。其受力如图 2-17b)所示。

再取桶Ⅱ为研究对象。作用在桶上的主动力有重力 G_2 和桶Ⅰ的压力 F'_{NB}；在 C、D 两处分别受到墙和地面的约束力 F_{NC} 和 F_{ND}，它们都通过桶的中心。

压力 F'_{NB} 和桶Ⅰ所受的约束力 F_{NB} 为作用力与反作用力，有 $F'_{NB} = -F_{NB}$。桶Ⅱ的受力如图 2-17c)所示。

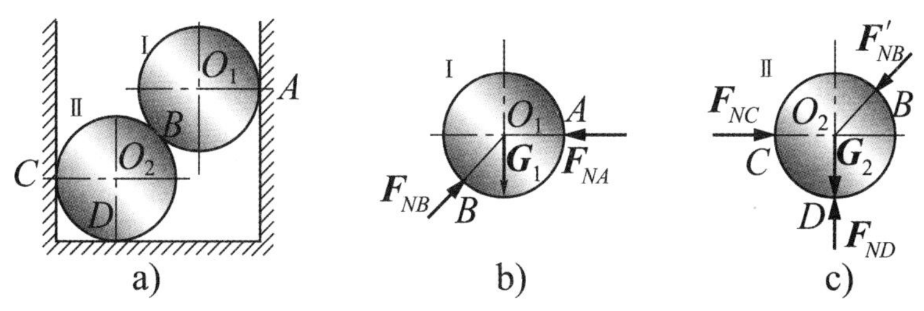

图 2-17　油桶受力图

想一想

如果两个油桶作为一整体为研究对象，你能画出它的受力图吗？

提示：油桶之间的作用力为内力，成对出现，不画在图上。

第二节　力矩和力偶

本节描述

当拧紧汽车轮胎及发动机缸盖螺栓时,并不是越紧越好,而是有规定的力矩大小。机器是一个复杂的受力体,运用力矩及力偶对机器进行受力分析,有助于人们设计、制造、使用机器等。

学习目标

完成本节的学习以后,你应能:

1. 知道力矩、力偶的基本概念;
2. 能对机器主要构件作力矩和力偶分析。

一、力矩与合力矩

想一想

用正常扳手拧紧螺母,感觉手上用力;在正常扳手手柄上加上套筒接杆再重新拧紧,感觉后者比前者更省力了,为什么?

1　力对点之矩

为了描述力对物体的转动效应,引入力对点之矩,简称为力矩。

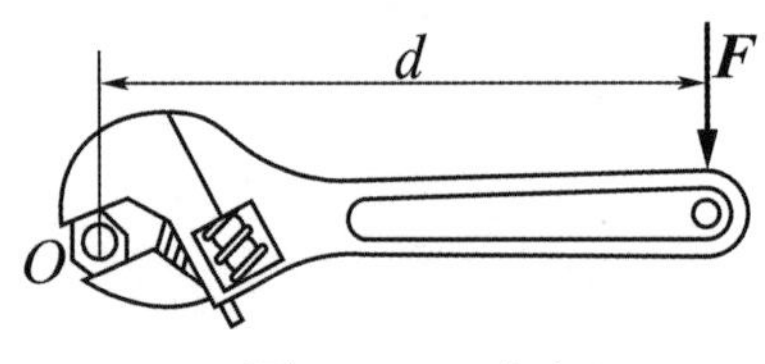

图 2-18　力矩

如图 2-18 所示,设螺母能绕 O 点(力矩中心,又称矩心)转动,作用在扳手的力 F 在与螺母轴线垂直的平面内,力 F 的作用线到 O 点的垂直距离为 d(力臂)。力 F 使物体绕 O 点转动的效应,取决于两个因素:

力对点之矩

①力的大小与力臂的乘积 $F \cdot d$;

②力使物体绕 O 点转动的方向。

通常规定,力使物体绕矩心逆时针转动的力矩为正,反之为负。

力对点之矩用 $M_O(F)$ 来表示,即

$$M_0(F) = \pm F \cdot d$$

力矩的单位在国际单位制中常用 N · m(牛 · 米)。

想一想

若将力 F 沿其作用线方向移动,力矩会改变吗？如果力矩等于零,原因可能是什么？

2 合力矩定理

定理:平面汇交力系的合力对平面内任意一点 O 之矩,等于其所有分力对同一点的力矩的代数和。数学表达式为:

$$M_O(F) = M_O(F_1) + M_O(F_2) + M_O(F_3) + \cdots + M_O(F_n)$$

即:

$$M_O(F) = \sum_{i=1}^{n} M_O(F_i)$$

【例 2-3】 如图 2-19a)所示,圆柱直齿轮受啮合力 F 的作用。设 $F = 1400\text{N}$。压力角 $\alpha = 20°$,齿轮的节圆(啮合圆)半径 $r = 60\text{mm}$,试计算力 F 对轴 O 的力矩。

解:方法一——按力矩定义来求(图 2-19a)

$$\begin{aligned} M_O(F) &= F \cdot h \\ &= Fr\cos\alpha \\ &= 1400 \times 60 \times \cos 20° \\ &= 78.93(\text{N} \cdot \text{m}) \end{aligned}$$

方法二——用合力矩定理来求(图 2-19b)

将力 F 分解为圆周力(或切向力)F_t 和径向力 F_r,则

$$\begin{aligned} M_O(F) &= M_O(F_t) + M_O(F_r) \\ &= M_O(F_t) \\ &= F\cos\alpha \cdot r = 78.93(\text{N} \cdot \text{m}) \end{aligned}$$

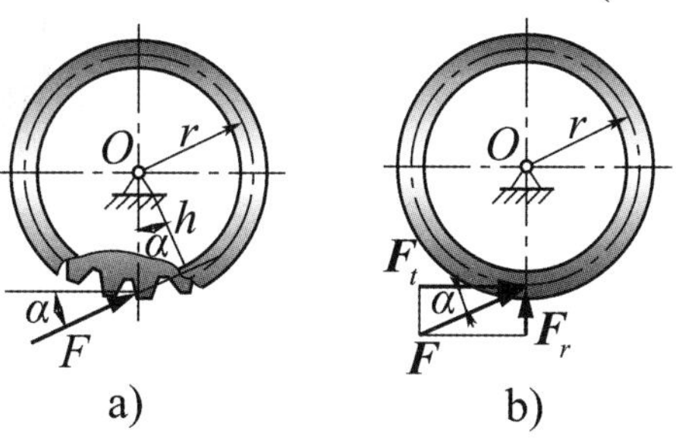

图 2-19　例 2-3 图

二、力偶与力偶矩

想一想

如图2-20所示，在日常生活中，驾驶员用双手转动转向盘，人们用两个手指拧开或关紧水龙头，用两只手旋转扳手……

转向盘、水龙头、扳手等为什么会转动？为什么我们不用一只手或一根手指来实现呢？

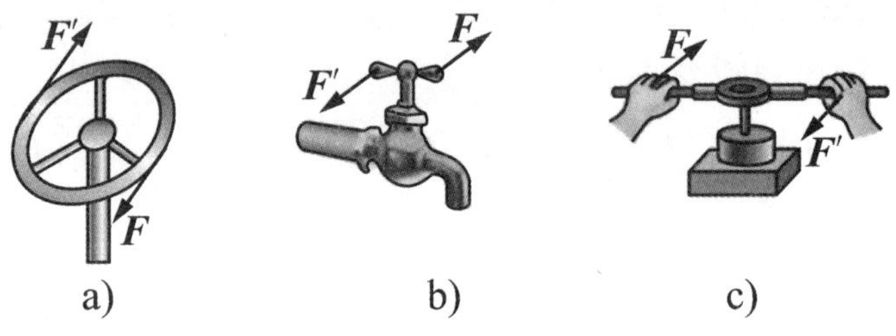

图2-20　力偶

(1)力偶：两个大小相等、方向相反的一对平行力组成的力系。如图2-20中的力 F 与 F' 构成一组力偶，记作 (F,F')。

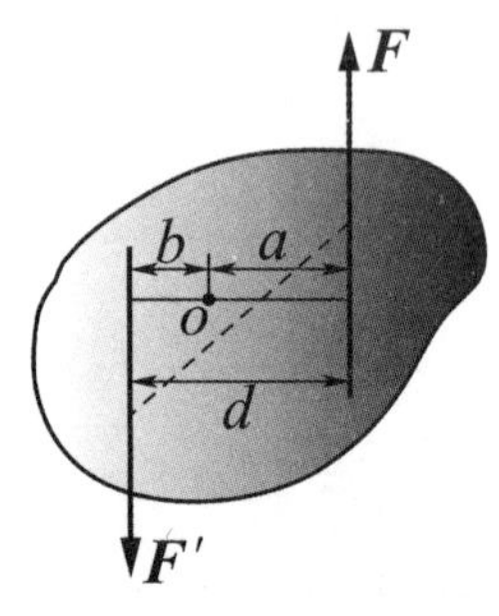

图2-21　力偶矩

(2)力偶矩：力使物体绕某点转动的效应可用力矩来度量，同理力偶使物体转动的效应可由构成力偶的两个力对点的合力矩，即力偶矩来度量。

如图2-21所示，由力偶 (F,F') 对转动中心的合力矩为：

$$M = M_O(F) + M_O(F') = F \cdot a + F' \cdot b = F(a+b) = Fd$$

力偶在平面内的转动不同，则作用效果不同。力偶矩的方向规定，逆时针转动方向为正，反之为负。于是，力偶矩可记作：

$$M = M(F,F') = \pm Fd$$

力偶矩的单位是N·m(牛·米)。

力偶矩

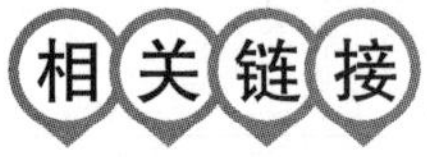

力偶对物体的转动效应，取决于力偶矩三个要素：力偶矩的大小、转向和作用平面。

(3)力偶的性质。

性质1：力偶无合力，也不能用一个力来平衡。可以将力和力偶看成组成力系的两个基本物理量。

性质2:力偶对其作用平面内任一点的力矩,恒等于其力偶矩,与矩心的位置无关。

性质3:凡三要素相同的力偶,相互之间等效。该性质也称为力偶的等效性。由力偶的等效性可以得出:力偶可以在其作用面内任意移转而不改变它对物体的作用,即力偶对物体的作用与它在作用面内的位置无关(图2-22)。

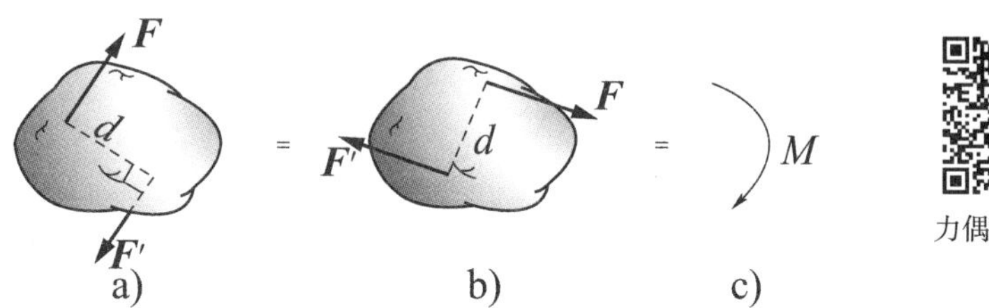

图2-22　力偶的性质3

性质4:只要保持力偶矩不变,可以同时改变力偶中力的大小和力偶臂的长短,而不会改变力偶对物体的作用(图2-23)。

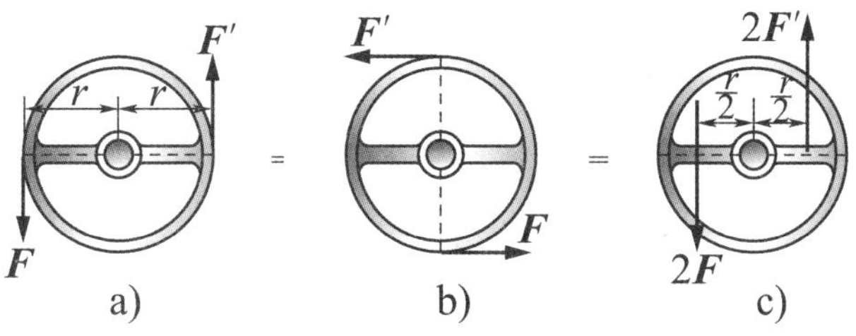

图2-23　力偶的性质4

想一想

根据力偶的性质,想一想力矩和力偶矩有什么区别。

三、力向任意一点平移的结果

想一想

由力的可传性知道,作用于刚体上的力可沿其作用线在刚体内移动,而不改变其对刚体的作用效应。那么,如果将力平移到刚体内另一位置,作用效应还会一样吗?

1　力的平移定理

作用于刚体上的力,可平移到刚体上的任意一点,但必须附加一力偶,其附加力偶矩等于原力对平移点的力矩。

如图2-24所示,在点B上加一平衡力系(F',F''),令$F' = -F'' = F$。则力F与力系(F',F'',F)等效或与力系[F(F',F'')]等效。后者即为力F向B点平移的结果。附加力偶(F',F'')的力偶矩为:

$$M = F \cdot d = M_B(F)$$

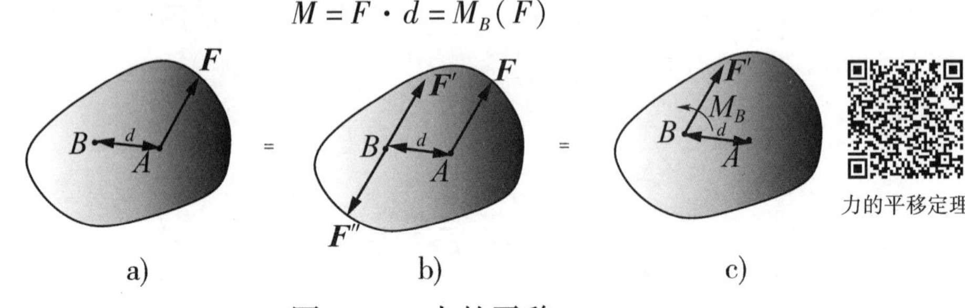

图2-24　力的平移

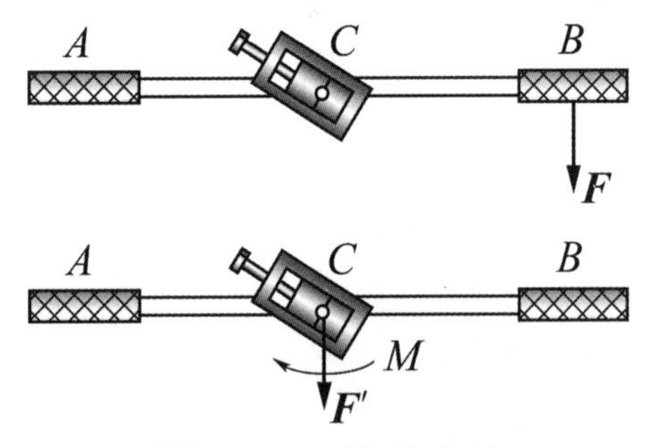

图2-25　单手攻丝

2　力的平移定理的应用

一个力可等效于一个力和一个力偶,或一个力可分解为作用在同平面内的一个力和一个力偶;反之,在同平面内的一个力和一个力偶可等效或合成一个力。

该定理是复杂力系简化的理论依据。例如单手攻丝时(图2-25),由于力系(F',M)的作用,不仅加工精度低,而且丝锥易折断。所以,正确的攻丝方法是双手均匀用力才能平稳。

实训项目　验证力的平行四边形法则

实训描述

通过使用设备和工具验证力的平行四边形法则,学习弹簧测力计的使用方法,培养学生积极探索不断提出真正解决问题的新理念新思路新办法,使用等效替代思维方法、图像法处理实验数据的能力。

实训目标

完成本实训项目以后,你应能:

1. 使用弹簧测力计和细线测出力的大小与方向;
2. 叙述平行四边形法则;
3. 能对结构简单的受力构件作受力分析。

一、实训器材

方木板、白纸、弹簧测力计(两只)、橡皮条、细绳套(两个)、三角板、刻度尺、图钉(若干),如图 2-26 所示。

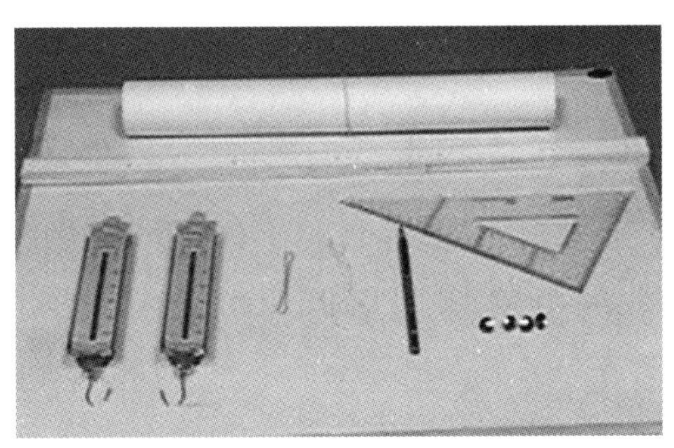

图 2-26　实验所需工具

二、实训步骤

(1)在水平桌面上平放一块木板,在木板上铺一张白纸,用图钉把白纸固定在木板上(图 2-27)。

(2)用图钉把橡皮条的一端固定在板上,在橡皮条的另一端拴上两条细绳,细绳的另一端各系上细绳套(图 2-28)。

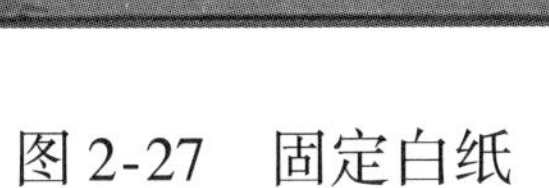

图 2-27　固定白纸

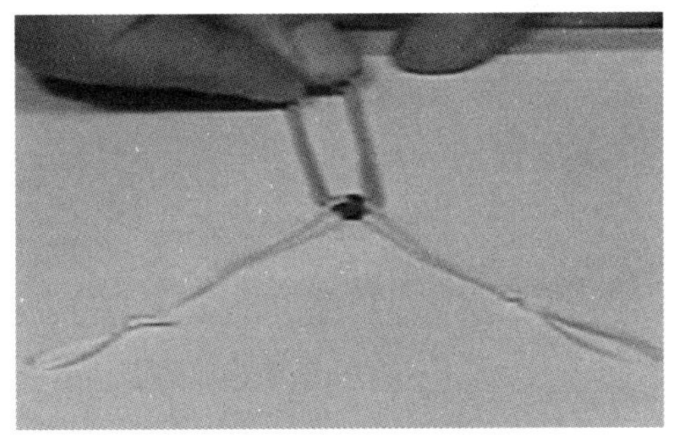

图 2-28　固定橡皮条

(3)用两个弹簧测力计分别钩住细绳套,以一定角度拉橡皮条(图 2-29),夹角不宜太大也不宜太小,在 60°~100°之间为宜,将结点拉到某一位置记为 O 点(图 2-30)。同一实验中两只弹簧测力计的选取方法是:将两只弹簧测力计调零后互钩对拉,若两只弹簧测力计在对拉过程中,读数相同,则可选;若读数不同,应调整或另换,直至相同为止。

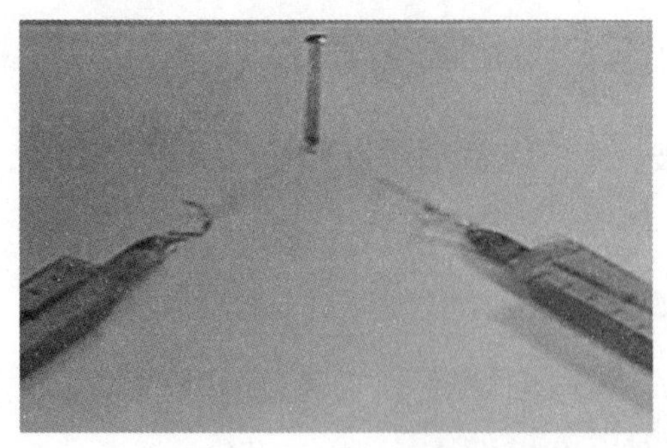

图 2-29　钩住细绳套

图 2-30　描下 O 点位置

(4)用铅笔描下 O 点的位置(图 2-30)和两条细绳的方向,不要直接沿细绳套的方向画直线,应在细绳套末端用铅笔画一个点(图 2-31),并读出记录两个弹簧测力计的示数,读数时应注意使弹簧测力计与木板平行,并使细绳套与弹簧测力计的轴线在同一条直线上,避免弹簧测力计的外壳与弹簧测力计的限位卡之间有摩擦。读数时眼睛要正视弹簧测力计的刻度,在合力不超过量程及橡皮条弹性限度的前提下,拉力的数值尽量大些。

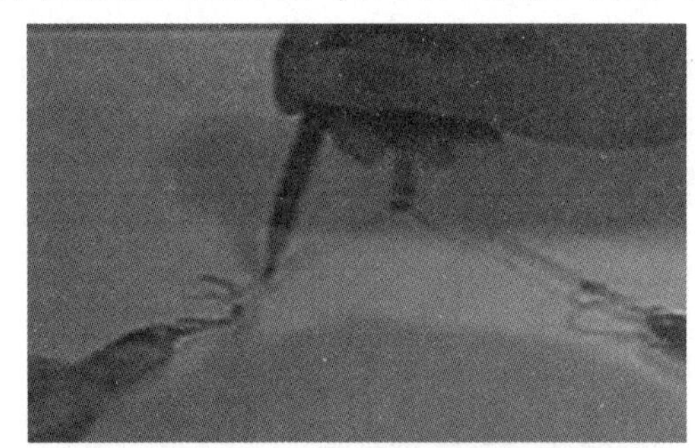

a)描下左边细绳的方向

b)描下右边细绳的方向

图 2-31　描下两条细绳的方向

(5)用铅笔和刻度尺在白纸上将步骤(4)所标点与 O 点连接(图 2-32),按一定的标度(图 2-33)作出两个力 F_1 和 F_2 的图示,并以 F_1 和 F_2 为邻边用刻度尺和三角板作平行四边形(图 2-34),过 O 点的平行四边形的对角线即为合力 F(图 2-35)。在同一次实验中,画力的图示所选定的标度要相同,并且要恰当选取标度,使所作力的图示稍大一些。

(6)只用一个弹簧测力计,通过细绳把橡皮条的结点拉到同样的位置 O(图 2-36),在同一次实验中,使橡皮条拉长时,结点 O 位置一定要相同。读出并记录弹簧测力计的示数,记下细绳的方向,按同一标度用刻度尺从 O 点作出这个力 F' 的图示(图 2-37)。

(7) 比较 F' 与用平行四边形定则求出的合力 F 的大小和方向，看它们在实验误差允许的范围内是否相等(图 2-37)。

(8) 改变 F_1 和 F_2 的大小和方向，按照上述步骤再做两次实验。

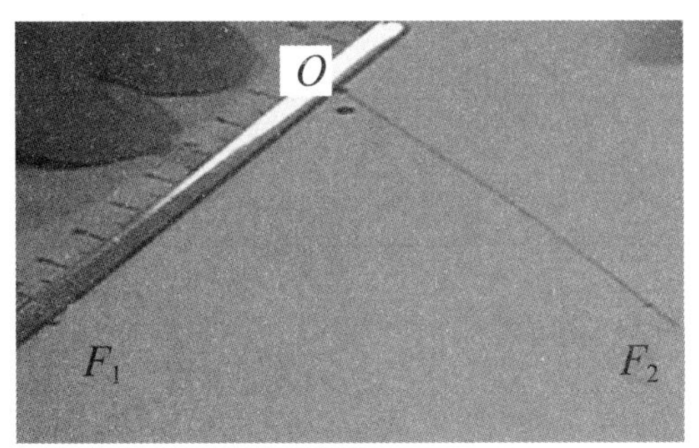

图 2-32　将标记的点连成线

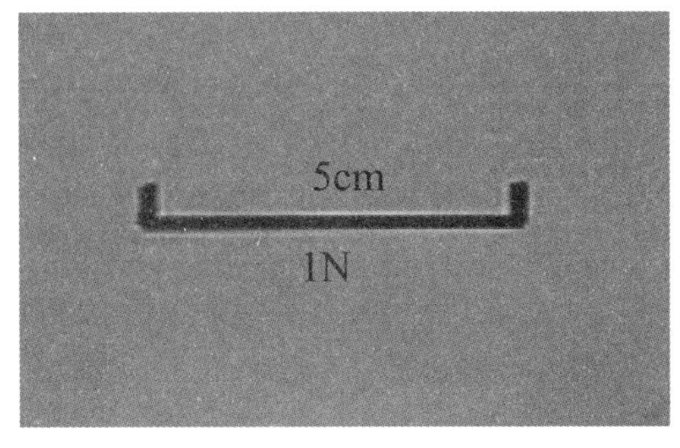

图 2-33　刻度尺上的 5cm 记为 1N

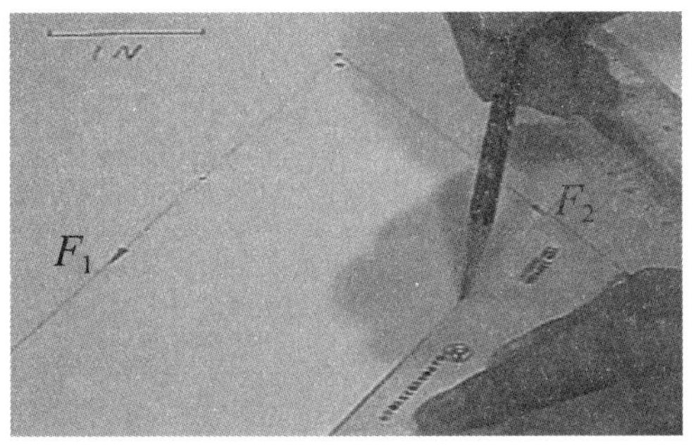

图 2-34　作力的平行四边形图示

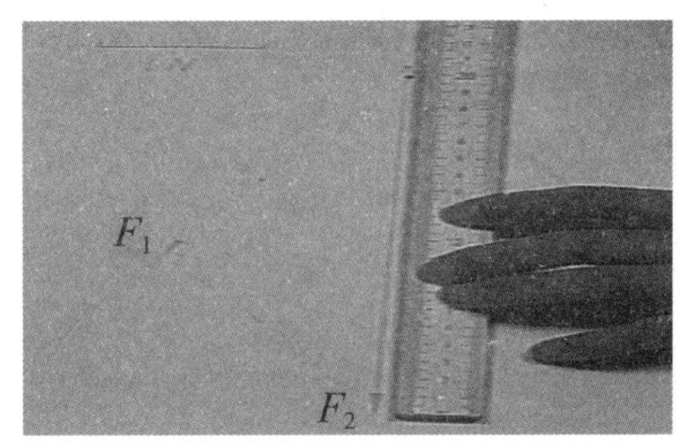

图 2-35　作两力的合力

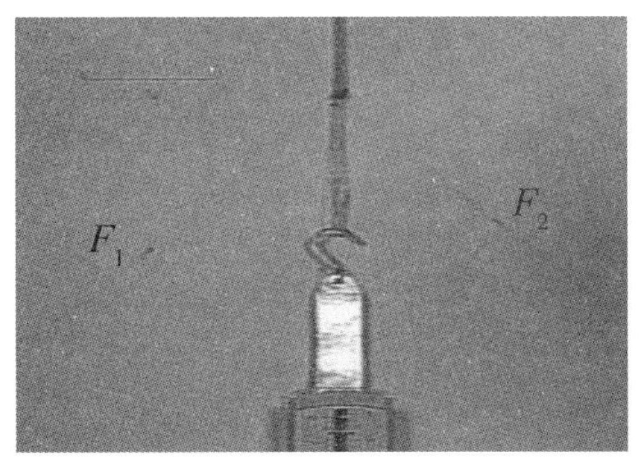

图 2-36　用一个弹簧测力计将橡皮条拉到 O 点

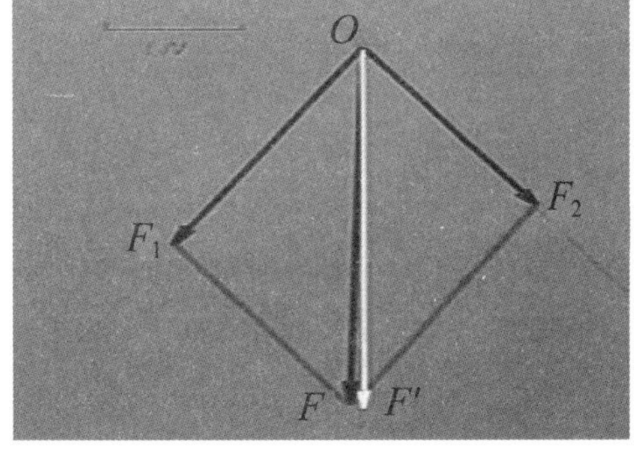

图 2-37　作出弹簧测力计 F' 的图示

想一想

当两个分力 F_1、F_2 间的夹角越大，用平行四边形作出的合力 F 的误差 ΔF 是否越大？

三、实验记录

将实验数据记录在表2-1中。

实验记录表　　表2-1

实验次数	F_1(N)	F_2(N)	F(N)	F'(N)	F与F'的夹角(方向偏差)
1					
2					
3					

四、实验结论

通过观察3次实验记录，试比较每次实验中F和F'的大小和方向是否相同，若在误差允许范围内相同，则验证了力的平行四边形法则；若不同，试分析实验原因。

自我检测

一、填空题

1. 力的三要素是________、________、________。

2. 作用在刚体同一平面上三个相互平衡的力，若其中两个力的作用线汇交于一点，则第三个力的作用线通过________。

3. 在国际单位制中，力矩的单位常用________。

4. 力偶对其作用面内任一点的矩都等于力偶矩，而与矩心位置________。

5. 力偶的三要素是________、________、________。

6. 力的平移定理：作用于刚体上的力可以平行移动到刚体的任意点，但必须附加一个力偶，其力偶矩等于________________。

二、选择题

1. 平面一般力系向一点O简化结果，得到一个合力矢R'和合力矩M_0。下列四种情况，属于平衡的应是(　　)。

A. $R' \neq 0\quad M_0 = 0$　　B. $R' = 0\quad M_0 = 0$

C. $R' \neq 0\quad M_0 \neq 0$　　D. $R' = 0\quad M_0 \neq 0$

2. 以下有关刚体的四种说法，正确的是(　　)。

A. 处于平衡的物体都可视为刚体

B. 变形小的物体都可视为刚体

C. 自由飞行的物体都可视为刚体

D. 在外力作用下、大小和形状看作不变的物体可视为刚体

3. 力偶对物体的作用效应，决定于(　　)。

A. 力偶矩的大小

B. 力偶的转向

C. 力偶的作用平面

D. 力偶矩的大小、力偶的转向和力偶的作用平面

4. 人拉车前进时，人拉车的力与车拉人的力的大小关系为(　　)。

A. 前者大于后者　　B. 前者小于后者

C. 相等　　D. 可大可小

5. 如图 2-38 所示，某刚体受三个力偶作用，则(　　)。

A. a)与 b)等效　　B. a)与 c)等效

C. b)与 c)等效　　D. a)、b)、c)都等效

6. 如图 2-39 所示，力偶对 A 点之矩应是(　　)。

A. 0　　B. +1.5kN · m

C. −1.5kN · m　　D. 3.0kN · m

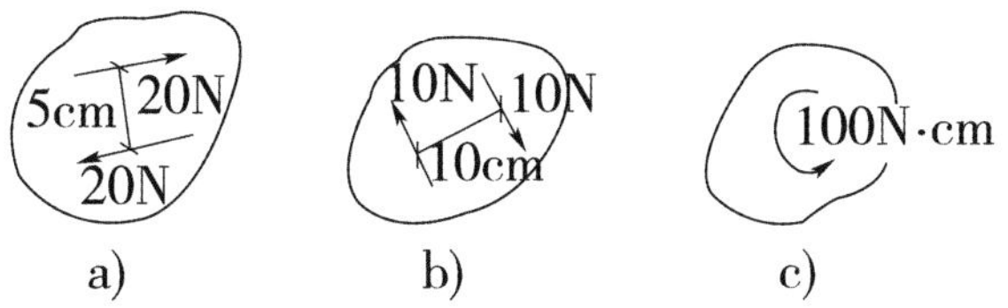

图 2-38　刚体受力图

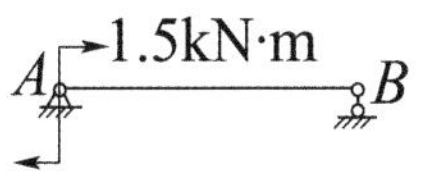

图 2-39　力偶示意图

三、判断题

1. 力有两种作用效果，即力可以使物体的运动状态发生变化，也可以使物体发生变形。(　　)

2. 两端用光滑铰链连接的构件是二力构件。(　　)

3. 作用在一个刚体上的任意两个力成平衡的必要与充分条件是：两个力的作用线相同，大小相等，方向相反。(　　)

4. 作用于刚体的力可沿其作用线移动而不改变其对刚体的运动效应。(　　)

5. 约束力的方向总是与约束所能阻止的被约束物体的运动方向一致的。 (　　)

6. 只要两个力大小相等、方向相反,该两力就组成一力偶。 (　　)

7. 只要平面力偶的力偶矩保持不变,可将力偶的力和臂作相应的改变,而不影响其对刚体的效应。 (　　)

8. 作用力与反作用力是一对等值、反向、共线的平衡力。 (　　)

9. 两个力的合力一定比这两个力大。 (　　)

10. 力在力的作用线方向上可以任意移动而不改变力对物体的作用效果。 (　　)

四、做图题

1. 画出图 2-40 中小球的受力图。

2. 画出图 2-41 中杆件 AB 的受力图。

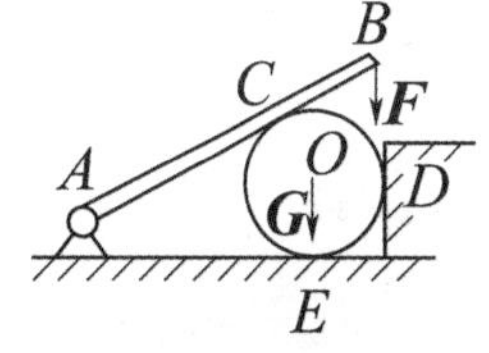

图 2-40　小球受力示意图

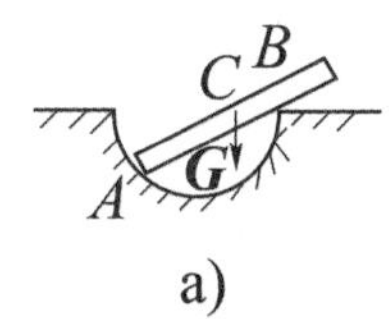

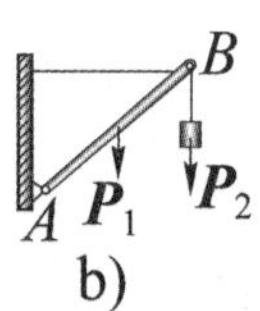

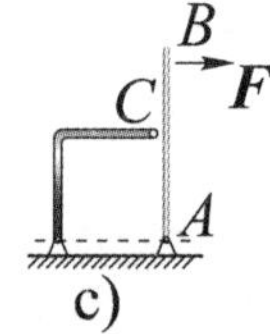

图 2-41　杆件受力示意图

五、计算题

1. 求图 2-42 所示的支座反力。

2. 图 2-43 所示的支架中:荷载 $P=80\text{kN}$。求杆 BC 受到的力。

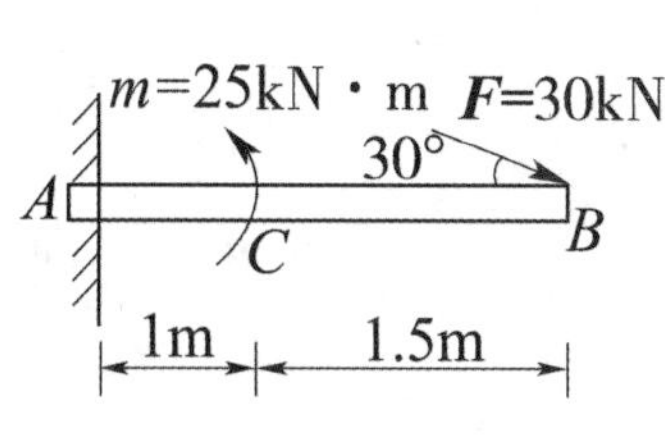

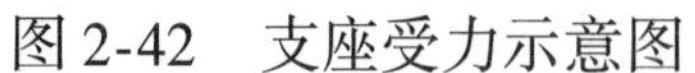

图 2-42　支座受力示意图

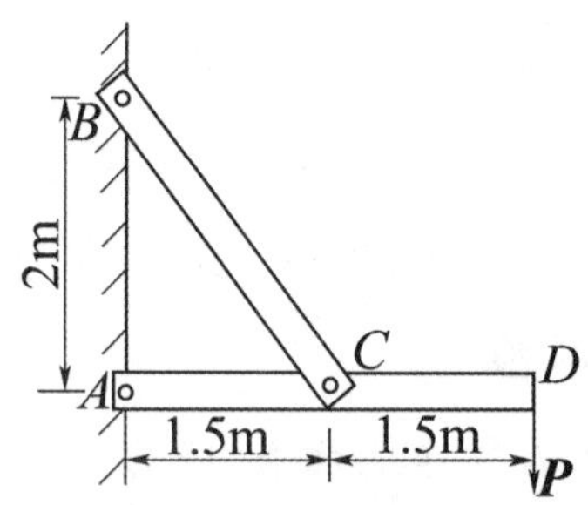

图 2-43　支架受力示意图

直杆的基本变形

在机器或结构物体中,存在多种多样的构件。如果构件的纵向(长度方向)尺寸较横向(垂直于长度方向)尺寸大得多,这样的构件称为杆件。直杆件是机械中最基本的构件。

外力在直杆件上的作用方式有很多种,直杆件由此产生的变形形式也不同。归纳起来,直杆件变形的基本形式有四种:拉伸与压缩、剪切、扭转、弯曲。

第一节　直杆轴向拉伸与压缩

本节描述

直杆轴向拉伸和压缩是直杆件变形的基本形式之一,对直杆件进行轴向拉伸和压缩的受力分析,分析其变形特点和力学性能,在工程实际中有着重要意义。

学习目标

完成本节的学习以后,你应能:

1. 认识直杆内力、应力、变形、应变;
2. 认识直杆轴向拉伸与压缩的受力、变形特点。

一、直杆内力与变形

1　直杆内力

想一想

在拉伸弹簧(图3-1)时,手中会感到弹簧内部有一种反抗伸长的抵抗力,而且手用力越大,弹簧伸长越长,会觉得弹簧的抵抗力也越大。试从力学角度来解释这一现象。

当直杆发生拉伸或压缩变形时,杆件内部质点之间产生了用来抵抗变形、企图使直杆恢复原状的抵抗力,这种因外力作用而引起直杆内部之间的相互作用力,称为内力,也称为轴力,用 N 表示。外力越大,内力也越大,变形也随之增大,当内力超过极限时,直杆就会被破坏。

内力有正负规定:

当内力与截面外法线同向,为正内力(拉力);

当内力与截面外法线反向,为负内力(压力)。

2 直杆变形

想一想

观察图 3-2,单层厂房结构中的屋架杆受到了什么变形?

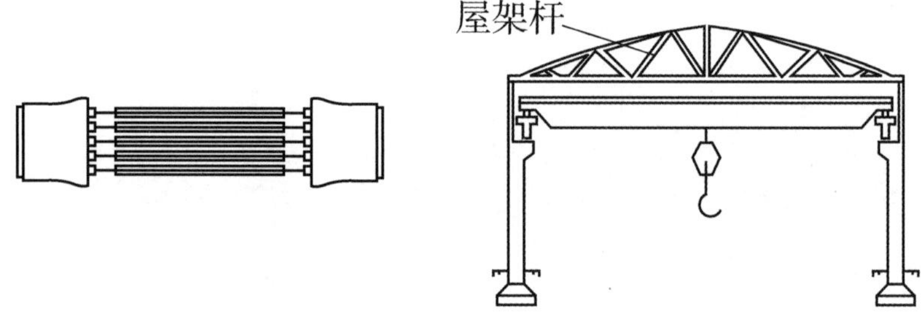

图 3-1 弹簧拉力器　　图 3-2 屋架杆

在轴向力的作用下,直杆件产生伸长变形称为直杆轴向拉伸,简称直杆拉伸。

在轴向力的作用下,直杆件产生缩短变形称为直杆轴向压缩,简称直杆压缩。

二、直杆拉伸与压缩的受力、变形特点

1 直杆拉伸与压缩的受力分析图

图 3-3 所示为直杆拉伸的受力分析简图;图 3-4 所示为直杆压缩的受力分析简图。

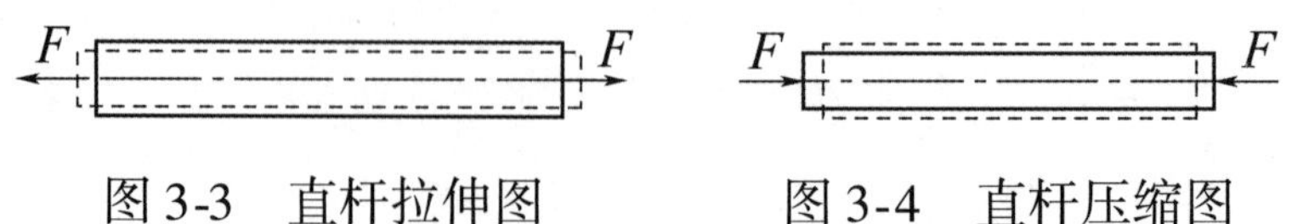

图 3-3 直杆拉伸图　　图 3-4 直杆压缩图

2 直杆轴向拉伸、压缩的特点

(1)受力特点:外力或外力合力的作用线与直杆轴线重合,且该外力或外力合力是大小相等、方向相反的平衡力。

(2)变形特点:直杆变形沿轴向伸长或缩短。

(3)构件特点:等截面直杆。

三、直杆应力与应变

1 直杆应力

想一想

如图 3-5 所示,两根材料一样,但横截面面积不同的杆件,它们所受外力相同,随着外力的增大,哪一根杆件先发生变形?

工程上常用应力来衡量构件受力的强弱程度。构件在外力作用下,单位面积上的内力称为应力。某个截面上,与该截面垂直的应力称为正应力(图 3-6);与该截面相切的应力称为切应力。

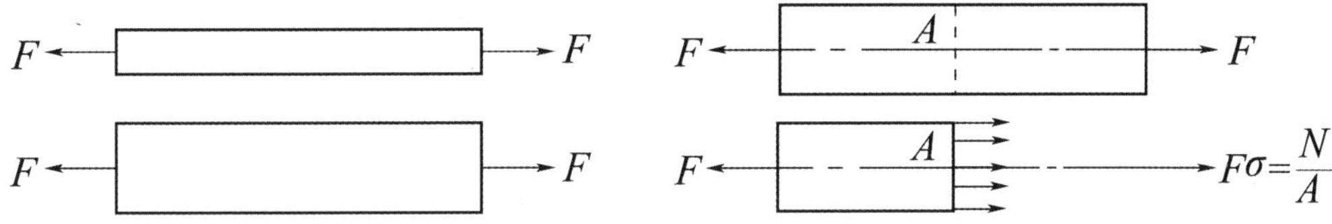

图 3-5　不同横截面杆件受力图

图 3-6　正应力

N-轴力(N);A-横截面面积(m^2)

2 直杆变形与应变

等直杆受轴向拉伸与压缩时,将发生轴向尺寸和横向尺寸的变化,这种变化称为直杆变形,直杆单位长度的变形量称为应变。

【例 3-1】　设等直杆的原长为 L_0,横向尺寸为 d_0。受到拉伸(压缩)后,杆件的长度变为 L_1,横向尺寸变为 d_1,如图 3-7 所示。求该等直杆应变量。

解:(1)等直杆受到拉伸时:

轴向变形为:　$\Delta L = L_1 - L_0$(ΔL 为正值)

横向变形为:　$\Delta d = d_1 - d_0$(Δd 为负值)

(2)等直杆受到压缩时:

轴向变形为:　$\Delta L = L_1 - L_0$(ΔL 为负值)

横向变形为：　　　　$\Delta d = d_1 - d_0$（Δd 为正值）

做一做

试对图3-8中的 AB 杆、BC 杆做出受力分析简图，并说明它们各自属于什么变形？

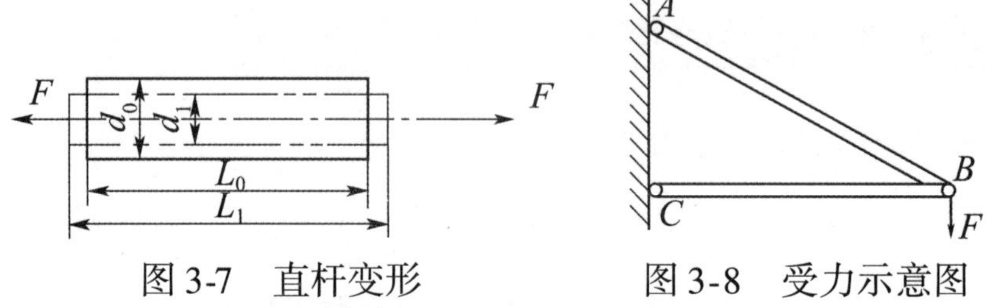

图3-7　直杆变形　　　　图3-8　受力示意图

第二节　剪切与挤压

本节描述

剪切与挤压变形是工程中经常遇到的变形之一。连接件在起连接作用的同时，将在剪切力和挤压力的作用下发生剪切和挤压变形，认识剪切和挤压是学习机械知识的重要基础。

学习目标

完成本节的学习以后，你应能：

1. 了解连接件的剪切与挤压的概念；
2. 认识并能正确地区分连接件的剪切面和挤压面。

看一看

观察图3-9和图3-10，说说它们受到了什么变形？

如果构件发生破坏，其破坏的基本形式是什么？

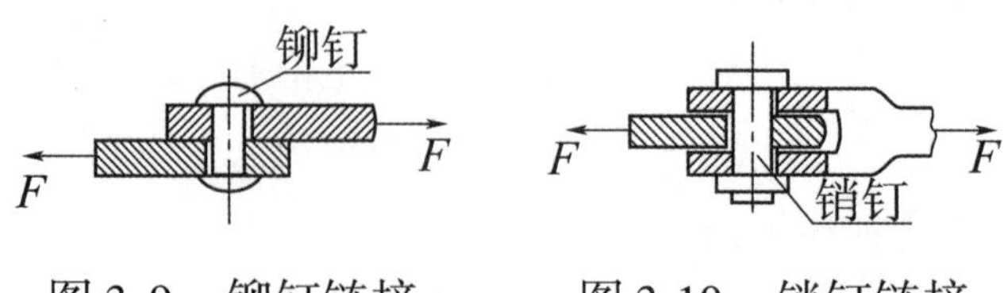

图3-9　铆钉链接　　　　图3-10　销钉链接

一、剪切

1　剪切变形的定义

剪切变形是杆件的基本变形之一。如图 3-11a）所示，当杆件受到一对垂直于杆、大小相等、方向相反、作用线相距很近的力 F 作用时，力 F 作用线之间的各横截面都将发生相对错动，即剪切变形。若力 F 过大，杆件将在力 F 作用线之间的某一截面 $n-n$ 处被剪断，$n-n$ 称为剪切面。如图 3-11b）所示，截面 $b-b$ 相对于截面 $a-a$ 发生错动，最终产生了 $n-n$ 处的剪切面。

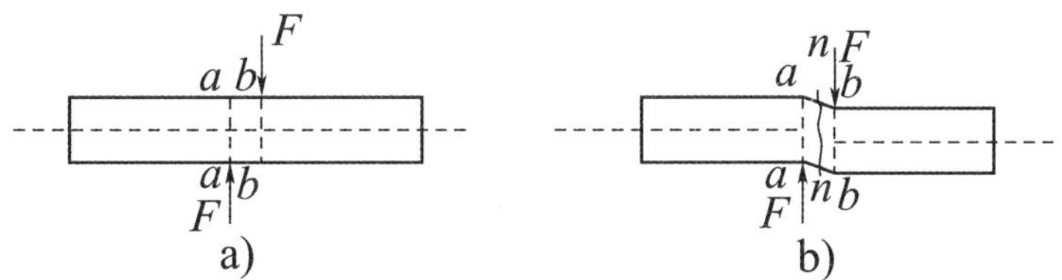

图 3-11　剪切变形

2　剪切变形的特点

以铆钉（图 3-12）为例，分析剪切变形的特点。

（1）受力特点：构件受两组大小相等、方向相反、作用线相距很近（差一个几何平面）的平行力系作用。

（2）变形特点：构件沿两组平行力系的交界面发生相对错动。

（3）剪切面：构件发生相互的错动面，如 $n-n$。

（4）剪切面上的内力：即剪力 Q，其作用线与剪切面平行，如图 3-13 所示。

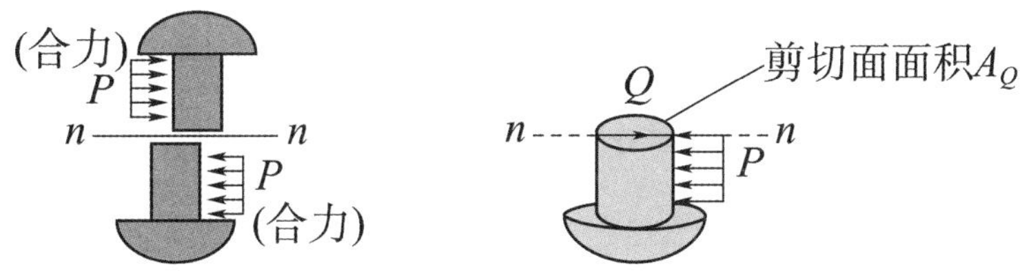

图 3-12　铆钉受力分析图　　图 3-13　剪力分析图

3　剪切的实用计算

（1）实用计算方法：根据构件的破坏可能性，采用能反映受力基本特征，并简化计算的假设，计算其名义应力。然后根据直接试验的结果，确定其相应的许用应力，以进行强度计算。

（2）适用对象：适用于构件体积不大、真实应力相当复杂的情况，如直杆连接件等。

(3)实用计算假设:假设剪应力在整个剪切面上均匀分布,等于剪切面上的平均应力。

【例3-2】 在图3-13中,已知剪切面为 $n-n$ 面(也称为错动面),剪力为 Q(剪切面上的内力)。假设该剪切面受到的切应力是均匀分布的,求该剪切面上的切应力 τ,并说出其剪切面上的强度条件。

解:(1)该剪切面上的切应力 τ 为:

$$\tau=\frac{Q}{A_Q}$$

式中:τ——切应力,Pa;

Q——剪切面上的剪力,N;

A_Q——剪切面面积,m^2。

(2)剪切强度条件(准则):

$$\tau=\frac{Q}{A_Q}\leqslant[\tau]$$

式中:$[\tau]$——材料的许用切应力,Pa。

工作面上的切应力不得超过材料的许用切应力。

二、挤压

1 挤压变形的定义

连接件在发生剪切变形的同时,还伴随着局部受压现象,这种现象称之为挤压。作用在承压面上的压力称为挤压力,用 F_{jy} 表示。在承压面上由于挤压作用而引起的应力称为挤压应力,用 σ_{jy} 表示。

2 挤压变形的基本计算

挤压应力在挤压面上的分布比较复杂,和剪切一样,也采用实用计算,即假定认为挤压应力在挤压面上是均匀分布的,于是有:

$$\sigma_{jy}=\frac{F_{jy}}{A_{jy}}$$

式中:F_{jy}——挤压面上的挤压力,N;

σ_{jy}——挤压面上的挤压应力,Pa;

A_{jy}——挤压面的面积,m^2。

3 挤压面的计算

挤压面积 A_{jy} 需根据挤压面的形状来确定。比如：在键连接中，挤压面为平面，则计算面积按实际接触面面积计算；对于销钉、铆钉等圆柱形连接件，其挤压面为半圆柱面，则挤压面的计算面积为半圆柱面的正投影面积，如图 3-14 所示，其挤压面积 $A_{jy}=dh$。

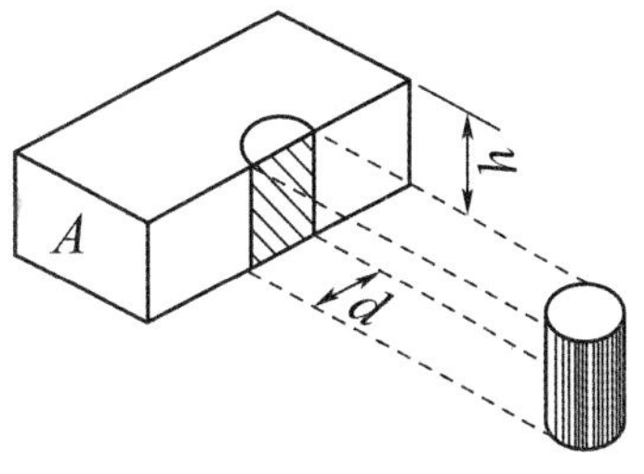

图 3-14　半圆柱挤压面

相关链接

在分析与计算连接件的剪切面与挤压面时，应注意：

(1) 剪切面与外力方向平行，作用在两连接件的错动处；

(2) 挤压面与外力方向垂直，作用在连接件与被连接件的接触处。

想一想

你能说出挤压和压缩有何区别吗？

自我检测

一、名词解释

1. 内力

2. 应力

3. 剪切变形

二、填空题

1. 直杆的内力有正负规定，即__________和__________。

2. 直杆的应力包括__________和__________。

三、选择题

1. 等截面直杆在两个外力的作用下产生压缩变形时，这对外力所具备的特点一定是等值的，并且（　　）。

A. 反向、共线

B. 反向、过截面形心

C. 方向相反、作用线与杆轴线重合

D. 方向相反、沿同一直线作用

2. 挤压变形是构件的(　　)变形。

A. 轴向压缩　　B. 局部受压　　C. 全表面　　D. 截面剪切

3. 下列实例中属拉伸变形的是(　　)。

A. 起重吊钩　　B. 钻孔的钻头　　C. 火车车轴　　D. 键连接中的键

四、简答题

1. 直杆轴向拉伸、压缩有哪些特点?

2. 剪切变形有何特点?

第四章

工程材料

工程材料有很多种，包括金属材料、金属间化合物、无机非金属材料、有机材料和复合材料。不同的材料有不同的类别和性能。合理选择和使用工程材料，对机器的寿命和工作状况有极大的影响。

第一节　黑色金属材料

本节描述

黑色金属是现代工业中应用最广泛的金属材料，其产量约占世界上金属总产量的95%。认识常见的黑色金属材料的种类、牌号及性能，知道钢的热处理目的及应用，对正确选用黑色金属材料有重要意义。

学习目标

完成本节的学习以后，你应能：

1. 知道铸铁的分类、牌号、性能和应用；
2. 知道常用碳钢的分类、牌号、性能和应用；
3. 知道合金钢的分类、牌号、性能和应用；
4. 知道钢的热处理目的、分类和应用。

一、认识黑色金属

金属通常分为黑色金属、有色金属两大类。黑色金属是指铁与铁基合金材料，即钢铁材料。主要包括含碳量2% ~4%的铸铁，含碳量小于2%的碳钢，各种用途的合金钢，如不锈钢、耐热钢、高温合金、精密合金等，以及含铁90%以上的工业纯铁。钢铁材料占金属材料总量的95%以上。

想一想

你知道生活中哪些机器材料使用的是黑色金属吗?炒菜锅(图4-1)及菜刀(图4-2)是用黑色金属材料做成的吗?

图4-1　炒菜锅　　图4-2　菜刀

二、铸铁

铸铁是含碳量大于2.11%的铁碳合金,它是将铸造生铁(部分炼钢生铁)在炉中重新熔化,并加入铁合金、废钢、回炉铁调整成分而得到的。铸铁与钢相比,虽然力学性能较差,但铸铁具有优良的铸造性能和切削加工性能,生产成本低廉,且具有耐压、耐磨和减振等性能,因而应用广泛。

根据碳存在形式的不同,铸铁可以分为灰铸铁、球墨铸铁、蠕墨铸铁和可锻铸铁。

1　灰铸铁的牌号、性能及应用

(1)灰铸铁的牌号。灰铸铁的牌号由"灰铁"两字的汉语拼音第一个字母"HT"及后面一组数字组成,数字表示最低抗拉强度。HT200的牌号说明如图4-3所示。

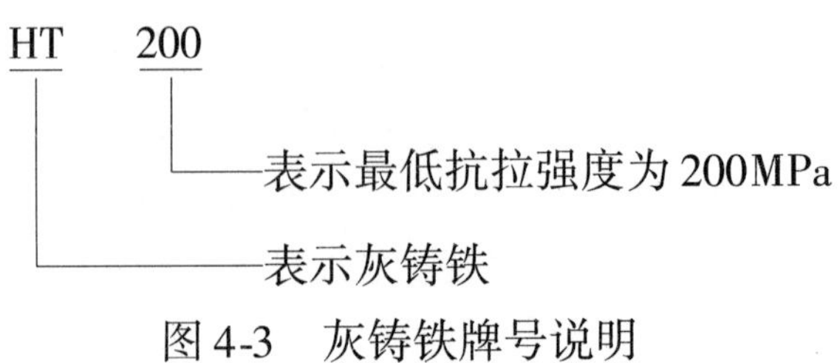

图4-3　灰铸铁牌号说明

(2)灰铸铁的性能及不同牌号灰铸铁的应用见表4-1。

灰铸铁的性能及不同牌号灰铸铁的应用举例　　表4-1

牌　　号	性　　能	用　　途
HT100	铸造性能好,工艺简单,铸造应力小,不用人工时效处理,有一定的机械强度和良好的减振性能	适用于制作负荷小、对摩擦(磨损)无特殊要求的零件,如盖、油盘、支架、手轮等
HT150	铸造性能好,工艺简单,铸造应力小,不用人工时效处理,机械强度好于HT100,并有良好的减振性能	适用于制作承受中等负荷的零件,如机床支柱、底柱、刀架、变速器、轴承座等
HT200	强度、耐磨性、耐热性均较好,减振性也良好,铸造性能较好,但脆性较大,需进行人工时效处理	大量用于不受冲击载荷但承受压力较大的零部件,如机床床身、立柱、发动机缸体、缸盖、轮毂、联轴器、油缸、齿轮、飞轮等

2　可锻铸铁的牌号、性能及应用

可锻铸铁又叫玛钢、马铁或韧铁。其塑性和韧性比灰铸铁好,但可锻铸铁并非可以锻打。

(1)可锻铸铁的牌号。我国可锻铸铁的牌号由三个字母及两组数字组成。前两个字母“KT”是“可铁”两字汉语拼音的第一个字母;第三个字母代表可锻铸铁的类别,如“H”表示“黑心”(即铁素体基体)、“Z”表示珠光体基体;后面两组数字分别代表最低抗拉强度和最低断后伸长率的数值。例如KTH300－06,其牌号说明如图4-4所示。

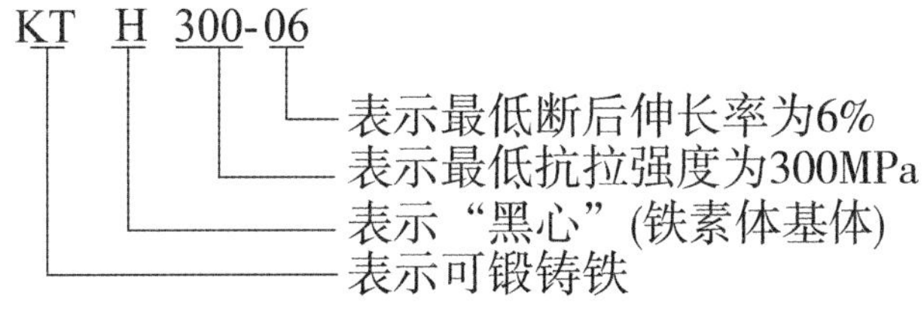

图4-4　可锻铸铁牌号说明

(2)可锻铸铁的性能及不同牌号可锻铸铁的应用见表4-2。

不同牌号可锻铸铁的性能及应用 表4-2

<table>
<tr><th>牌号</th><th>性能</th><th>用途</th></tr>
<tr><td>KTH300－06</td><td>切削性能良好,耐蚀性、耐热性、抗氧化性、减振性较好,耐磨性及焊接性差,有一定的韧性和适度的强度,气密性好</td><td>适用于承受较低的动、静载荷,且要求气密性好的零件,如管道配件、中低压阀门等</td></tr>
<tr><td>KTH330－08</td><td>切削性能良好,耐蚀性、耐热性、抗氧化性、减振性较好,耐磨性及焊接性差,有一定的韧性和适度的强度</td><td>适用于承受中等动、静载荷的零件,如机床用扳手、车轮壳、农机上的犁、螺栓扳手、铁道扣扳、输电线路上的线夹体及压板等</td></tr>
<tr><td>KTH350－10</td><td rowspan="2">切削性能良好,耐蚀性、耐热性、抗氧化性、减振性较好,耐磨性及焊接性差,有一定的韧性和较高的强度</td><td rowspan="2">适用于承受较高冲击、振动及扭转负荷的零件,如汽车上的差速器壳、前后轮壳、制动器、转向节壳,农机上的犁刀、犁柱,船用电动机壳,瓷瓶铁帽等</td></tr>
<tr><td>KTH370－12</td></tr>
<tr><td>KTZ450－06</td><td>韧性较低,但强度较大、硬度较高、耐磨性较好,且可切削性良好</td><td rowspan="4">可代替低碳、中碳、低合金钢及有色合金制造承受较高的动、静载荷,在磨损条件下工作并要求有一定韧性的重要工作零件,如曲轴、连杆、齿轮、摇臂、凸轮轴、万向接头、活塞环、轴套、犁刀、耙片等</td></tr>
<tr><td>KTZ550－04</td><td rowspan="3">韧性较低,但强度大、硬度高、耐磨性好,且可加工性良好</td></tr>
<tr><td>KTZ650－02</td></tr>
<tr><td>KTZ700－02</td></tr>
</table>

3 球墨铸铁的牌号、性能及应用

球墨铸铁是指铁水经过球化处理而使其所含的石墨大部分或全部呈球状的铸铁。它的机械性能比灰铸铁和可锻铸铁都要高。

(1)球墨铸铁的牌号。球墨铸铁的牌号是由“球铁”两字汉语拼音的第一个字母“QT”及两组数字组成,这两组数字分别代表其最低抗拉强度和最低断后伸长率。QT400－18 的牌号说明如图 4-5 所示。

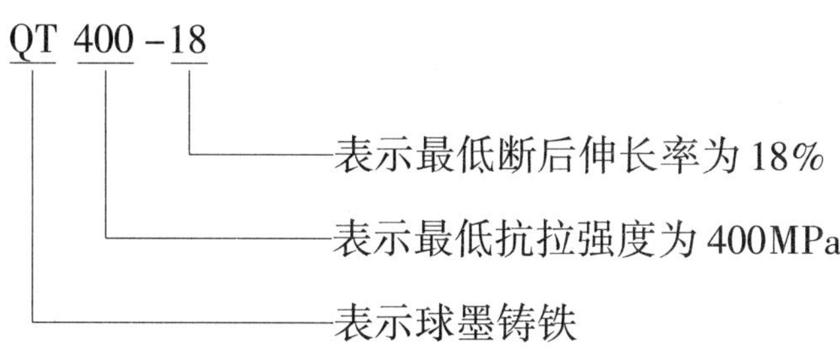

图 4-5　球墨铸铁牌号说明

(2)球墨铸铁的性能及不同牌号球墨铸铁的应用见表 4-3。

球墨铸铁的性能及不同牌号球墨铸铁的应用　　表 4-3

牌　　号	性　　能	用　　途
QT400－18 QT400－15	具有良好的焊接性和切削性,常温时冲击韧性高,而且塑性较高。脆性转变温度低,同时低温韧性也较好	适用于制作能承受高冲击振动及扭转等动、静载荷的零件,要求较高的韧性和塑性,如汽车轮毂、驱动桥壳体、差速器壳体、离合器壳体、拨叉、阀体、阀盖等
QT450－10	焊接性及切削加工性能好,韧性高,脆性转变温度低,塑性略低而强度与小能量冲击力较高	主要用于 16～64 大气压阀门的阀体、阀盖,压缩机上高低压汽缸等
QT500－7	强度与塑性中等,被切削性尚好。低温时,韧性向脆性转变,但低温冲击值较高,且有一定的抗温度急变性和耐蚀性	用途较广,用于内燃机的机油泵齿轮、汽轮机中温汽缸隔板、水轮机的阀门体、铁路机车车辆轴瓦、机器座架传动轴等

续上表

牌　　号	性　　能	用　　途
QT600 - 3	具有中高等强度、中等韧性和塑性，综合性能较高，耐磨性和减振性良好，铸造工艺性能良好等特点	主要用于各种动力机械曲轴、凸轮轴、连接轴、连杆、齿轮、离合器片、液压缸体等零部件
QT700 - 2	有较高的强度、耐磨性，低韧性(或低塑性)	主要用于空调机、气压机、冷冻机、制氧机及泵的曲轴、缸体、缸套以及球磨机齿轴、矿车轮、桥式起重机大小车滚轮等
QT800 - 2		
QT900 - 2	有高的强度、耐磨性、较高的弯曲疲劳强度、接触疲劳强度和一定的韧性	主要用于农机具的犁铧、耙片、低速农用轴承套圈，汽车的曲线齿锥齿轮、转向节、传动轴，拖拉机的减速齿轮，内燃机的凸轮轴、曲轴等

4　蠕墨铸铁的牌号、性能及应用

(1)蠕墨铸铁的牌号。蠕墨铸铁是具有片状和球状石墨之间的一种过渡形态的灰口铸铁，它是一种以力学性能、导热性能较好以及断面敏感性小为特征的新型工程结构材料。由于蠕墨铸铁兼有球墨铸铁和灰铸铁的性能，因此，它具有独特的用途，在钢锭模、汽车发动机、排气管、玻璃模具、柴油机缸盖、制动零件等方面的应用均取得了良好的效果。蠕墨铸铁的牌号为：RuT + 数字。牌号中，“RuT”是“蠕铁”二字汉语拼音的大写字头，为蠕墨铸铁的代号；后面的数字表示最低抗拉强度。例如:牌号 RuT300 表示最低抗拉强度为 300MPa 的蠕墨铸铁。

(2)蠕墨铸铁的性能及不同牌号蠕墨铸铁的应用见表 4-4。

蠕墨铸铁的性能及不同牌号蠕墨铸铁的应用　　表 4-4

牌　号	性　能	用　途
RuT420	大部分石墨成蠕虫状的铸铁。蠕虫状的石墨介于片状石墨和球状石墨之间,既有共晶团内石墨相互连接的片状结构,又有头部较圆、类似球墨的形状,铸造性、减振性和导热性都优于球墨铸铁,与灰铸铁相近。其强度较高,壁厚敏感性较小,铸造性能良好,屈服强度比较高,冲击韧性较高,耐磨;具有良好的综合性能,力学性能较高,在高温下有较高的强度,氧化生长较小,组织致密,热导率高以及断面敏感性小等特点,可取代一部分高牌号灰铸铁、球墨铸铁和可锻铸铁	适用于钢锭模、汽车发动机、排气管、玻璃模具、柴油机缸盖、重型机床床身、机座、活塞环、液压件、制动零件等
RuT380		
RuT340		
RuT300		
RuT260		

三、碳素钢

碳素钢简称碳钢、非合金钢,是最基本的铁碳合金,碳含量小于 2.11%,并有少量硅、锰以及磷、硫等杂质。由于碳钢容易冶炼,价格便宜,具有较好的力学性能和优良的工艺性能,可以满足一般机械零件、工具和日常轻工产品的使用要求,因此在机械制造、建筑、交通运输等许多领域中得到广泛的应用。

1 碳素钢的分类

(1)按钢的含碳量分类。

①低碳钢:$C<0.25\%$;

②中碳钢:$0.25\leqslant C\leqslant 0.60\%$;

③高碳钢:$C>0.60\%$。

注:C——含碳量。

(2)按钢的质量分类。

①普通钢:$P\leqslant 0.035\%$,$S\leqslant 0.035\%$;

②优质钢:$P\leqslant 0.030\%$,$S\leqslant 0.030\%$;

③高级优质钢:$P\leqslant 0.020\%$,$S\leqslant 0.025\%$。

注:P——含磷量;S——含硫量。

(3)按钢的用途分类。

①碳素结构钢:用于制造金属结构、机械零件。

②碳素工具钢:用于制造刀具、量具和模具。

(4)按冶炼时脱氧程度的不同分类。

①沸腾钢:炼钢时仅加入锰铁进行脱氧,脱氧不完全。这种钢液铸锭时,有大量的一氧化碳气体逸出,钢液呈沸腾状,故称为沸腾钢。沸腾钢组织不够致密,成分不太均匀,质量较差,但因其成本低、产量高,故被广泛用于一般工程。

②镇静钢:炼钢时采用锰铁、硅铁和铝锭等作为脱氧剂,脱氧完全。这种钢液铸锭时能平静地充满锭模并冷却凝固,故称为镇静钢。镇静钢虽成本较高,但其组织致密,成分均匀,含硫量较少,性能稳定,故质量好,适用于预应力混凝土等重要结构工程。

③特殊镇静钢:脱氧程度较镇静钢更充分彻底,故称为特殊镇静钢。其质量最好,适用于特别重要的结构工程。

随着冶金技术的发展,沸腾钢逐渐减少乃至被淘汰,镇静钢及特殊镇静钢会得到越来越广泛的应用。

2 碳素结构钢

凡用于制造机械零件和各种工程结构件的钢都称为结构钢。根据质量分为碳素结构钢和优质碳素结构钢。

(1)碳素结构钢。

①碳素结构钢的牌号:根据国家标准《碳素结构钢》(GB/T 700—2006)规定,碳素结构钢牌号由以下四部分组成:

屈服强度字母:Q——屈服强度,"屈"字汉语拼音第一个字母。

屈服强度数值:单位为 MPa。

质量等级符号:A、B、C、D 级,从 A 到 D 依次提高。

脱氧方法符号:F——沸腾钢、Z——镇静钢、TZ——特殊镇静钢,Z 与 TZ 符号在钢号组成表示方法中予以省略。

例如,Q215AF 表示屈服强度为 215MPa 的 A 级沸腾钢,如图 4-6 所示。

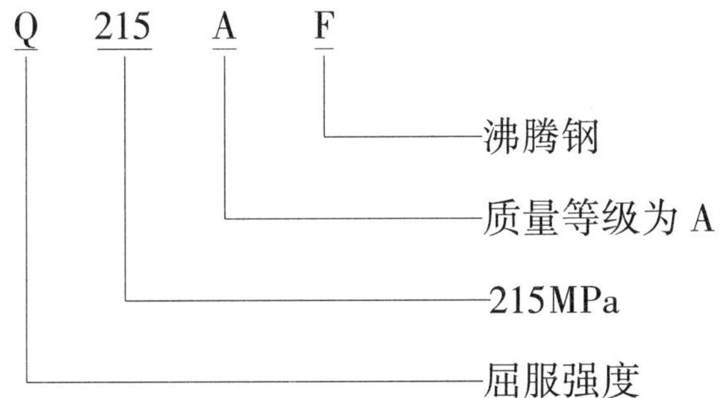

图 4-6 碳素结构钢牌号说明

②碳素结构钢的性能:碳素结构钢的杂质和非金属夹杂物较多,但冶炼容易,工艺性好,价格便宜,产量大,且焊接性能好,塑性、韧性好,有一定强度,在性能上能满足一般工程结构及普通零件的要求。

③碳素结构钢的应用:碳素结构钢是工程中应用最多的钢种(图 4-7)。碳素结构钢通常轧制成钢板和各种型材,用于建筑、桥梁、机械制造、船舶等建筑结构或一些受力不大的机械零件,如铆钉、螺钉、螺母等。

   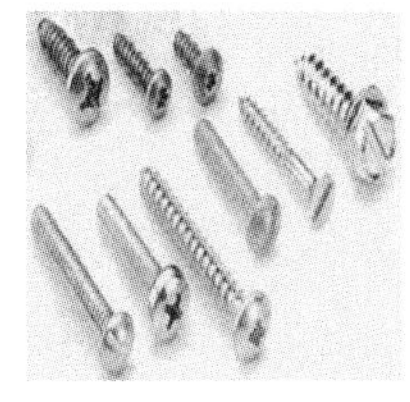 

图 4-7 碳素结构钢的应用

(2)优质碳素结构钢。

优质碳素结构钢是用来制造较为重要机械零件的非合金结构钢。其硫、磷有害杂质元素较少,钢的质量高,可经过热处理进一步改善性能。

优质碳素结构钢的牌号、性能及应用见表 4-5。

优质碳素结构钢的牌号、性能及应用　　表 4-5

<table>
<tr><th colspan="2">优质碳素结构钢分类</th><th>牌号说明</th><th>性能</th><th>应用</th></tr>
<tr><td>08 ~ 25 钢</td><td>低碳钢</td><td rowspan="3">优质碳素结构钢的牌号用两位数字来表示，这两位数字表示该钢平均含碳量的万分数。例如，35 表示平均含碳量为0.35% 的优质碳素结构钢；08 表示平均含碳量为 0.08% 的优质碳素结构钢</td><td>强度、硬度较低，塑性、韧性及焊接性能良好</td><td>主要用于制造冲压件，焊接结构件及强度要求不高的机械零件、渗碳件，如压力容器、小轴、销子、凸缘盘、螺钉和垫圈等(图 4-8)</td></tr>
<tr><td>30 ~ 55 钢</td><td>中碳钢</td><td>具有较高的强度和硬度，其塑性和韧性随含碳量的增加而逐渐降低，切削性能良好</td><td>主要用于制造受力较大的机械零件，如连杆、曲轴、齿轮和联轴器等(图 4-9)</td></tr>
<tr><td>60 以上的钢</td><td>高碳钢</td><td>具有较高的强度、硬度和弹性，但焊接性能不好，切削性能稍差，冷变形塑性差</td><td>主要用于制造具有较高强度、耐磨性和弹性的零件，如弹簧垫圈、板簧和螺旋弹簧等弹性零件及耐磨零件(图 4-10)</td></tr>
</table>

3　碳素工具钢的牌号、性能及应用

碳素工具钢一般碳含量为 0.65% ~1.35%。

(1)碳素工具钢牌号：碳素工具钢的牌号以汉字“碳”汉语拼音的第一个字母“T”及后面的阿拉伯数字表示，其数字表示钢中平均含碳量的千分数。例如，T9

表示平均含碳量为0.90%的优质碳素工具钢。若为高级优质碳素工具钢,则在其牌号后面标以字母A。

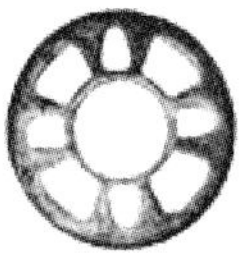

a)凸缘盘 　　b)销子 　　c)垫圈

图4-8　低碳钢的应用

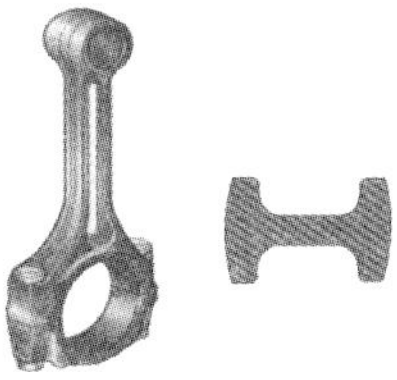

a)连杆 　　b)曲轴 　　c)齿轮

图4-9　中碳钢的应用

a)弹簧垫圈 　　b)板簧 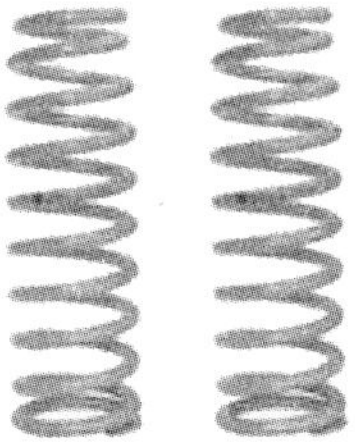　　c)螺旋弹簧

图4-10　高碳钢的应用

例如,T11A表示平均含碳量为1.1%的高级优质碳素工具钢,如图4-11所示。

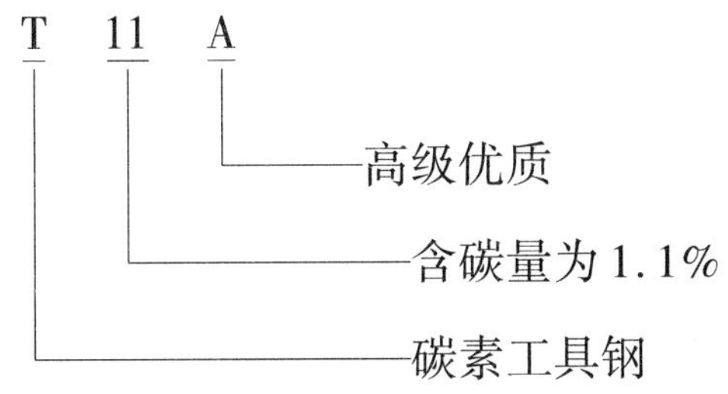

图4-11　碳素工具钢牌号说明

(2)碳素工具钢的性能:碳素工具钢经热处理后表面可得到较高的硬度和耐磨性,心部有较好的韧性;退火硬度低(不大于HB207),加工性能良好。但其红

硬性差,当工作温度达250℃时,钢的硬度和耐磨性急剧下降,硬度下降到HRC60以下。这类钢的淬透性低,较大的工具不能淬透(水中淬透直径为15mm),水淬时表面淬硬层与中心部位硬度相差很大,使工具在淬火时容易产生变形,或形成裂纹。

(3)碳素工具钢的应用:碳素工具钢用于制造各种低速刀具、模具和量具(图4-12)。由于大多数工具都要求高硬度和高耐磨性,故碳素工具钢含碳量均在0.70%以上,都是优质钢或高级优质钢。

a)刀具

b)模具

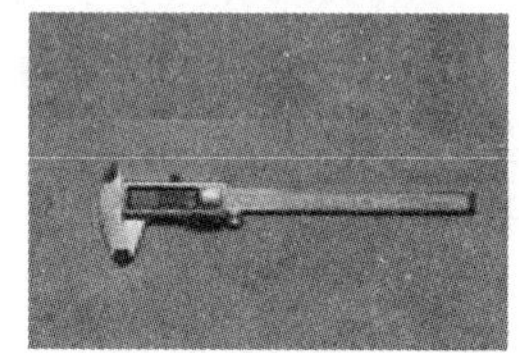
c)量具

图4-12　碳素工具钢的应用

四、合金钢

合金钢就是在碳素钢的基础上,为改善钢的性能,在冶炼时有目的地加入一种或数种合金元素的钢。常用的合金元素有硅、锰、铬、镍、钼、钨、钒、钛、硼、铝、锆及稀有元素等。

1 合金钢的分类及应用

合金钢的分类方法很多,按主要用途分为:

(1)合金结构钢:如低合金结构钢、渗碳钢、调质钢、弹簧钢、轴承钢等,主要用于制造重要的机械零件和工程结构。

(2)合金工具钢:如刃具、模具、量具钢。

(3)特殊性能钢:具有特殊的物理、化学性能的钢,如不锈钢、耐热钢、耐磨钢等。

2 合金钢的牌号

我国的合金钢牌号采用碳含量、合金元素的种类及含量、质量级别来编号。

1)合金结构钢的牌号

合金结构钢的牌号采用“两位数字(碳含量)+元素符号+数字”表示。前两位数字表示钢平均含碳量的万分数;元素符号表示钢中含有的主要合金元素,后面的数字表示该元素的含量,以百分数表示合金元素的含量,小于1.5%时不标,平均含量为1.5%~2.5%、2.5%~3.5%、3.5%~4.5%……时,则相应地标以

2、3、4……，依此类推。合金结构钢牌号说明如图4-13所示。

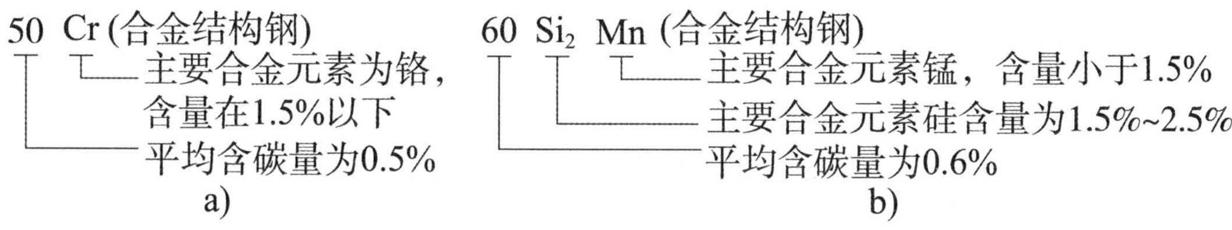

图4-13 合金结构钢牌号说明

用途：50Cr适用于制造受重载荷及受摩擦的零件，如直径 <600mm 的轧辊、减速器轴、齿轮、传动轴等；60Si2Mn主要用于制造承受较大载荷的扁弹簧或直径≤30mm的螺旋形弹簧，如汽车、火车车厢下部承受应力和振荡的弹簧，或用于承受交变载荷和高应力下工作的大型重要卷制弹簧及承受剧烈磨损的机械零件等。

2)合金工具钢的牌号

合金工具钢的牌号和合金结构钢牌号的区别仅在于碳含量的表示方法，它用一位数字表示平均含碳量的千分数，当含碳量≥1.0%时，则不予标出。合金工具钢的牌号说明如图4-14所示。

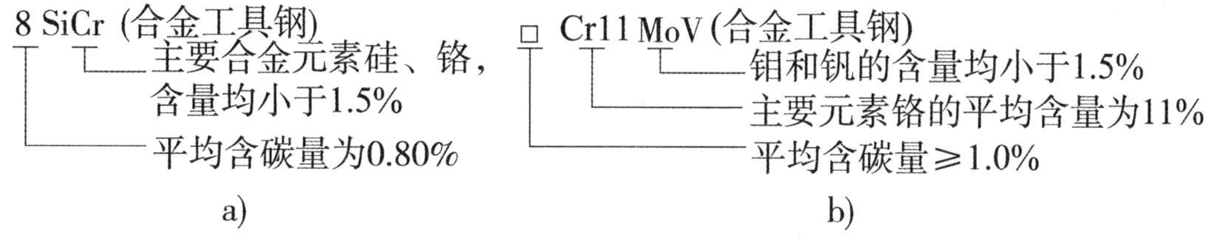

图4-14 合金工具钢牌号说明

3)特殊性能钢的牌号

特殊性能钢的牌号和合金工具钢的表示方法相同，如不锈钢3Cr14表示含碳量为0.30%，平均含铬量为14%。当含碳量为0.03%~0.10%时，用0表示；当含碳量小于等于0.03%时，用00表示。

还有一些特殊专用钢为表示其用途，在钢的牌号前面冠以汉语拼音的第一个字母，而不标含碳量，合金元素的标注也与上述不同。例如，滚动轴承钢前面标“G”(“滚”字汉语拼音的第一个字母)，如GCr14，这里注意牌号中铬元素后面的数字是表示含铬量的千分数，其他元素仍用百分数表示。例如，GCr14SiMn表示含铬量为1.5%，硅、锰含量均小于1.5%的滚动轴承钢。各种高级优质合金钢在牌号的最后标上“A”，如38CrMoA。

3 合金钢的性能

与碳素钢相比，由于合金元素的加入，使合金钢具有较高的力学性能、淬透性和回火稳定性等。根据加入合金元素的不同,合金钢还具有不同的性能,如高的耐磨性、耐蚀性、耐低温性及高磁性等。

想一想

20 钢和 20Cr 钢中,哪种材料能制造承受动载荷大的重要零件?为什么?

五、钢的热处理

钢的热处理就是使钢加热到一定温度,并在这个温度保持一定时间(保温),然后以一定的速度、方式冷却下来,从而改变钢的内部组织,获得预期性能的工艺过程,其目的是充分发挥材料潜力,提高产品质量,延长使用寿命。

我们知道,不同化学成分的材料可以具有不同的机械性能,而同一化学成分的材料,由于有不同的内部组织,也可以具有不同的性能。通过不同的热处理方法可以改变钢的内部组织,改善钢的加工工艺性能,提高加工质量,减少刀具磨损,更重要的是可以改善其使用性能,特别显著地提高钢的机械性能,并延长其使用寿命。因此热处理在机械制造中占有十分重要的地位,应用十分广泛。

热处理方法大致分为普通热处理和表面热处理两大类。不同热处理工艺的目的及应用见表 4-6。

不同热处理工艺的目的及应用 表 4-6

热处理分类		工艺特点	目的	应用
普通热处理	退火	将工件加热到适当温度,保持一定时间,然后缓慢冷却(一般随炉冷却)	①降低硬度,提高塑性,以利于切削加工及冷变形加工; ②消除钢中的残余内应力,以防止变形和开裂; ③细化晶粒,均匀钢的组织及成分,改善钢的性能或为以后的热处理做准备	①用于中碳钢及低、中碳合金结构钢的锻件、铸件等; ②适用于碳素工具钢、合金工具钢、轴承钢等在锻造加工后需要切削的工件,同时也为最后的淬火处理做好准备; ③主要消除金属铸件、锻件、焊接件、冷冲压件的内应力

续上表

热处理分类		工艺特点	目的	应用
普通热处理	正火	将工件加热到适当温度，保持一定时间后出炉空冷	同退火	①普通结构零件，当力学性能要求不高时，可作为最终的热处理； ②硬度过低的低碳钢、低碳合金钢，正火可适当提高其硬度，改善其切削加工性能； ③有利于改善钢的力学性能，并为以后的热处理做好准备
	淬火	将工件加热到适当温度后，保持一定时间，然后快速冷却	获得高硬度、高耐磨的马氏体组织，使零件获得良好的性能，以满足使用要求	淬火工艺在现代机械制造工业得到广泛的应用。机械中重要零件，尤其在汽车、飞机、火箭中应用的钢件几乎都经过淬火处理来提高其硬度等力学性能
	回火	工件淬硬后，加热到727℃以下的某一温度，保温一定时间，然后冷却到室温	①消除或减少工件淬火时产生的内应力、防止工件在使用过程中开裂和变形； ②降低钢的硬度和脆性，提高韧性，并获得良好的综合力学性能； ③稳定组织，稳定尺寸，保证工件的精度	①低温回火主要用于刃具、量具、冷作模具、滚动轴承等硬而耐磨的零件； ②中温回火主要用于弹性零件及热作模具； ③高温回火用于需调质处理的各种重要的受力构件，如连杆、螺栓、齿轮、曲轴等零件

续上表

热处理分类		工艺特点	目的	应用
表面热处理	表面淬火	仅对工件表层进行淬火	使零件表面具有高的强度、硬度、耐磨性和疲劳极限,而心部仍保持足够的塑性和韧性,即“表硬里韧”	如各种齿轮、凸轮、顶杆、套筒及轧辊等工件,经常通过表面热处理进行强化
	化学热处理	将工件置于适当的活性介质中加热、保温,使一种或几种元素渗入到它的表层,以改变其化学成分、组织和性能		

第二节　有色金属材料

本节描述

通过认识有色金属分类,掌握常用有色金属(如铝及铝合金、铜及铜合金、轴承合金)的类别、牌号、性能,在工程实践中能正确选用常用的有色金属材料。

学习目标

完成本节的学习以后,你应能:

1. 知道有色金属的分类、牌号和性能;
2. 描述有色金属的应用。

一、认识有色金属

除钢铁材料以外的其他金属材料统称为有色金属。其种类很多,且具备许多特殊的物理和化学性能,又有一定的力学性能和较好的工艺性能,是工业上不可缺少的工程材料。工程上常见的有色金属有铝、铜、锌、铅、镁、钛及其合金和轴承合金等,其中又以铝及其合金、铜及其合金和轴承合金最为常用。

想一想

日常生活中,哪些生活器具是有色金属做的?哪些又是黑色金属做的?

二、铝及铝合金

铝是一种轻金属,密度小($2.72g/cm^3$),具有良好的强度、抗腐蚀性能、导电性、导热性及塑性,适合制造各种导线、散热材料,适用压力加工。铝合金具有较好的强度,超硬铝合金的强度可达600MPa,普通硬铝合金的抗拉强度也达200~450MPa,它的比刚度远高于钢,因此在机械制造中得到广泛的运用。

1 工业纯铝

工业纯铝的纯度可达99.99%,呈银白色,具有密度小、熔点低、导电性、导热性良好(仅次于铜)、反光性好、无磁性、塑性高、强度低、硬度低等特点。工业纯铝可以进行冷、热压力加工,并可通过加工硬化使其强度提高,但塑性下降。

在空气中,铝表面可生成一层致密的氧化膜,能阻止铝进一步氧化,故铝在大气中具有良好的耐腐蚀性,但铝不耐酸、碱、盐的腐蚀。

工业纯铝分为纯铝和高纯铝两类。按加工方式纯铝又可分为变形纯铝(可压力加工)和铸造纯铝(非压力加工)两种。

工业纯铝主要用途是代替铜制作导线,配制不同的铝合金,制作强度不高的器皿。在汽车上,纯铝主要用于制作空气压缩机垫圈、排气阀垫片、汽车铭牌等。

2 铝合金的分类、牌号、性能及应用

纯铝强度很低,不适于制造机器零件。若在纯铝中加入Si、Cu、Mg、Zn、Mn等合金元素形成铝合金,可使其力学性能提高,而且仍保持其密度小、耐腐蚀的优点。

铝合金按其成分和工艺特点不同可分为变形铝合金和铸造铝合金。

1)变形铝合金的牌号、性能及应用

变形铝合金按其主要性能特点分为防锈铝合金、硬铝合金、超硬铝合金和锻造铝合金。

变形铝合金的牌号:《变形铝及铝合金牌号表示方法》(GB/T 16474—2011)规定我国变形铝及铝合金采用国际四位数字体系牌号和四位字符体系牌号两种命名方法,见表4-7。

第一位数字是用"2~9"的数字表示,分别表示是以什么元素为主的铝合金。

第二位数字(国际四位数字体系)或字母(四位字符体系)表示铝合金的改型情况,数字0或字母A表示原始合金,如果是1~9或B~Y中的一个,则表示为改型情况。

最后两位数字用以标明同一组中不同的铝合金。

2系~9系铝合金的性能及应用 表4-7

铝合金系	牌号举例	性　能	应　用
2系	2014	以铜为主要合金元素的铝合金,也会添加锰、镁、铅和铋等,晶间腐蚀倾向严重	航空工业(2014合金)、螺钉(2011合金)和使用温度较高的场景(2017合金)
3系	3004	以锰为主要合金元素的铝合金,不可热处理强化,耐腐蚀性能好,焊接性能好,塑性好(接近超铝合金),强度低,但可以通过冷加工硬化来提高强度。退火时容易产生粗大晶粒	飞机上使用的导油无缝管(3003合金)、易拉罐(3004合金)
4系	—	以硅为主要合金元素的铝合金,不常用。部分4系铝合金可热处理强化	—

续上表

铝合金系	牌号举例	性　　能	应　　用
5 系	5052	以镁为主要合金元素的铝合金。耐磨性能好,焊接性能好,疲劳强度好;不可热处理强化,只能冷加工提高强度	割草机的手柄、飞机油箱导管、防弹衣
6 系	6063	以镁和硅为主要合金元素的铝合金。Mg_2Si 为其主要强化相,是目前应用最广泛的铝合金,中等强度,耐腐蚀性能好,焊接性能好,工艺性能好(易挤压成形),氧化着色性能好。6063、6061 用得最多	汽车行李架、门、窗、车身、散热片
7 系	7075	以锌为主要合金元素的铝合金,但有时也要少量添加镁、铜。其中超硬铝合金含有锌、铅、镁和铜,接近钢材的硬度。挤压速度较 6 系合金慢,焊接性能好。7005 和 7075 是 7 系中最高的档次,可热处理强化	航空方面(飞机的承力构件、起落架):火箭、螺旋桨、航空飞船等
8 系	—	以其他合金元素为主要合金元素的铝合金	—
9 系	—	(备用合金)	—

2)铸造铝合金的牌号、性能及应用

铸造铝合金与变形铝合金相比,其力学性能较差,但铸造性能好,可进行各种铸造,以制造形状复杂的零件。铸造铝合金主要有铝—硅系、铝—铜系、铝—镁系和铝—锌系。其中铝—硅系应用最为广泛。

铸造铝合金的代号用“ZL”加三位数字表示,其中“ZL”表示“铸铝”;第一位数字表示合金类别,1 为铝—硅系,2 为铝—铜系,3 为铝—镁系,4 为铝—锌系;第二、三位数字表示合金顺序号,序号不同则化学成分不同。铸造铝合金的牌号用“Z + Al + 主要合金元素化学符号以及其含量质量分数”表示,若为优质在后面加符号“A”(表 4-8)。

部分铸造铝合金的代号、牌号、热处理、性能和用途　　表 4-8

类别	代号	牌号	铸造方法	热处理方法	力学性能			应用举例
					σ_b(MPa)	δ(%)	HBW(N/mm^2)	
铝硅合金	ZL101	ZAl Si7Mg	金属型	淬火 + 不完全时效	202	2	60	形状复杂的零件,如飞机仪器零件、抽水机壳体等
铝铜合金	ZL203	ZAl Cu4	砂型	淬火 + 不完全时效	212	3	70	中等载荷、形状较简单的零件,如托架和工作温度不超过 200℃,并要求切削加工性能好的小零件
铝镁合金	ZL301	ZAl Mg10	砂型	淬火 + 自然时效	280	9	60	在大气或海水中工作的零件,承受大振动载荷、工作温度不超过 150℃的零件,如氮用泵体、船舶配件等

续上表

类别	代号	牌号	铸造方法	热处理方法	力学性能			应用举例
					σ_b (MPa)	δ (%)	HBW (N/mm²)	
铝锌合金	ZL401	ZAlZn11Si7	砂型	人工时效	241	2	80	结构形状复杂的汽车、飞机仪器零件,工作温度不超过200℃,也可制作日用品

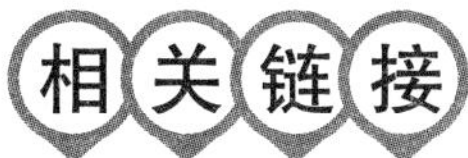

布氏硬度 HBW

以一定大小的试验载荷(一般为3000kg),将一定直径(一般为10mm)的硬质合金钢球压入被测金属表面,保持规定时间,然后卸荷,测量被测表面压痕直径。载荷除以压痕球形表面积所得的商即为布氏硬度值,单位为公斤力/mm²(或N/mm²)。

三、铜及铜合金

铜及铜合金是人类历史上最早使用的金属,具有良好的导电性、导热性、抗磁性、耐蚀性和工艺性,故在电气工业、仪表工业、造船业及机械制造业中得到广泛应用。

1 纯铜

纯铜是用电解法获得的,也称“电解铜”,外观呈紫红色,故又称紫铜。工业纯铜含铜量在99.5%~99.95%之间。纯铜具有良好的塑性、导电性和耐蚀性,特别是导电性仅次于银而位居第二。其密度为8.9g/cm³,熔点为1083℃。工业纯铜的强度、硬度均较低,不适宜制作结构零件,广泛用于制造电线、电缆、铜管以及配制铜合金。

我国工业纯铜常用的有T1、T2、T3、T4四种。代号中数字越大,表示杂质含量越高,导电性、塑性越差。如T1、T2主要用作导电材料或配制高纯度的铜合金;T3、T4则主要用于一般铜材和配制普通铜合金。

2 铜合金

纯铜强度低,虽然冷加工变形可提高其强度,但塑性显著降低,不能制造受力的结构件。为了满足制造结构件的要求,工业上广泛采用在铜中加入合金元素而制成性能得到强化的铜合金。常用的铜合金有:黄铜(在纯铜中加入Zn)、白铜(在纯铜中加入Ni)、青铜(在纯铜中加入Sn、Al、Si、Be、Ti等)。铜合金的分类、牌号、性能及应用见表4-9。

铜合金的分类、牌号、性能及应用 表4-9

<table>
<tr><th colspan="2">铜合金的分类</th><th>主要合金元素</th><th>牌号说明</th><th>性能</th><th>应用</th></tr>
<tr><td rowspan="2">黄铜</td><td>普通黄铜</td><td rowspan="2">锌</td><td>用“H”加数字表示。“H”是“黄”字汉语拼音字首,数字表示平均含铜量,余量为Zn。如H62表示含Cu62%,含Zn38%的黄铜</td><td>普通黄铜是铜和锌的二元合金,强度和塑性较好,具有良好的机械性能,且易加工成形</td><td rowspan="2">适用于冷、热变形加工,是应用最广的有色金属材料</td></tr>
<tr><td>特殊黄铜</td><td>在“H”之后标以主加元素的化学符号,并在其后表明铜及合金元素含量的百分数。如HPb59-1表示含Cu59%,含Pb1%,余量为Zn的铅黄铜</td><td>强度较高,耐腐蚀性和切削加工性较好</td></tr>
</table>

续上表

<table>
<tr><th colspan="2">铜合金的分类</th><th>主要合金元素</th><th>牌号说明</th><th>性能</th><th>应用</th></tr>
<tr><td colspan="2">白铜</td><td>镍</td><td>白铜的牌号用“B”加镍含量表示，三元以上的白铜用“B”加第二个主添加元素符号及除基元素铜外的成分数字组表示。如B30表示含镍量为30%的白铜；BMn3-12表示含锰量为3%、含镍量为12%的锰白铜</td><td>具有良好的冷热加工性能和耐蚀性，但不能进行热处理强化，只能用固溶强化和加工硬化来提高其强度</td><td>主要用在精密机械、医疗器材、电工器材方面</td></tr>
<tr><td rowspan="2">青铜</td><td>普通青铜</td><td>锡</td><td>以“青”字的汉语拼音字首“Q”加锡元素和数字表示。如QSn6.5-0.4表示含Sn为6.5%，含其他元素(P)0.4%，其余为Cu的锡青铜</td><td rowspan="2">具有良好的耐蚀性、减磨性、抗磁性和低温韧性，且熔点低、硬度大、可塑性强、色泽光亮，但耐酸性差，并具有足够的抗拉强度</td><td rowspan="2">适用于铸造各种器具、机械零件、轴承、齿轮等</td></tr>
<tr><td>特殊青铜</td><td>以铝、铅、锰等代替价格昂贵而稀缺的锡</td><td>Q(青)+主加元素符号+数字(主加元素含量)-数字(其他合金元素平均含量)。如QSi3-1，表示含硅量为3%，含其他合金为1%，其余为铜的硅青铜；ZCuAl9Mn2，“Z”表示铸造，含Al量为9%，含Mn量为2%，其余为铜的铸造铝青铜</td></tr>
</table>

四、轴承合金

用来制造滑动轴承轴瓦或内衬的合金称为滑动轴承合金或轴承合金。

滑动轴承要承受轴颈传递的交变载荷和轴与轴瓦间的强烈摩擦。因此，轴承合金应满足以下基本要求：

(1)良好的耐磨性能和减磨性能；

(2)有一定的抗压强度和硬度，有足够的疲劳强度和承载能力；

(3)塑性和冲击韧性良好，具有良好的抗咬合性、顺应性、嵌镶性；

(4)还要有良好的导热性、耐蚀性和小的热膨胀系数。

常用的轴承合金有：锡基轴承合金、铅基轴承合金、铜基轴承合金和铝基轴承合金四类。各种轴承合金的牌号、性能及应用见表 4-10。

轴承合金的牌号、性能及应用 表 4-10

<table>
<tr><th>轴承合金类别</th><th>牌号表示方法</th><th>性能特点</th><th>应用</th></tr>
<tr><td>锡基轴承合金</td><td rowspan="2">“Z”(即“轴承”的汉语拼音字首)＋基本元素和主加元素的化学符号＋主加元素的含量(%)＋辅加元素＋辅加元素的含量(%)。
如 ZCuSn10P1：表示铜为基本元素；锡为主加元素，其含量为 10%，辅加元素磷的含量为 1%。
再如 ZAlSn6Cu1Ni1：表示铝为基本元素；锡为主加元素，其含量为 6%，铜和镍为辅加元素，其含量各为 1%</td><td>硬度适中，摩擦系数和膨胀系数小，塑性和韧性良好，导热性和耐蚀性良好。
由于锡是较贵的金属，因此，一般采用铅基轴承代替锡基轴承合金</td><td>常用于制造重要的轴承，如汽车发动机、气体压缩机、冷冻机和船用低速柴油机的轴承和轴瓦</td></tr>
<tr><td>铅基轴承合金(铅基巴氏合金)</td><td>硬度、强度和韧性比锡基轴承合金低，且摩擦系数大，但由于其价格便宜，铸造性能好，在可能的情况下尽量用其代替锡基轴承合金</td><td>用于制造中等负荷和低负荷、低速的轴承，如汽车和拖拉机的曲轴、连杆轴承及电动机轴承，球磨机轴瓦、烘干机轴瓦、水轮机轴瓦以及轧钢机轴瓦等</td></tr>
</table>

续上表

轴承合金类别	牌号表示方法	性能特点	应用
铜基轴承合金	“Z”(即“轴承”的汉语拼音字首)+基本元素和主加元素的化学符号+主加元素的含量(%)+辅加元素+辅加元素的含量(%)。 如ZCuSn10P1:表示铜为基本元素;锡为主加元素,其含量为10%,辅加元素磷的含量为1%。 再如ZAlSn6Cu1Ni1:表示铝为基本元素;锡为主加元素,其含量为6%,铜和镍为辅加元素,其含量各为1%	疲劳强度和承载能力良好,耐磨性、导热性优良,摩擦系数低	可用于制造承受高载荷、高速度及在高温下工作的轴承,如用作高速高压下工作的航空发动机、高压柴油机轴承、高压力轴承,轧钢机轴承,机床、抽水机轴承,高速高载荷柴油机轴承等
铝基轴承合金		密度小,导热性和耐蚀性好,疲劳强度高,但它的线膨胀系数大,运转时容易与轴咬合使轴磨损	原料丰富,价格低廉,广泛应用于高速、重载下工作的汽车、拖拉机及柴油机轴承等

想一想

你见过哪些轴承或轴瓦?它们分别采用的是哪种轴承合金?

第三节　常用机械工程材料的选择及运用

本节描述

知道机械工程材料的选择方法,以便于在工程实践中能够合理选择和使用常用机械工程材料。

学习目标

完成本节的学习以后,你应能:

1. 知道常用机械工程材料的选择及运用原则;
2. 叙述常用机械工程材料的选择方法;
3. 能够结合实际需要以科学的态度选择材料。

合理地选择和使用材料是一项十分重要的工作,它不仅要考虑材料的性能应能够适应零件的工作条件,使零件经久耐用,而且还要求材料有较好的加工工艺性能和经济性,以便提高机械零件的生产效率、降低成本等。

一、选择及运用材料的基本原则

选择及运用材料的基本原则是在首先保证材料满足使用性能的前提下,再考虑使材料的工艺性能尽可能良好和材料的经济性尽量合理。

1 使用性能

材料的使用性能是指材料为保证零件或工具正常工作而应具备的性能,它主要包括力学性能、物理性能和化学性能等。零件的使用性能是保证其工作安全可靠、经久耐用的必要条件,是选材时考虑的最主要的依据。通常以材料的力学性能要求作为选材的主要指标。对非金属材料制成的零件还应注意其工作环境,因为非金属材料对温度、光、水、油等的敏感程度比金属材料大得多。

2 工艺性能

所谓工艺性能,一般是指材料适应某种加工工艺的能力,或加工成零部件的难易程度。

材料工艺性能主要包括以下几个方面:

(1)铸造工艺性:包括流动性、收缩性、热裂倾向性、偏析性及吸气性等。

(2)锻造工艺性:包括可锻性、冷镦性、冲压性、锻后冷却要求等。

(3)焊接工艺性:主要为焊接性,即焊接接头产生工艺缺陷的敏感性及其使用性能。

(4)切削加工工艺性:指材料接受切削加工的能力,如刀具耐用度、断屑能力等。

(5)黏结固化工艺性:高分子材料、陶瓷材料、复合材料及粉末冶金制品,其黏结固化性是重要的工艺指标。

(6)热处理工艺性:包括淬透性、变形开裂倾向、过热敏感性、回火脆性倾向、氧化脱碳倾向等。

同一种材料对于不同工艺性能可能有不同表现。如：铸铁焊接性能差，但切削加工性能好。因此，选材时要从整个制造过程综合考虑材料工艺性能。另外，以工艺性能相同条件下，因为工艺条件差异，材料性能也不同。往往可以通过改变工艺规范、调整工艺参数、热处理等方式改善材料工艺性能。

3 经济性原则

经济性是选材时不能回避的问题，正确处理才能实现经济收益。选材时应注意以下几点：

1）尽量降低材料及其加工成本

在满足零件对使用性能与工艺性能要求的前提下，能用铁则不用钢，能用碳素钢则不用合金钢，能用硅锰钢则不用铬镍钢，能用型材则不用锻件、加工件，且尽量用加工性能好的材料，能正火使用的零件就不必调质处理。需要进行技术协作时，要选择加工技术好、加工费用低的工厂。

2）用非金属材料代替金属材料

非金属材料资源丰富，性能在不断提高，应用范围不断扩大，尤其是发展较快的聚合物具有很多优异性能，在某些场合可代替金属材料，既改善了使用性能，又可降低制造成本和使用维护费用。

3）零件的总成本

零件的总成本包括原材料价格、零件的加工制造费用、管理费用、试验研究费和维修费等。选材时不能一味追求原材料低价而忽视总成本的其他各项。另外，环保因素也是不容忽视的。

二、常用机械工程材料的选择

1 齿轮类零件的选材

齿轮是机械工业中应用广泛的重要零件之一，它主要用于传递动力和运动，改变速度和方向。

齿轮的选材主要依据其工作条件（如圆周速度、载荷性质与大小以及精度要求等）来确定。

（1）碳钢及合金钢。根据性能要求，齿轮常用材料可选用低、中碳钢或低、中碳合金钢，并对轮齿表面进行强化处理，使轮齿表面有较高的强度和硬度，心部有较好的韧性。此类钢材的工艺性良好，价格较便宜。汽车、机床中的重要齿轮常用碳钢及合金钢制造。

(2)有色金属及非金属材料。承受载荷较轻、速度较小的齿轮,还常选用有色金属材料,如仪器仪表齿轮常选用黄铜、铝青铜等;随着高分子材料性能的不断完善,工程塑料制成的齿轮也在越来越多的场合得到应用。

(3)铸铁材料。对于一些轻载、低速、不受冲击、精度和结构紧凑要求不高的齿轮,常采用灰铸铁并适当热处理。近年来球墨铸铁应用范围越来越广。对于润滑条件差而要求耐磨的齿轮,以及要求耐冲击、高强度、高韧性和耐疲劳的齿轮,可用球墨铸铁代替渗碳钢。

2 轴类零件的选材

轴是机械工业中重要的零件之一,主要用于支承传动零件(如齿轮、凸轮等),传递运动和动力。工作时主要受交变弯曲和扭转应力的复合作用,有时也承受拉压应力;轴与轴上零件有相对运动,相互间存在摩擦和磨损;轴在高速运转过程中会产生振动,使轴承受冲击载荷;多数轴在工作过程中,常常要承受一定的过载载荷。

轴类零件选材的主要依据是载荷的性质、大小及转速高低,精度和粗糙度要求,轴的尺寸大小以及有无冲击、轴承种类等。

(1)主要承受弯曲、扭转的轴,如机床主轴、曲轴、汽轮机主轴、变速器传动轴、卷扬机轴等。这类轴在载荷作用下,应力在轴的截面上分布是不均匀的,表面部位的应力值最大,越往中心应力越小,至芯部达到最小。故不需要选用淬透性很高的材料,一般只需淬透轴半径的1/3~1/2即可。故常选45钢、40Cr钢、40MnB钢和45Mn2钢等,先经调质处理,后在轴颈处进行高、中频感应加热淬火及低温回火。

(2)同时承受弯曲、扭转及拉、压应力的轴,如锤杆、船用推进器等,其整个截面上应力分布基本均匀,应选用淬透性较高的材料,如30CrMnSi钢、40MnB钢、40 CrNiMo钢等。一般也是先经调质处理,然后再进行高频感应加热淬火、低温回火。

(3)主要要求刚性好的轴,可选用优质碳素钢等材料,如20钢、35钢、45钢经正火后使用;若还有一定耐磨性要求时,则选用45钢,正火后在轴颈处进行高频感应加热淬火、低温回火;对于受载较小或不太重要的轴,也常用Q235或Q275等普通碳素钢。

(4)要求轴颈处耐磨的轴,常选中碳钢,经高频感应加热淬火。

(5)承受较大冲击载荷,又要求较高耐磨性的形状复杂的轴,如汽车、拖拉机的变速轴等，可选低碳合金钢（如18Cr2NiWA钢、20Cr钢、20CrMnTi钢等），经渗碳、淬火、低温回火处理。

（6）要求有较好的力学性能和很高的耐磨性，而且在热处理时变形量要小，长期使用过程中要保证尺寸稳定，如高精度磨床主轴，选用渗氮钢38CrMoAlA，进行氮化处理。

3　机架、箱体类零件的选材

机架、箱体类零件是机械工业中的重要零件之一，其形状不规则，内外结构都比较复杂，工作条件相差也很大。

对于一般基础零件，如机身、底座等，以承压为主，要求有较好的刚度和减振性；有些机身、支架往往同时承受拉、压和弯曲应力的复合作用，甚至还有冲击力，所以要求具有较好的综合力学性能。

要求有较高耐磨性的工作台、导轨、主轴箱、进给箱和阀体，通常受力不大，但要求有良好的刚度和密封性。

受力较大，要求高强度、高韧性，甚至在高温下工作的零件，如轧钢机、大型锻压机的机身、汽轮机机壳等，应采用铸钢或合金铸钢件，进行完全退火或正火，以消除铸造应力；如果是形状简单，生产数量较少的支架、箱体件，可采用型钢焊接而成。

受力不大，主要承受静载荷，不受冲击的支架、箱体件，可选用灰铸铁；要求自重轻或导热性好的则可选用铸造铝合金制造；受力小，要求自重轻，工作条件好的机架、箱体件，可选用工程塑料。

想一想

汽车变速器齿轮应如何选材？

温馨提示

汽车变速器齿轮的工作条件恶劣，受力较大，超载与受冲击频繁，弯曲与接触应力都很大，且易产生疲劳损伤。

自我检测

一、选择题

1. 汽车板弹簧选用（　　）材料。

A. 45　　B. 60Si2Mn　　C. 2Cr13　　D. 16Mn

2. 高速切削刀具选用(　　)材料。

A. T8A　　B. GCr15　　C. W6Mo5Cr4V2　　D. 9SiCr

3. 以下钢材中不属于工具用钢的是(　　)。

A. 碳素工具钢　　B. 合金工具钢　　C. 高速工具钢　　D. 弹簧钢

4. 以下钢材中属于结构钢的是(　　)。

A. 普通碳素结构钢　　B. 低合金结构钢

C. 钢筋钢　　D. 弹簧钢

5. 工业纯铜不适用于制造以下(　　)零件。

A. 电线　　B. 铜管　　C. 电缆　　D. 曲轴

6. 为提高工件硬度和耐磨性的热处理方式是(　　)。

A. 退火　　B. 正火　　C. 回火　　D. 淬火

二、判断题

1. 牌号 QT400-10 表示球墨铸铁所能承受的拉力为400N,伸长率为18mm。(　　)

2. 制造铣刀的碳钢属于结构钢。(　　)

3. 60Si2Mn 和 9SiGr 都是合金结构钢。(　　)

4. 硬质合金的车刀是用合金工具钢制造的。(　　)

5. 钢的表面热处理既能使其表面具有高的强度、硬度、耐磨性和疲劳极限,而芯部仍保持足够的塑性和韧性,即“表硬里韧”。(　　)

6. 正火与淬火的主要区别是冷却速度不同。(　　)

7. 在纯铝中加入 Si、Cu、Mg、Zn、Mn 等合金元素形成铝合金的目的是提高其力学性能,而且仍保持其密度小、耐腐蚀的优点。(　　)

8. 铸造铝合金有良好的铸造性,因此主要用于制造形状复杂的零件。(　　)

9. 黄铜、青铜、白铜都是纯铜只是它们颜色不同。(　　)

10. 青铜主要用于制造长期在酸性环境下工作的零件。(　　)

11. 由于滑动轴承的轴瓦、内衬在工作中承受磨损,其硬度和耐磨性要求较高。(　　)

12. 铸造铝合金的铸造性好,但塑性较差,不宜进行压力加工。(　　)

13. 对钢进行热处理的目的是为了改善其性能,从而达到提高产品质量,延长使用寿命的目的。(　　)

14. 火箭发动机壳体选用某超高强度钢制造,总是发生脆断,所以应该选用

强度更高的钢材。　（　　）

三、简答题

1. 选择及运用材料的一般原则是什么？
2. 什么是工艺性能？材料工艺性能主要包括哪几个方面？
3. 从化学成分、性能方面说明铸铁与钢的区别。
4. 与碳钢相比，合金钢有哪些优点？
5. 碳钢常用分类方法有哪几种？它们分别包含哪些类型？
6. 分别说明正火、退火、淬火、回火、表面热处理的主要目的？

第五章

连接

连接是将两个或两个以上的零件连成一体结构。由于制造、安装、运输和检修的需要,工业上广泛采用了各种连接,将相关的零部件组合成机构或机器。

连接按其是否可拆,分为两大类:

(1)可拆连接:当拆开连接时,无需破坏或损伤连接件中的任何零件,如销连接、键连接和螺纹连接等。

(2)不可拆连接:当拆开连接时,至少破坏或损伤连接件中的一个零件,如焊接、铆接、黏结等。

按组成连接的零部件在工作时,是否产生相对运动分类:

(1)动连接:组成连接的零部件在工作时,零部件之间可以有相对运动的连接,称为动连接。

(2)静连接:组成连接的零部件在工作时,不允许零部件之间存在相对运动的连接,称为静连接。

第一节　键　连　接

本节描述

键连接是一种常见的连接类型,轴和轴上零件的连接常常采用键连接。通过对键连接基本知识的学习,要会判断键连接的类型,并知道平键连接的结构和标准。

学习目标

完成本节的学习以后,你应能:

1. 描述键连接的功用与分类;
2. 知道平键连接的结构与标准;
3. 描述花键连接的类型、特点和应用。

一、键连接的功用

想一想

观察图 5-1、图 5-2 所示的两种连接,想想它们有何区别。

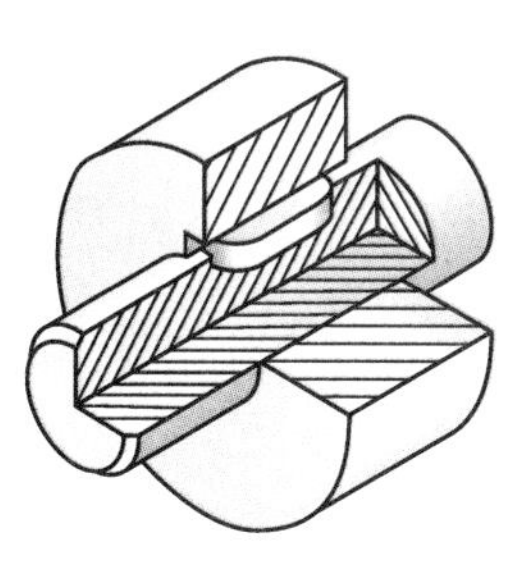

图 5-1　平键连接

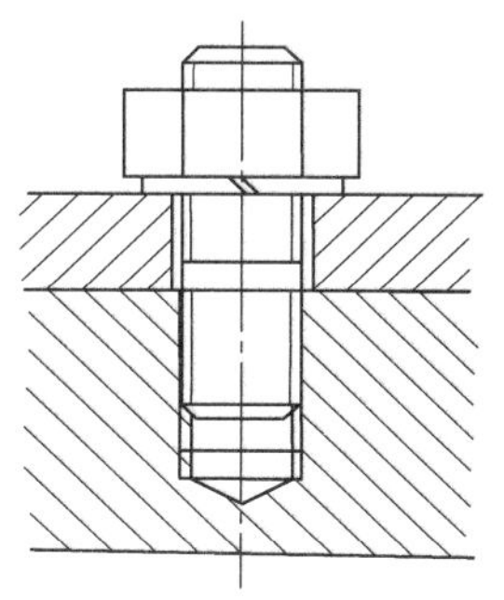

图 5-2　对头螺柱连接

键连接主要用于轴与轴上零件(如齿轮、带轮)的周向固定并传递转矩,有的还可以实现轴上零件的轴向固定或轴向滑动。

二、键连接的分类

键是一种标准件,分为平键、半圆键、楔键和切向键等。在实际中应根据各类键的结构和应用特点进行选择。

键连接的分类和特点

1　平键连接

1)普通平键连接

普通平键连接用于静连接,即轴与轮毂之间无轴向相对移动。键的两个侧面为工作面,靠两个侧面传递转矩。普通平键的类型、连接形式及应用特点见表 5-1。

普通平键的类型、连接形式及应用特点　　表 5-1

类　　型	连 接 形 式	应 用 特 点
h $R=b/2$ b L A 型:圆头	工作面 毂 轴	轴上的键槽由端铣刀加工;键放置于与之形状相同的键槽中,因此键的轴向定位好,应用最广泛,但键槽对轴会引起较大的应力集中

续上表

类　型	连接形式	应用特点
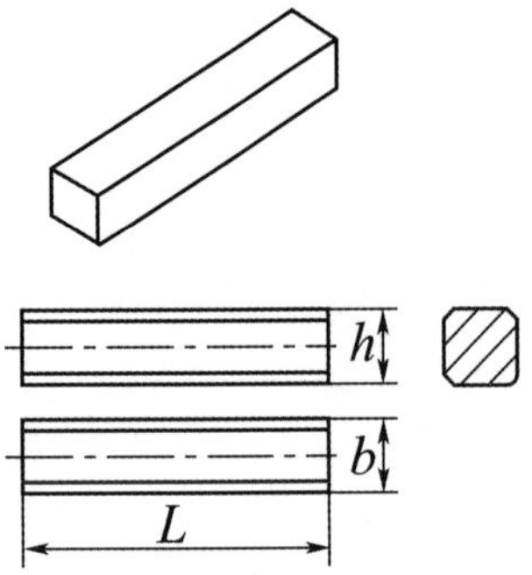 B 型:方头	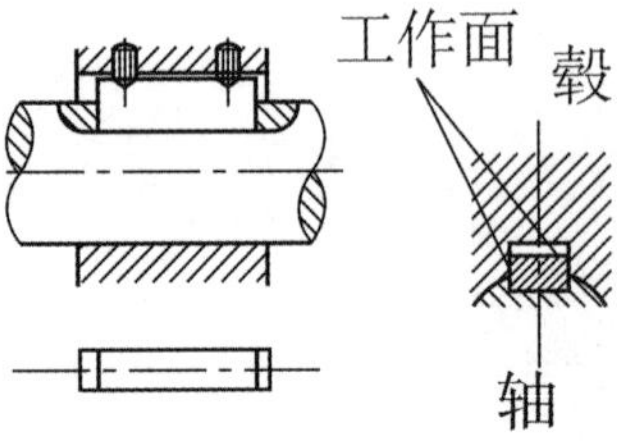	轴上的键槽是用盘形铣刀来加工的,避免了圆头平键的缺点,但键在键槽中固定不良,常用螺钉将其紧定在轴上的键槽中,以防松动
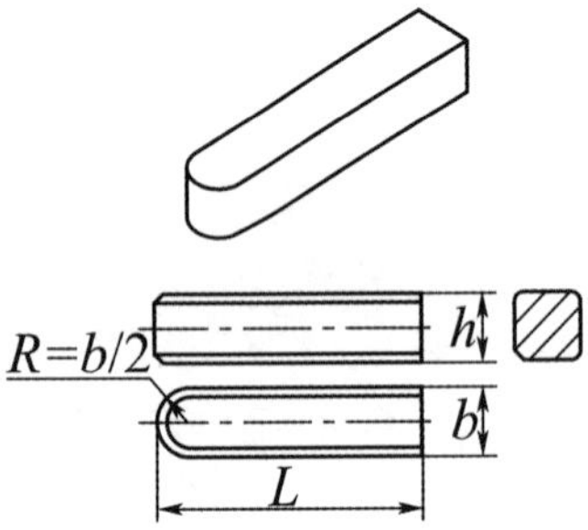 C 型:一端圆头,一端方头	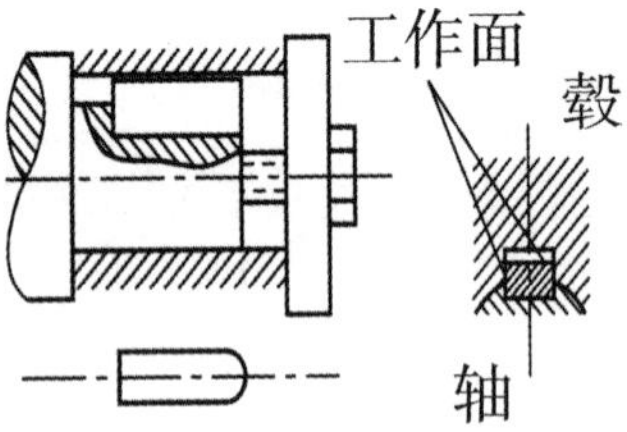	常用于轴端与毂类零件的连接

平键是标准件。普通平键的规格采用 b×L 标记,b 为宽度,h 为厚度,L 为长度。

标记示例:

(1)圆头普通平键(A 型),b=16mm,h=10mm,L=100mm

键 16×100 GB/T 1096—2003(A 可省略不标)

(2)平头普通平键(B 型),b=16mm,h=10mm,L=100mm

键 B16×100 GB/T 1096—2003

(3)单圆头普通平键(C 型),b=16mm,h=10mm,L=100mm

键 C16×100 GB/T 1096—2003

平键的规格选择,宽度与厚度主要由轴的直径决定,长度主要由轮毂长度决定,可参考 GB/T 1096—2003。

2)导向平键连接

想一想

观察图 5-3,导向平键连接与普通平键连接有何区别?

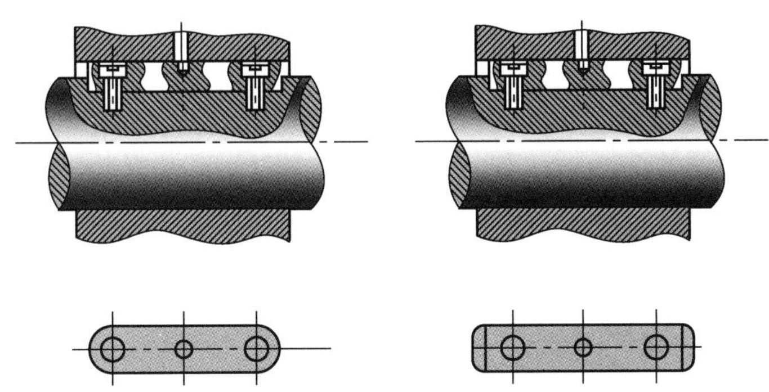

图 5-3　导向平键连接

被连接的毂类零件在工作中必须在轴上作轴向移动时,可采用导向平键连接。导向平键是一种较长的平键,用于轴上零件轴向移动量不大的场合,如变速器中的滑移齿轮。

导向平键连接的特点如下:

(1)用螺钉将键固定在轴上。

(2)轮毂与轴之间是间隙配合,当轮毂移动时,键起导向作用,且构成动连接。

(3)为了键的拆卸方便,导向平键的中部设有起键螺孔。

3)滑键连接

想一想

观察图 5-4,滑键连接与导向平键连接有何不同?

滑键连接是将键固定在轮毂上,随轮毂一起沿轴槽移动。

滑键连接的特点如下:

(1)当轴上零件滑移距离较大时,因过长的平键制造困难,故不宜采用导向平键连接,而宜采用滑键,且需要在轴上加工长的键槽。

(2)滑键固定在轮毂上时,轴上的键槽与键是间隙配合,当轮毂移动时,键随轮毂沿键槽滑动,轮毂带动滑键在轴槽中作轴向移动。

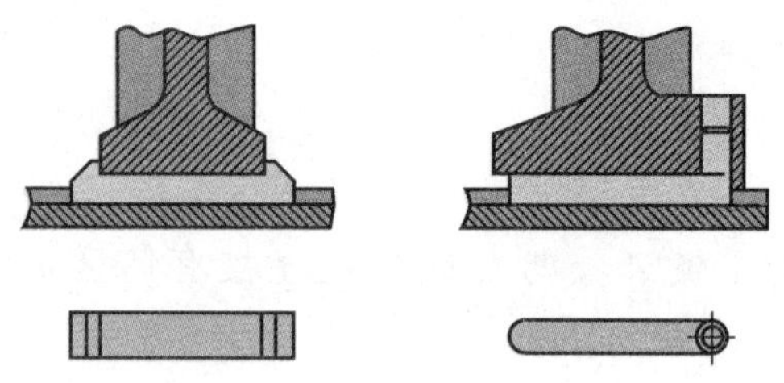

图 5-4　滑键连接

2　半圆键连接

半圆键连接如图 5-5 所示。轴上键槽用尺寸与半圆键相同的半圆键槽铣刀铣出。半圆键工作时,靠侧面来传递转矩。

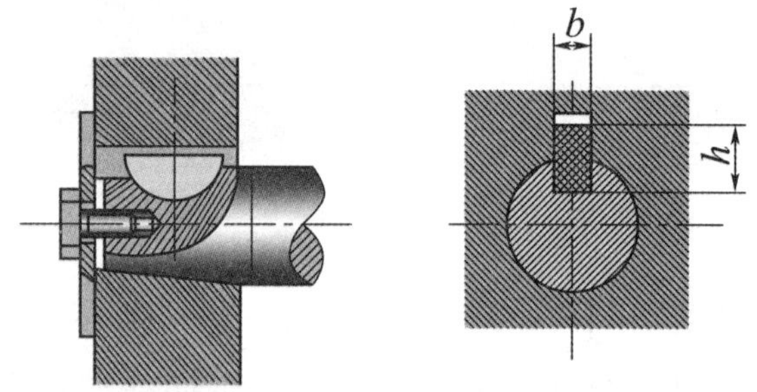

图 5-5　半圆键连接

半圆键连接的特点如下:

(1)半圆键呈半圆形,能在轴的键槽内摆动,以适应轮毂底面的斜度,用于静连接。

(2)轴上键槽较深,对轴的强度削弱较大,故主要适用于轻载。

(3)半圆键连接装配方便,特别适合于锥形轴与轮毂的连接。

3　楔键连接和切向键连接

1)楔键连接

楔键包括普通楔键和钩头楔键两种类型(图 5-6)。装配时将键打入并楔紧,楔键连接如图 5-7 所示。

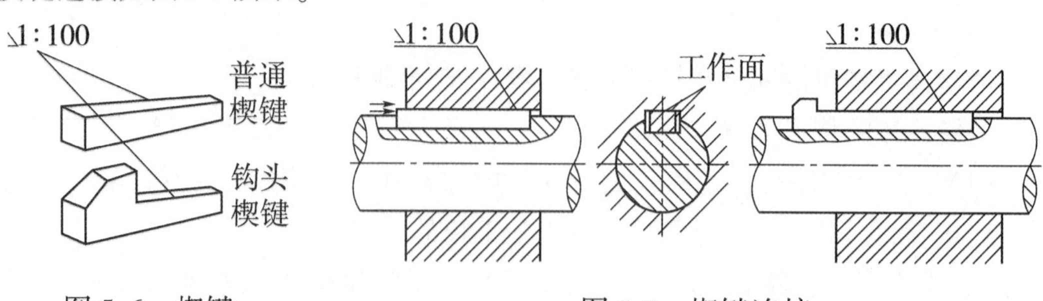

图 5-6　楔键　　图 5-7　楔键连接

楔键连接的主要特点如下：

(1)楔键连接用于静连接。楔键的上下面是工作面，键的上表面有1:100的斜度，轮毂键槽的底面也有1:100的斜度。装配时，将键打入轴和毂槽内，其工作面上产生很大的预紧力。工作时，主要靠摩擦力传递转矩，并能承受单方向的轴向力。

(2)由于楔键打入时，迫使轴和轮毂产生偏心，因此，楔键仅适用于定心精度要求不高、载荷平稳和低速的连接。

(3)钩头楔键的钩头是为了便于拆卸，只用于轴端连接。

2)切向键连接

想一想

观察图5-8，切向键连接与楔键连接有何异同？

切向键由一对斜度为1:100的普通楔键组成。装配时，把一对楔键分别从轮毂两端打入并楔紧。

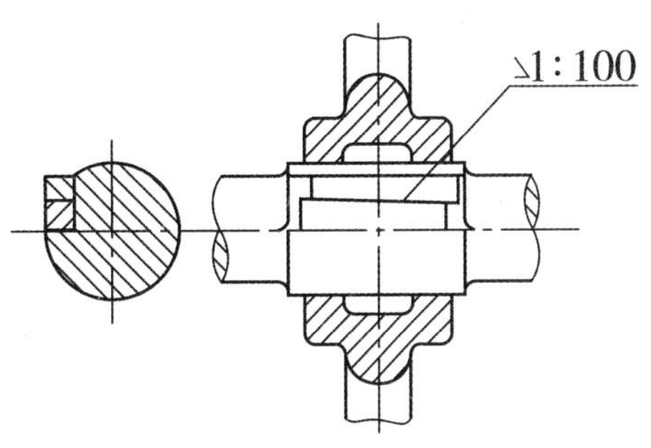

图5-8 切向键连接

切向键连接的主要特点如下：

(1)键相互平行的两个窄面是工作面，其中之一的工作面通过轴心线的平面，使工作面上压力沿轴的切线方向作用，因此，切向键连接能传递很大的转矩，常用于重型机械。

(2)若采用一个切向键连接，则只能传递单向的转矩；若需要传递双向转矩，应装两个互成120°~135°布置的切向键。

三、花键连接

想一想

平键连接的承载能力低，轴上应力集中程度较严重；紧键连接的对中性差，要求载荷平稳且低速。有什么连接类型能克服平键连接和紧键连接的不足呢？

1 花键连接的类型

如图5-9所示，花键轴和花键孔组成的连接，称为花键连接。花键按齿形可分为矩形花键、渐开线花键和三角形花键,如图5-10所示。

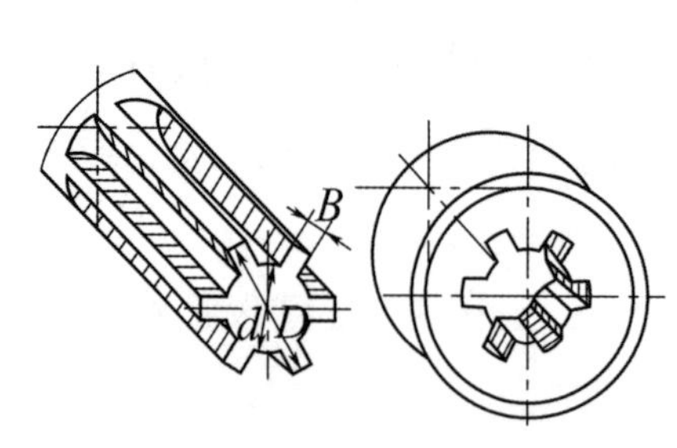

图5-9　花键零件示意图

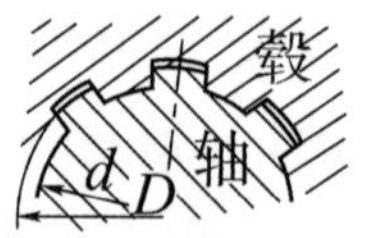

a)矩形花键

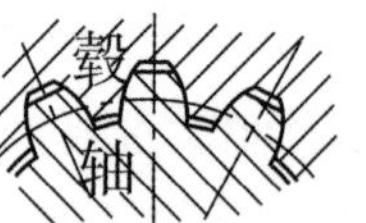

b)渐开线花键

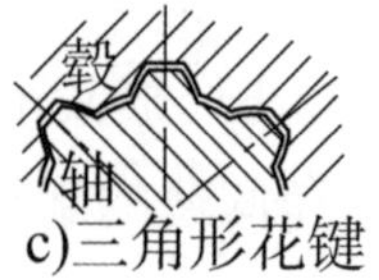

c)三角形花键

图5-10　花键连接

(1)矩形花键:按新标准为内径定心,定心精度高,定心稳定性好;配合面均要进行研磨,磨削消除热处理后的变形;导向性能好,应用广泛。

(2)渐开线花键:可用加工齿轮的方法加工,定心方式为齿形定心,当齿受载时,齿上的径向力能自动定心,有利于各齿均匀负载,工艺性好,优先采用。

(3)三角形花键:键多而小,轴与孔的削弱程度小,适用于薄壁零件的静连接。

2　花键连接的主要特点

(1)工作面为齿侧面,齿较多,工作面积大,故承载能力较强。

(2)键均匀分布,各键齿受力较均匀。

(3)齿槽线、齿根应力集中小,对轴的强度削弱减少。

(4)轴上零件对中性好。

(5)导向性较好。

(6)加工需专用设备,制造成本高。

花键

3　花键连接的应用

花键连接适用于定心精度要求高、载荷大或经常滑动的连接,如汽车传动轴的连接。

第二节　销　连　接

本节描述

在机器中常用销连接固定零件之间的相对位置或起定位作用。通过对销连接的类型、特点、应用等基本知识的学习,要会判断销连接的类型,并知道其应用。

学习目标

完成本节的学习以后，你应能：

1. 叙述销连接的类型、特点；
2. 知道销连接的应用。

一、销连接的类型

销连接主要用来固定零件之间的相对位置，起定位作用，也可用于轴与轮毂的连接，传递有限的载荷，还可作为安全装置中的过载剪断元件。销主要包括以下三种类型：

(1)定位销：主要用于零件间位置定位，常用作组合加工和装配时的主要辅助零件。

销的原理

(2)连接销：主要用于零件间的连接或锁定，可传递有限的载荷。

(3)安全销：主要用于安全保护装置中的过载剪断元件。

想一想

在图5-11中，a)、b)、c)、d)各是哪种销连接？

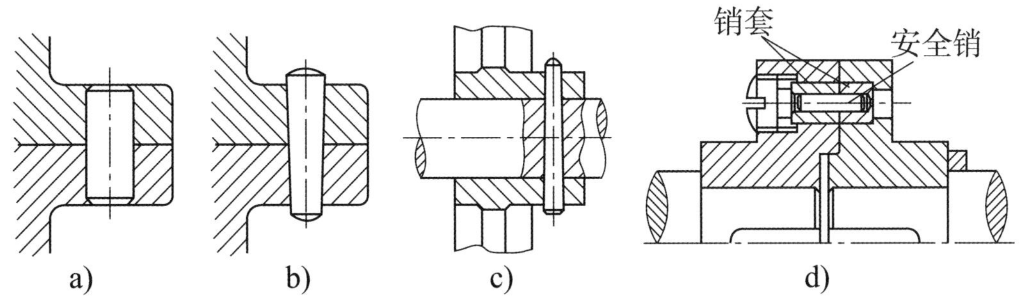

图5-11　销连接类型

二、销的形状、特点及应用

根据销的形状不同，可以将其分为两种基本类型：圆柱销和圆锥销，如图5-12所示。

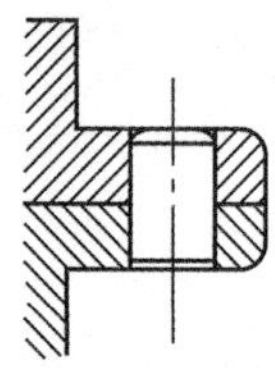
a)圆柱销

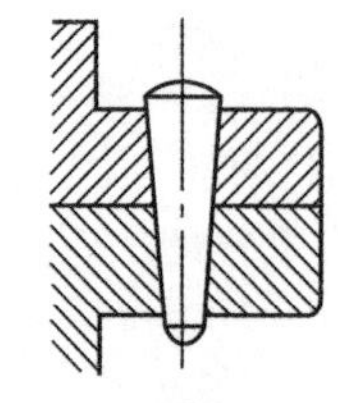
b)圆锥销

图5-12　不同形状的销

(1)圆柱销:圆柱销利用微量过盈固定在销孔中,经过多次装拆后,连接的紧固性及精度降低,故只宜用于不常拆卸处。

(2)圆锥销:有1∶50的锥度,装拆比圆柱销方便,多次装拆对连接的紧固性及定位精度影响较小,因此应用广泛。

三、特殊形式的销

(1)带螺纹的锥销:图5-13a)是大端具有外螺纹的圆锥销,便于装拆,可用于盲孔;图5-13b)是小端带外螺纹的圆锥销,可用螺母锁紧,适用于有冲击的场合。

(2)带槽的圆柱销:用弹簧钢滚压或模锻而成,也称槽销。销上有三条压制的纵向沟槽,槽销压入销孔后,它的凹槽即产生收缩变形,借助材料的弹性而固定在销孔中。销孔无需铰光,并可多次装拆,适用于承受振动和变载荷的连接,如图5-13c)所示。

(3)开尾圆锥销:销尾可分开,能防止松脱,多用于振动冲击场合,如图5-13d)所示。

(4)弹性圆柱销:用弹簧钢带卷制而成,具有弹性,用于冲击振动场合,如图5-13e)所示。

(5)开口销:是一种防松零件,用于锁紧其他紧固件,如图5-13f)所示。

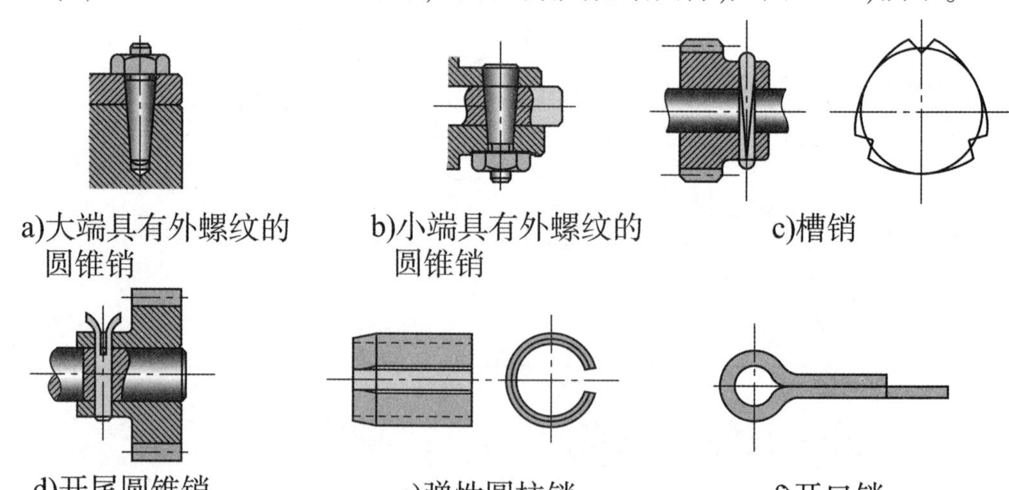

图5-13　特殊形式的销

第三节 螺纹连接

本节描述

机器中有各式各样的螺栓、螺钉，它们都是靠螺纹工作的。通过对螺纹、螺纹连接基本知识的学习，要会选择螺纹连接，能进行螺纹连接的防松，并能自己动手进行螺纹连接的拆装。

学习目标

完成本节的学习以后，你应能：

1. 描述常用螺纹的类型、特点和应用；
2. 知道螺纹连接的主要类型、应用、结构和防松方法；
3. 学生进行螺纹连接的拆装，逐步建立尊重劳动和敬业奉献的意识。

一、螺纹的基本知识

想一想

图 5-14 中每个零件的名称是什么？从结构上看它们有什么共同的地方？

1 螺纹的术语及符号

螺纹的基本要素包括牙型、直径（大径、小径、中径）、螺距和导程、线数和旋向等。

1）牙型

在通过螺纹轴线的剖面上，螺纹的轮廓形状称为螺纹牙型。常见的螺纹牙型有三角形（60°、55°）、梯形、锯齿形、矩形等，如图 5-15 所示的牙型为三角形。在螺纹牙型上，相邻两个牙侧面的夹角称为牙型角，用 α 表示。

2）螺纹的直径（图 5-16）

大径 d、D：与外螺纹的牙顶或内螺纹的牙底相切的假想圆柱或圆锥的直径。内螺纹的大径用大写字母 D 表示，外螺纹的大径用小写字母 d 表示。

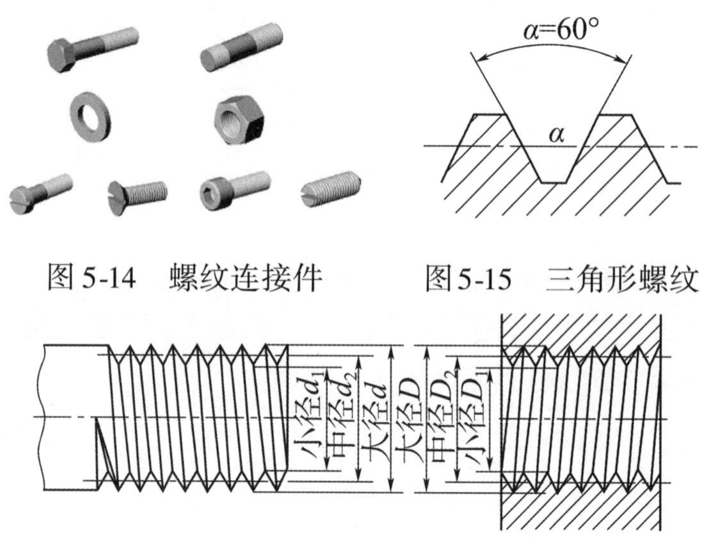

图 5-14　螺纹连接件　　　图 5-15　三角形螺纹

图 5-16　螺纹直径

小径 d_1、D_1：与外螺纹的牙底或内螺纹的牙顶相切的假想圆柱或圆锥的直径。

中径 d_2、D_2：一个假想的圆柱或圆锥直径，该圆柱或圆锥的母线通过牙型上沟槽和凸起宽度相等的地方。

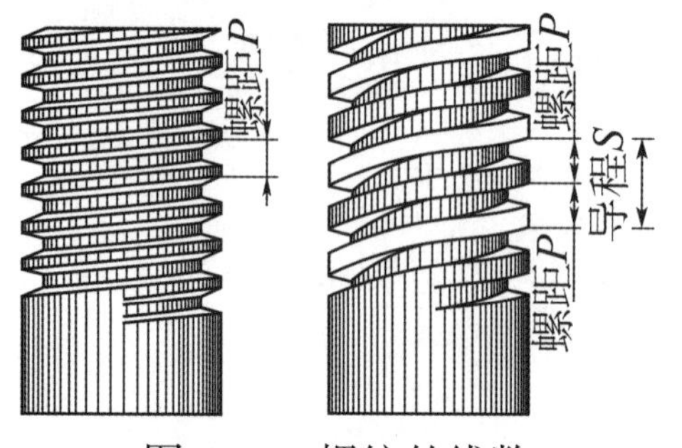

图 5-17　螺纹的线数

公称直径：代表螺纹尺寸的直径，指螺纹大径的基本尺寸。

3）线数

形成螺纹的螺旋线条数称为线数，用字母 n 表示。沿一条螺旋线形成的螺纹称为单线螺纹，沿两条以上螺旋线形成的螺纹称为多线螺纹，如图 5-17 所示。

4）螺距和导程

相邻两牙在中径线上对应两点间的轴向距离称为螺距，螺距用字母 P 表示；同一螺旋线上的相邻两牙在中径线上对应两点间的轴向距离称为导程，导程用字母 S 表示，如图 5-17 所示。线数 n、螺距 P 和导程 S 之间的关系为：$S = P \times n$。

5）旋向

螺纹分为左旋螺纹和右旋螺纹两种。顺时针旋转时旋入的螺纹是右旋螺纹；逆时针旋转时旋入的螺纹是左旋螺纹，如图 5-18所示。工程上常用的是右旋螺纹。

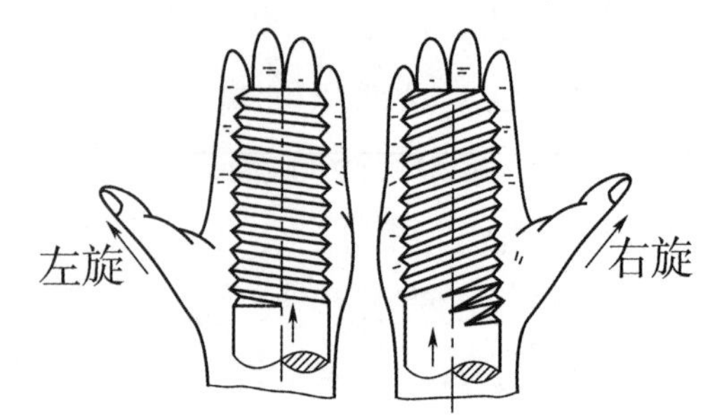

图 5-18　螺纹的旋向

6)升角

中径 d_2 圆柱上,螺旋线的切线与垂直于螺纹轴线的平面的夹角,用 λ 表示。

2 常用螺纹的类型、特点和应用

根据使用要求的不同,螺纹有连接螺纹及传动螺纹之分,它们的类型、特点和应用见表5-2。

常用螺纹的类型、特点和应用　　表5-2

螺纹类型		牙型图	特点和应用
连接螺纹	普通螺纹		牙型为等边三角形,牙型角 $\alpha=60°$,内外螺纹旋合留有径向间隙。外螺纹牙根允许有较大的圆角,以减小应力集中。同一公称直径按螺距大小,分为粗牙和细牙。细牙螺纹的牙型与粗牙相似,但螺距小,升角小,自锁性较好,强度高,牙细不耐磨,容易滑扣。 一般连接多用粗牙螺纹,细牙螺纹常用于细小零件,薄壁管件或受冲击、振动和变载荷的连接中,也可作为微调机构的调整螺纹用
	非螺纹密封的管螺纹		牙型为等腰三角形,牙型角 $\alpha=55°$,牙顶有较大的圆角,内外螺纹旋合后无径向间隙,管螺纹为英制细牙螺纹,尺寸代号为管子的内螺纹大径。适用于管接头、旋塞、阀门及其他附件。若要求连接后具有密封性,可压紧被连接件螺纹副外的密封面,也可在密封面间添加密封物

续上表

螺纹类型		牙型图	特点和应用
连接螺纹	用螺纹密封的管螺纹	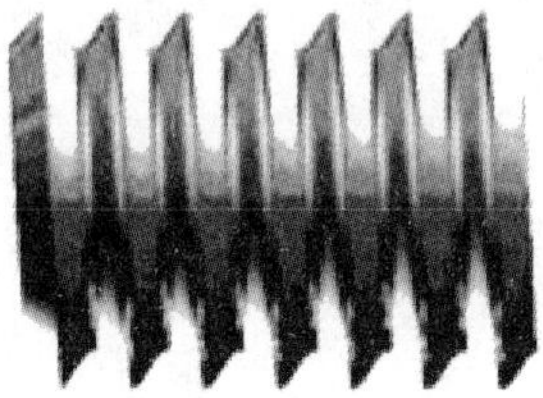	牙型为等腰三角形,牙型角 $\alpha=55°$,牙顶有较大的圆角,螺纹分布在锥度为1∶16的圆锥管壁上。它包括圆锥内螺纹与圆锥外螺纹和圆柱内螺纹与圆柱外螺纹两种连接形式。螺纹旋合后,利用本身的变形就可以保证连接的紧密性,不需要任何填料,密封简单。适用于管子、管接头、旋塞、阀门和其他螺纹连接的附件
	米制螺纹	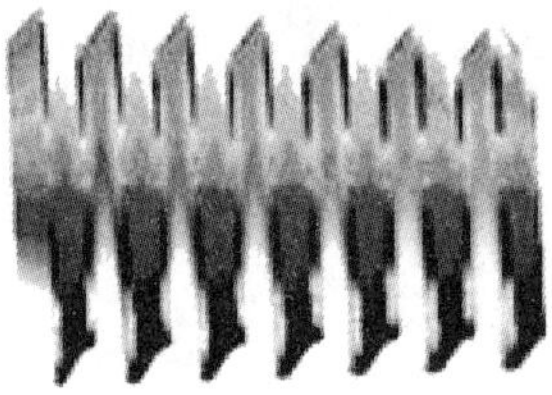	牙型角 $\alpha=60°$,螺纹牙顶为平顶,螺纹分布在锥度为1∶16的圆锥管壁上。用于气体或液体管路系统依靠螺纹密封的连接螺纹
传动螺纹	矩形螺纹		牙型为正方形,牙型角 $\alpha=0°$。其传动效率较其他螺纹高,但牙根强度弱,螺旋副磨损后,间隙难以修复和补偿,传动精度较低。为了便于铣、磨削加工,可制成10°的牙型角。矩形螺纹尚未标准化,推荐尺寸:$d=5d_1/4$,$P=d_1/4$。目前已逐渐被梯形螺纹所替代

续上表

螺纹类型		牙型图	特点和应用
传动螺纹	梯形螺纹		牙型为等腰梯形,牙型角 $\alpha=30°$。内外螺纹以锥面贴紧不易松动。与矩形螺纹相比,传动效率低,但工艺性好,牙根强度高,对中性好。如用剖分螺母还可以调整间隙。梯形螺纹是最常用的传动螺纹
	锯齿形螺纹		牙型为不等腰梯形,工作面的牙侧角为3°,非工作面的牙侧角为30°。外螺纹牙根有较大的圆角,以减小应力集中。内外螺纹旋合后,大径处无间隙,便于对中。这种螺纹兼有矩形螺纹传动效率高、梯形螺纹牙根强度高的特点,但只能用于单向力的螺纹连接或螺旋传动中,如螺旋压力机

二、常用螺纹连接件

常用的螺纹连接件有螺栓、螺母、垫圈等,其结构形式、尺寸都已标准化。通常根据螺栓、螺钉所承受的载荷或者结构要求,计算或拟定螺纹的公称直径,在标准中选配螺母、垫圈的规格、型号。常用螺纹连接件见表5-3。

螺纹连接件　　表5-3

类　　型	图　　例	结构及应用
螺栓	a)六角头螺栓 b)铰制孔用六角头螺栓	螺栓有普通螺栓和铰制孔用螺栓。螺栓头部形状多为六角形,有标准六角头和小六角头两种。由冷镦法生产的小六角头螺栓,用料省、生产率高、力学性能好,但由于头部尺寸小、质量轻,不宜用于拆装频繁、被连接件抗压强度较低或易锈蚀的场合
双头螺柱		双头螺柱两端都制有螺纹,两头螺纹长度有相等和不相等两类。旋入被连接件的一头长度视被连接件材料而定;螺纹长度相等的螺柱,用于两头都配以螺母的场合
螺钉	内六角头螺钉 十字槽沉头螺钉	螺钉头部形状有内六角头圆柱头、十字槽头、开槽头等。内六角头适用于拧紧力矩大,连接强度高的场合;十字槽头拧紧时易对中,不易打滑、打秃,易实现自动化装配;开槽头结构简单,适用于拧紧力矩小的场合

续上表

类 型	图 例	结构及应用
螺钉	开槽盘头螺钉 开槽头沉头螺钉	螺钉头部形状有内六角头圆柱头、十字槽头、开槽头等。内六角头适用于拧紧力矩大,连接强度高的场合;十字槽头拧紧时易对中,不易打滑、打秃,易实现自动化装配;开槽头结构简单,适用于拧紧力矩小的场合
紧定螺钉	a)一字槽 b)平端 c)圆柱端 d)锥端	紧定螺钉用末端顶住被连接件,其末端形状有平端、圆柱端、锥端等。平端螺钉适用于顶紧硬度较大的平面或经常拆卸的场合;圆柱端螺钉不伤被顶表面,多用于经常调节位置的场合;锥端螺钉要求被顶表面有凹坑,紧定可靠,适用于被紧定零件的表面硬度较低或不经常拆卸的场合
螺母	a)普通六角螺母 b)薄螺母 c)厚螺母 d)圆螺母	常用的螺母有六角螺母和圆螺母。六角螺母应用较广,根据螺母的厚度不同分为普通螺母、薄螺母、厚螺母。普通螺母供高性能等级的螺栓配用;薄螺母用于高度空间受限制的地方;厚螺母可用于拆装频繁、易于磨损的地方

续上表

类　　型	图　　例	结构及应用
垫圈	60°~80° a)平垫圈　b)弹簧垫圈　c)斜垫圈	常用的垫圈有平垫圈、弹簧垫圈、斜垫圈等。其作用是增大被连接件的支承面,降低支承面的压强,防止拧紧螺母时擦伤被连接件的表面。平垫圈与螺栓、螺柱、螺钉配合使用,弹簧垫圈与螺母等配合使用,可起摩擦防松作用

三、螺纹连接的基本类型

想一想

观察图 5-19,图中螺纹连接件各有什么用途?各螺纹连接有什么特点?

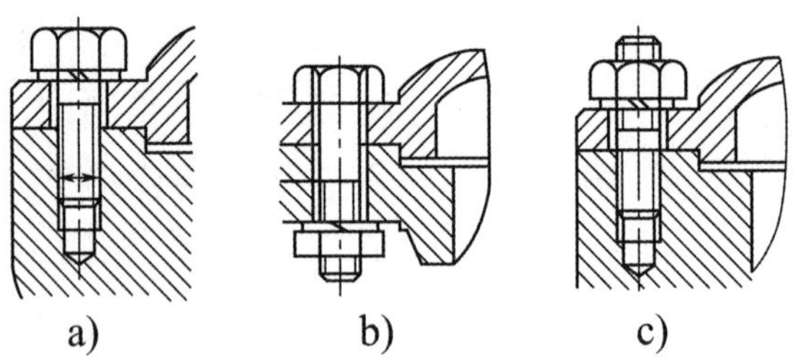

图 5-19　螺纹连接

螺栓连接、双头螺柱连接、螺钉连接和紧定螺钉连接是螺纹连接的四种基本类型。此外,常用的还有地脚螺钉连接、吊环螺钉连接以及开槽螺钉连接等。常用螺纹连接见表 5-4。

螺纹连接的类型、结构、特点和应用　　表 5-4

类　　型	结　　构	特　　点	应　　用
普通螺栓连接		螺栓杆部与孔之间有间隙,杆与孔的加工精度要求低,使用时需拧紧螺母,不受被连接件材料限制,结构简单,拆装方便,成本低	适用于传递轴向载荷且被连接件的厚度不大,能从两边进行安装的场合

续上表

类 型	结 构	特 点	应 用
铰制孔用螺栓连接	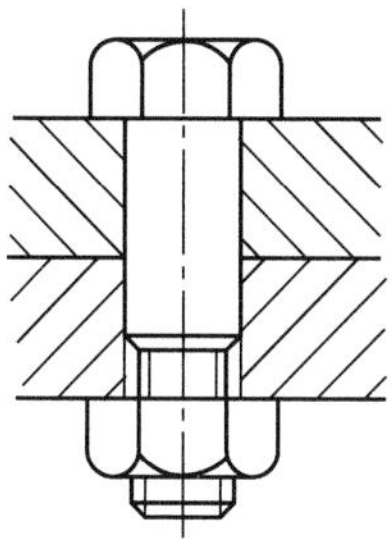	螺栓杆部与孔之间没有间隙，杆与孔的加工精度要求高（孔要铰孔），能承受与螺栓轴线垂直方向的横向载荷和起定位作用	适用于利用螺栓杆承受横向载荷或固定被连接件相互位置的场合
双头螺柱连接	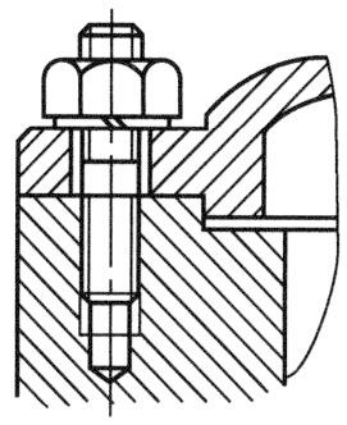	螺柱两头都切有螺纹，一端旋入较厚的被连接件的螺纹孔中并固定，另一端穿过较薄的被连接件的通孔，与螺母组合使用	适用于被连接件之一太厚不便穿孔，结构要求紧凑或须经常装拆的场合
螺钉连接	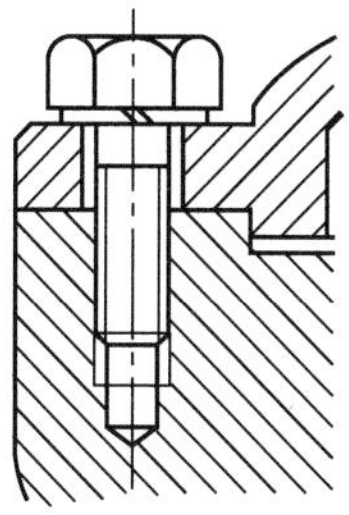	螺钉不配螺母，直接拧入被连接件体内的盲孔，结构紧凑	适用于被连接件之一太厚且不宜经常装拆的场合
紧定螺钉连接	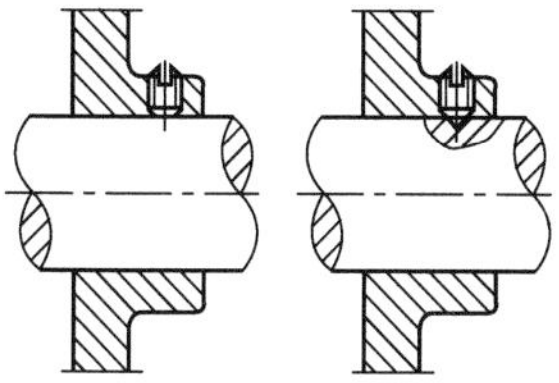	紧定螺钉旋入被连接件之一的螺纹孔中，其末端顶住另一个被连接件的表面或相应的凹坑中，末端具备一定的硬度	适用于固定两个零件的相对位置，并传递不大的力和转矩的场合

四、螺纹连接的防松和拆装

想一想

螺纹连接在经受冲击、振动、变载或变温时,会出现什么情况?

1 螺纹连接的防松

螺纹连接防松的根本方法在于防止螺旋副的相对运动。在静载和恒温条件下,对于 M10 ~ M64 的普通螺纹连接,螺纹升角 λ 为 1.5° ~ 3.5°,螺旋副的当量摩擦角 $\rho_v \approx 9.8°$,因此,满足自锁条件 $\lambda < \rho_v$,自锁可靠。但如受到冲击、振动、变载和温度变化,会使螺旋副间的摩擦力减小,从而导致螺纹连接松动。为了确保锁紧,必须采取防松措施。常用的螺纹防松的方法见表 5-5。

螺纹连接的防松方法 表 5-5

摩擦力防松	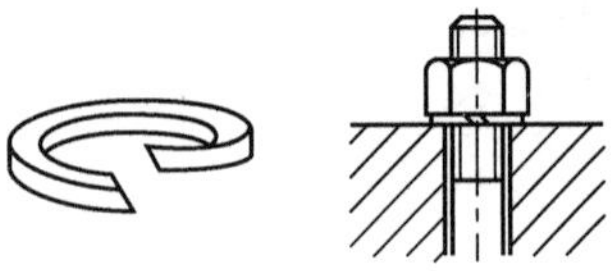	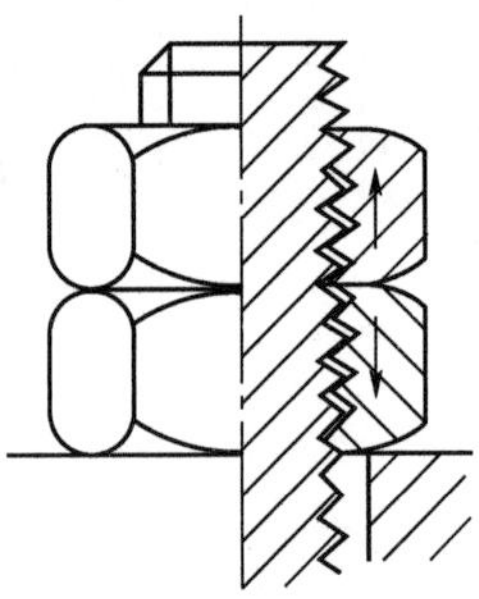	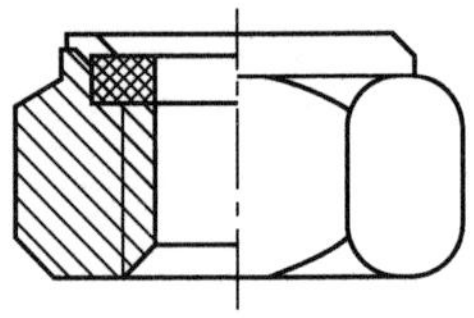
	弹簧垫圈:弹簧垫圈材料为弹簧钢,装配时拧紧螺母,垫圈被压平,其反弹力使螺纹间保持一定的压紧力和摩擦力而防止松脱	对顶螺母:两螺母对顶拧紧后,螺栓旋合段受到附加拉力和附加摩擦力的作用而防止松脱	尼龙圈锁紧螺母:螺母中嵌有尼龙圈,拧紧螺母后尼龙圈内孔胀大,箍紧螺栓而防止松脱

续上表

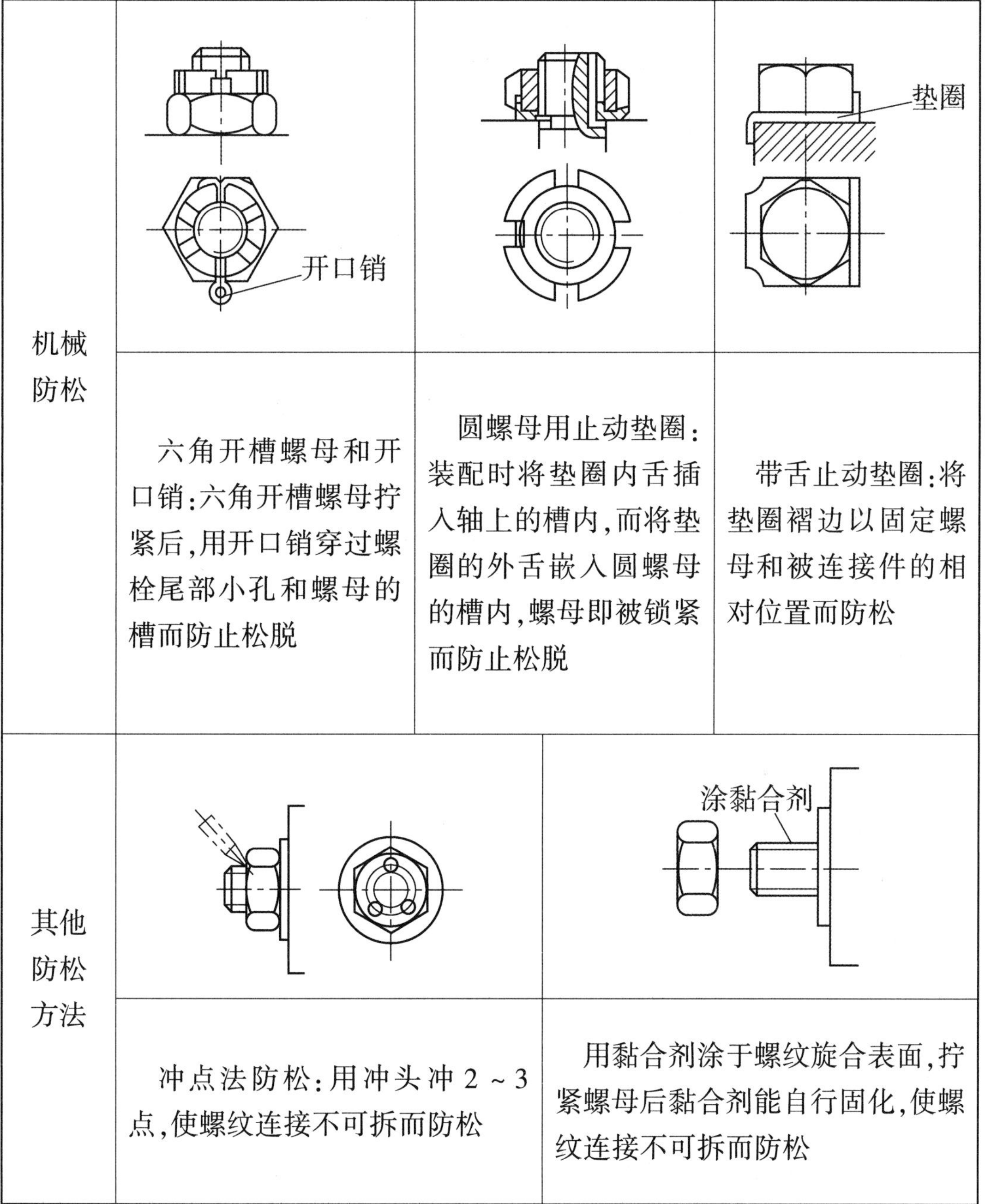

机械防松	六角开槽螺母和开口销:六角开槽螺母拧紧后,用开口销穿过螺栓尾部小孔和螺母的槽而防止松脱	圆螺母用止动垫圈:装配时将垫圈内舌插入轴上的槽内,而将垫圈的外舌嵌入圆螺母的槽内,螺母即被锁紧而防止松脱	带舌止动垫圈:将垫圈褶边以固定螺母和被连接件的相对位置而防松
其他防松方法	冲点法防松:用冲头冲 2 ~ 3 点,使螺纹连接不可拆而防松	用黏合剂涂于螺纹旋合表面,拧紧螺母后黏合剂能自行固化,使螺纹连接不可拆而防松	

2 螺纹连接的拆装

螺纹连接无处不在,如一辆完整的汽车,是将成千上万个零部件连接在一起的,在其拆装作业中,遇到最多的是螺纹连接。通过螺纹连接的反复拆装作业,培养学生尊重劳动和敬业奉献的意识。

螺纹连接拆卸的技术要领如下：

(1)用扳手拆装螺纹(母)时,扳手的开口尺寸要适合螺栓头或螺母的六方尺寸,不能过松。旋转时,使扳手开口与六方表面尽量靠合,如图5-20所示。无论拧紧还是旋松螺钉,都要用力将螺丝刀顶住螺钉,避免损坏螺钉槽口,造成拆装困难。

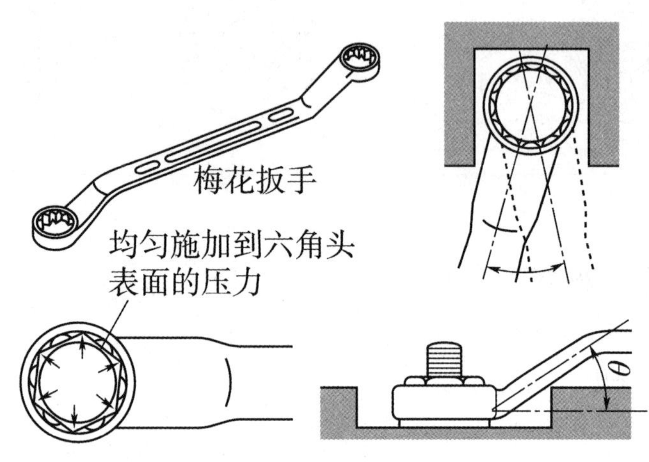

图5-20　用扳手拧螺母

(2)在向螺栓上拧紧螺母或向螺孔内拧螺栓(钉)时,一般先用手旋进一定距离,这样既可感觉螺纹配合是否合适,又可提高工作效率。在旋进螺母(栓)两圈后,如果感觉阻力很大,则应停下检查原因,如因螺纹生锈或夹有铁屑等杂物造成,可清洗后涂少许润滑油;如因螺纹乱牙造成,可用板牙或丝锥修正一下;如因粗细螺纹不相配造成,应重新选配。

(3)在螺纹连接件中,垫圈有着重要作用,它可以保护被连接件的支承表面,还能防松。因此,决不能随意弃之不用,要安装到位。

(4)螺纹孔为盲孔时,在旋入螺钉前,必须清除孔中的铁屑、水、油等杂物,否则,螺栓不能拧紧到位。如加力拧紧,有可能造成螺钉断裂等后果。

(5)在拆装由螺栓(钉)组紧固的零件时,为防止零件变形,必须按一定顺序、一定力矩,分步拧紧各个螺栓。

(6)在拆装一些重要连接时,必须用扭力扳手按规定力矩紧固。遇到螺纹锈死,可先用手锤敲打螺栓头部周围,振松锈层;也可以向反向拧回,再向外旋出;或者使用松动剂、加热等方法使锈层松脱,逐步退出螺栓。如果螺栓断在螺孔内,可用一根淬火的四棱锥形钢棒,将其尖端打入预先钻孔的螺柱内,然后旋出螺柱。

做一做

在教师的带领下,学生分组进行丰田5A发动机汽缸盖螺栓的拆装,如图5-21所示。在拆装过程中,教师巡回指导,解决学生拆装过程中存在的问题。拆装结束,每组选一名成员代表对该组拆装情况进行发言。

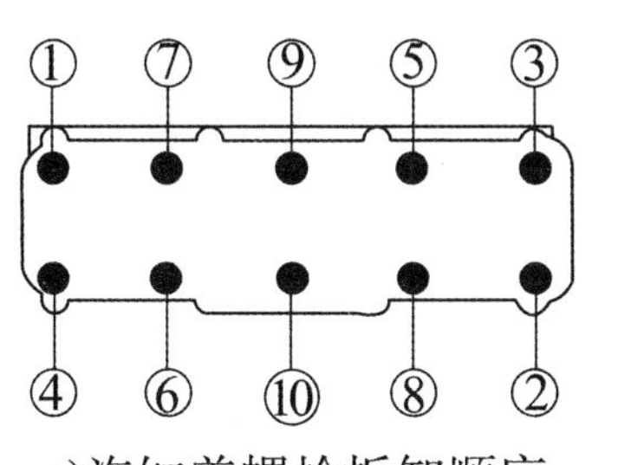

a)汽缸盖螺栓拆卸顺序

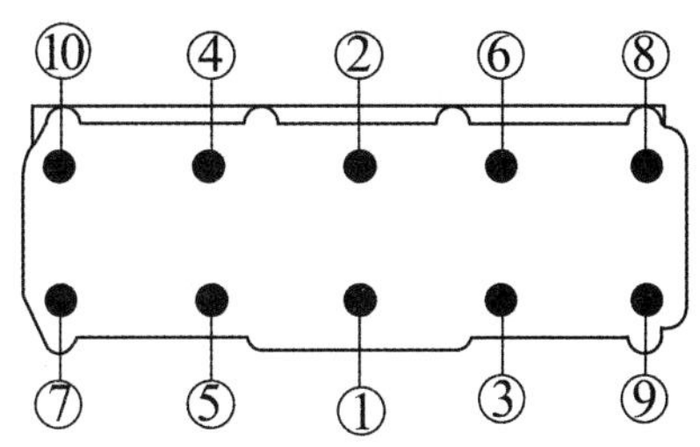

b)汽缸盖螺栓紧固顺序

图5-21 丰田5A发动机汽缸盖螺栓的拆装

第四节 联 轴 器

本节描述

联轴器是最常用的连接部件,原动机大都借助于联轴器与工作机相连接。通过对联轴器功用、类型、特点和应用等基本知识的学习,要会判断联轴器的类型,并结合实训项目,能自己动手正确安装、找正联轴器。

学习目标

完成本节的学习以后,你应能:

1. 描述联轴器的功用和类型;
2. 知道联轴器的特点和应用。

联轴器用来连接不同机构或部件上的两根轴,传递运动和动力,且在工作过程中始终处于连接状态。用联轴器连接的两根轴,只有在机器停止工作后,经过拆卸才能将其分离。

一、联轴器的功用

观察图5-22的带式输送机,4是减速器,其作用是将电动机1的高速回转变

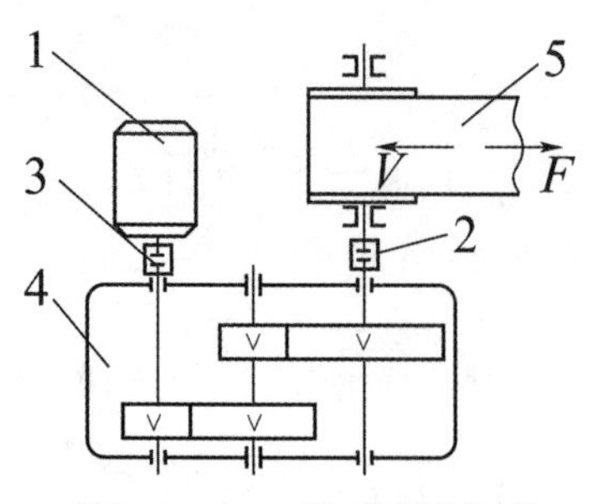

图 5-22　带式输送机

1-电动机;2、3-联轴器;4-减速器;5-卷筒

成卷筒 5 的低速回转。减速器的输入轴和输出轴通过联轴器 2 和 3 分别与电动机 1 和卷筒 5 的轴连接起来,从而组成一台运输机。

由于制造和安装的误差,受载时零部件的弹性变形与温差变形,联轴器所连接的两轴线不可避免要产生相对偏移,如图 5-23 所示。两轴相对偏移的出现,将在轴、轴承和联轴器上引起附加载荷,甚至出现剧烈振动。因此,联轴器还应具有一定的补偿两轴偏移的能力,以消除或降低被联两轴相对偏移引起的附加载荷,改善传动性能,延长机器寿命。为了减少机械传动系统的振动、降低冲击尖峰载荷,联轴器还应具有一定的缓冲减振性能。

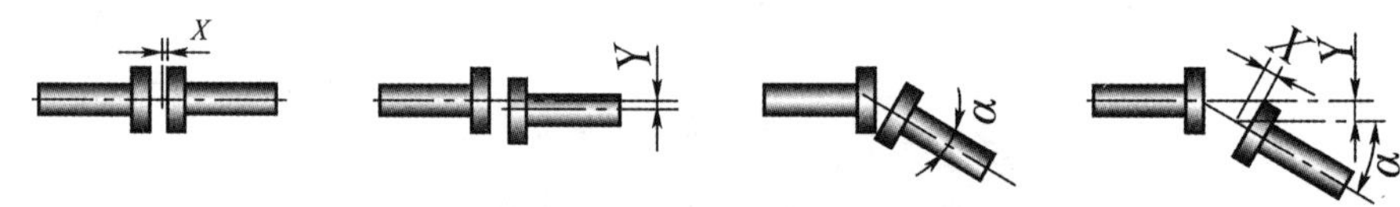

图 5-23　联轴器的可移性

二、联轴器的类型、特点和应用

联轴器按缓冲性分为刚性联轴器和挠性联轴器。

常见联轴器的类型、结构及特点

1 刚性联轴器

刚性联轴器由刚性传力元件组成,不具有缓冲性,但可以传递较大的转矩,又分为固定式刚性联轴器和可移式刚性联轴器。

(1)固定式刚性联轴器不具有补偿被联两轴轴线相对偏移的能力,也不具有缓冲减振性能。

(2)可移式刚性联轴器是利用联轴器中元件间的相对滑动来补偿两轴间的相对偏移,其承载能力较大,但缺乏缓冲吸振的能力。

2 挠性联轴器

挠性联轴器中有弹性元件,因此,具有缓冲减振效果。弹性元件的微小变形可以补偿两轴的相对位移,从而具有可移性。

常用联轴器的类型、特点和应用见表 5-6。

联轴器的类型、特点和应用　　表 5-6

类　型		结　构	特点和应用
刚性联轴器	固定式刚性联轴器	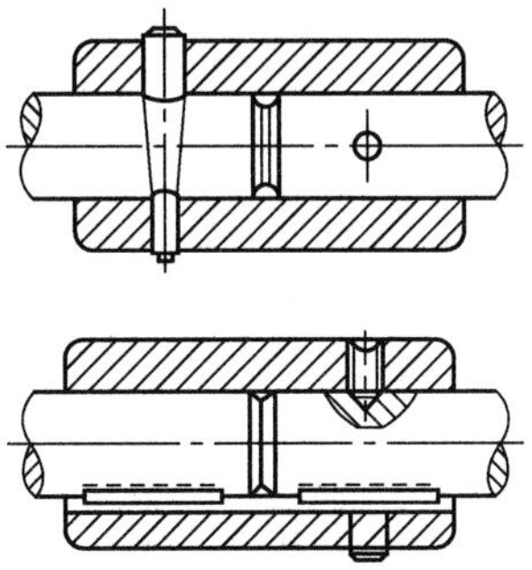 套筒联轴器	特点:结构简单紧凑,径向尺寸小,易于制造,但拆装不方便,拆装时轴要作轴向移动,它对两轴对中性要求较高。 应用:适应于两轴直径较小的冶金机械、重型机械、橡胶机械、石油机械、工程机械、矿山机械、起重运输机械以及造纸、船舶工业
		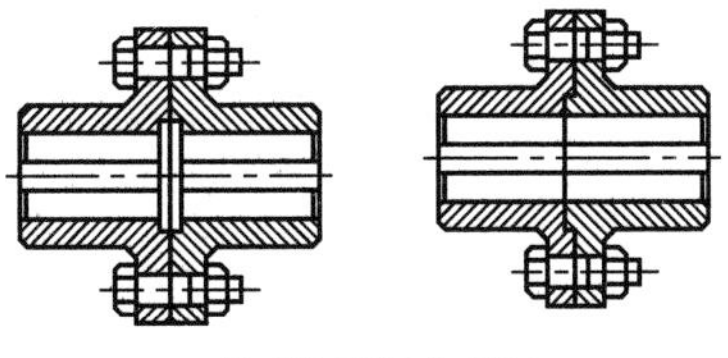 凸缘联轴器	特点:结构简单,工作可靠,刚性好,使用和维护方便,可传递大的转矩,但它对两轴的对中性要求较高。 应用:主要用于两轴对中精度良好、载荷平稳、转速不高的传动场合。广泛应用于机床、冶金、橡塑、林业、矿山、建筑、石油、制药、化工、陶瓷、环保等机械行业,是刚性联轴器中应用最广泛的一种

续上表

类　　型		结　　构	特点和应用
刚性联轴器	可移式刚性联轴器	 十字滑块联轴器	特点:结构简单,制造方便,可适应两轴间的综合偏移。 应用:适用于多种场合,如转速计、编码器、机床等
		 齿式联轴器	特点:与十字滑块联轴器相比,齿轮联轴器的转速较高,且因为是多齿同时啮合,故工作可靠,承载能力大,但制造成本高。 应用:一般多用于起动频繁,经常正反转的重型机械中
		 万向联轴器	特点:十字轴万向联轴器结构紧凑,维护方便。 应用:在汽车、多头钻床等机器中得到广泛应用
挠性联轴器	弹性套柱销联轴器	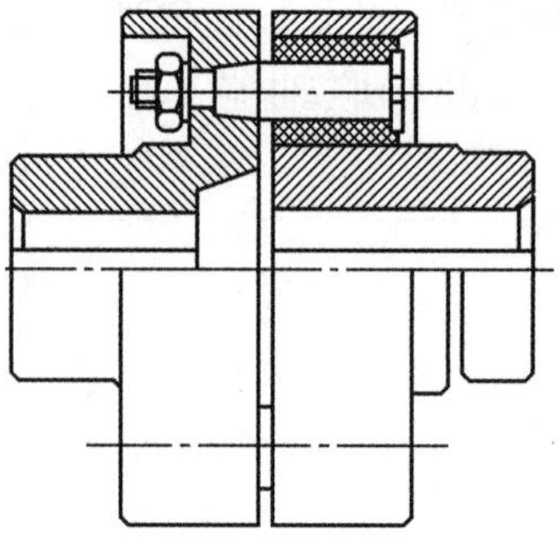	特点:与凸缘联轴器相似,弹性套柱销联轴器用带有非金属(如橡胶)弹性套的柱销取代螺栓。弹性套柱销联轴器结构简单,拆装方便,成本较低。

续上表

类 型		结 构	特点和应用
挠性联轴器	弹性套柱销联轴器	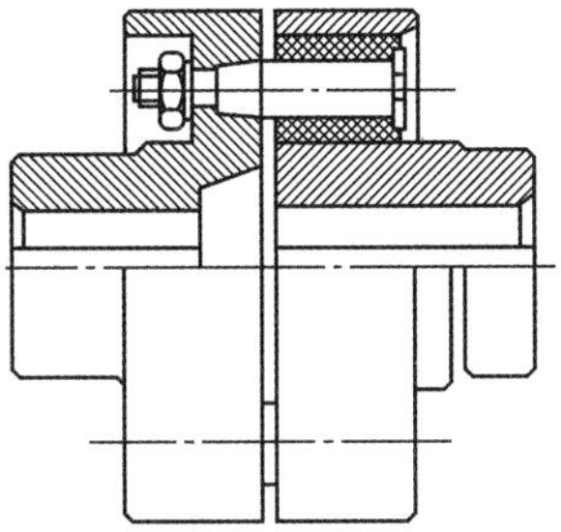	应用:靠弹性套的弹性来缓冲减振和补偿两轴偏移,常用来连接载荷较平稳,需正反转或频繁起动,传递中小转矩的高、中速轴,如各种旋转泵等
	弹性柱销联轴器	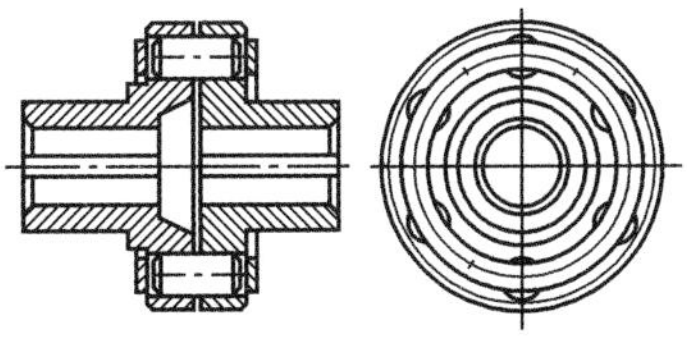	特点:弹性元件为尼龙材料的柱销,与弹性套柱销联轴器相比,其传递转矩的能力大,结构更为简单,制造容易,更换方便,而且柱销的耐磨性好。 应用:广泛用于速度适中,有正反转或起动频繁,对缓冲要求不高的场合,如造纸、冶金、矿山、起重运输、石油化工等
	轮胎联轴器	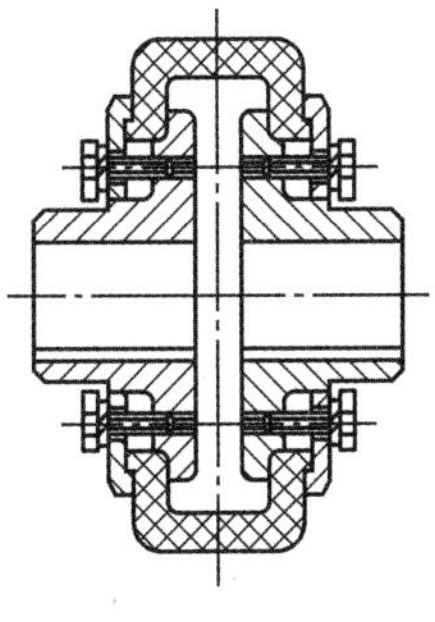	特点:结构简单、工作可靠、具有良好的综合位移补偿能力和缓冲吸振能力;径向尺寸较大,当转矩较大时,会因过大的扭转变形而产生附加的轴向载荷。 应用:适应于起动频繁,有冲击振动以及潮湿、多尘、相对位移较大的场合,如普通电机、普通减速机、振动性机械场合、冲击性机械场合等

想一想

举例说明:常见的机器上有哪些地方用了联轴器?是哪种联轴器?为什么采用这种联轴器?

第五节 离 合 器

本节描述

离合器是一种既能传递动力,又能切断动力的传动机构。通过对离合器功能、类型、特点和应用等基本知识的学习,要能判断离合器的类型,并能正确使用离合器。

学习目标

完成本节的学习以后,你应能:

1. 描述离合器的功用、类型;
2. 知道离合器的特点和应用。

用来连接不同机构或部件上的两根轴,传递运动和动力,且在工作过程中可使两轴随时分离或连接的机构称为离合器。

一、离合器的作用

观察图 5-24 所示的汽车离合器。飞轮旋转时,踩下离合器踏板,摩擦盘与压板分离,动力不能通过摩擦盘传给变速器输入轴,动力断开;松开离合器踏板,摩擦盘与压板接合,动力通过摩擦盘传给变速器输入轴。离合器的作用是连接两部件(或轴)传递回转运动和动力,且可以根据需要随时使两部件(或轴)分离和接合。

想一想

联轴器和离合器的相同点和不同点分别是什么?

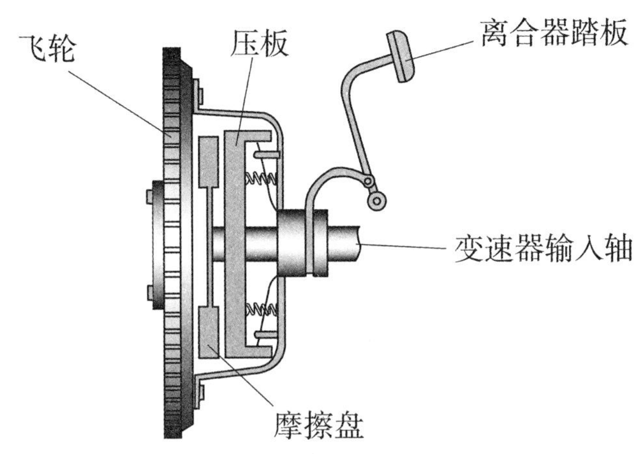

图 5-24　汽车离合器

二、离合器的类型、特点和应用

1　离合器的类型

根据工作原理的不同,离合器有嵌入式和摩擦式等类型,它们分别利用牙的啮合、接触表面之间的摩擦力等来传递转矩。

2　离合器的特点和应用

常用离合器的特点和应用见表 5-7。

两种常用离合器的特点和应用　　表 5-7

类　　型	结　　构	特点和应用
嵌入式离合器		特点:结构简单、紧凑,外廓尺寸小,接合时两半离合器间没有相对滑动,因而不会发热。 应用:适用于要求主、从动轴严格同步的高精机床,但只能在低速或停车时接合,以免因冲击打断牙齿

续上表

类　　型		结　　构	特点和应用
摩擦式离合器	单片式摩擦离合器	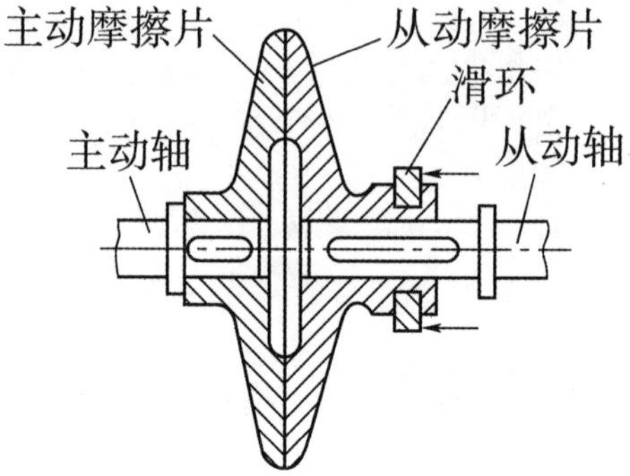	特点:利用两摩擦圆盘的压紧或松开,使两接合面的摩擦力产生或消失,以实现两轴的接合或分离,其结构简单,分离彻底,但径向尺寸较大。 应用:适用于传递转矩不大的轻型机械
	多片式摩擦离合器	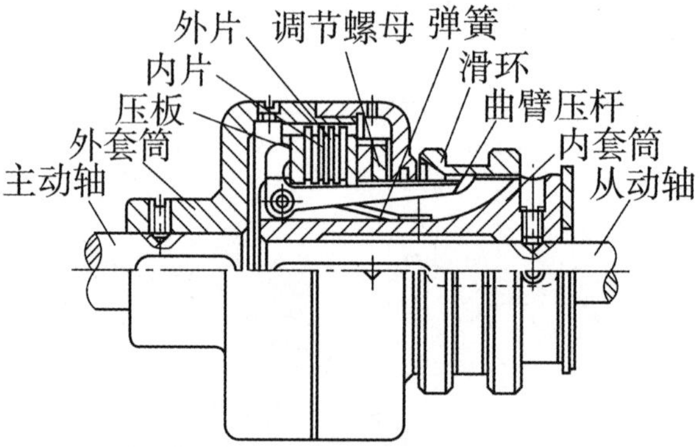	特点:多片式摩擦离合器摩擦面增多,传递转矩显著增大,径向尺寸相对减小,结构比较复杂。 应用:适用于传递较大转矩的场合

自我检测

一、填空题

1. 键连接主要用来连接________和________,实现周向固定并传递转矩。

2. 键是一种标准件,分为________、________、________和________等。

3. 半圆键连接,由于轴上的键槽较深,故对轴的________削弱较大。

4. 根据销的形状不同,可以将其分为________和________两种基本类型。

5. 圆锥销的________直径为标准直径。

6. 在螺纹连接的防松方法中,开口销与槽形螺母采用的是________防松。

7. 相邻两牙在中径线上对应两点间的轴向距离称为________,螺距用字母________表示;同一螺旋线上的相邻两牙在中径线上对应两点间的轴向距离称为________,导程用字母________表示。

8. 联轴器按缓冲性分为________和________。

9. 联轴器和离合器是用来连接两轴,使其一同转动并________的装置。

10. 无弹性元件挠性联轴器,可以补偿被连接两轴之间的________。

二、选择题

1. 常用的松键连接有(　　)两种。

A. 普通平键和半圆键　　B. 普通平键和普通楔键

C. 滑键和切向键　　D. 楔键和切向键

2. 紧键连接和松键连接的主要区别在于:前者安装后,键与键槽间存在(　　)。

A. 压紧力　　B. 轴向力　　C. 摩擦力

3. 楔键的(　　)有1∶100的斜度。

A. 上表面　　B. 下表面　　C 两侧面

4. 键的长度主要是根据(　　)来选择。

A. 传递转矩的大小　　B. 传递功率的大小

C. 轮毂的长度　　D. 轴的直径

5. 楔键连接的缺点是(　　)。

A. 键的斜面加工困难

B. 键安装时易损坏

C. 键装入键槽后,在轮毂中产生初应力

6. 若使不通孔连接拆装方便,应选用(　　)。

A. 普通圆柱销　　B. 内螺纹圆柱销

C. 普通圆锥销　　D. 开口销

7. 螺栓连接是一种(　　)。

A. 可拆连接

B. 不可拆零件

C. 具有防松装置的为不可拆连接,否则为可拆连接

D. 具有自锁性能的为不可拆连接,否则为可拆连接

8. 常见的连接螺纹是(　　)。

A. 左旋单线　　B. 右旋双线

C. 右旋单线　　D. 左旋双线

9. 在螺纹连接的防松方法中,开口销与槽形螺母属于(　　)防松。

A. 机械　　B. 摩擦　　C. 永久

10. 十字轴万向联轴器之所以要成对使用,是为了解决被连接两轴间(　　)的问题。

A. 径向偏移量大　　B. 轴向偏移量大

C. 角速度不同步　　D. 角度偏移量大

三、判断题

1. 键是标准零件。(　　)

2. 导向平键是一种较长的平键,用于轴上零件轴向移动量不大的场合。(　　)

3. 由于楔键在装配时被打入轴和轮毂之间的键槽内,所以造成轮毂与轴的偏心与偏斜。(　　)

4. 半圆键呈半圆形,能在轴的键槽内摆动,以适应轮毂底面的斜度,用于动连接。(　　)

5. 花键连接工作面为齿侧面,齿较多,工作面积大,故承载能力较低。(　　)

6. 圆柱销是靠微量过盈固定在销孔中,经常拆卸也不会降低定位精度和连接的可靠性。(　　)

7. 开口销是一种防松零件,用于锁紧其他紧固件。(　　)

8. 在螺纹牙型上,相邻两个牙侧面的夹角称为牙型角,用 α 表示。(　　)

9. 顺时针旋转时旋入的螺纹是左旋螺纹;逆时针旋转时旋入的螺纹是右旋螺纹,工程上常用左旋螺纹。(　　)

10. 联轴器和离合器在连接和传动作用上是相同的。(　　)

四、简答题

1. 列举生活中您常见的键连接、销连接、螺纹连接,并思考它们起什么作用。能不能用其他连接形式代替?

2. 联轴器和离合器相同点和不同点分别是什么?汽车上用到哪些类型的联轴器和离合器?分别安装在什么位置?

第六章

机构

机构的种类很多,在工程和生活中得到了广泛应用:门可以自由关闭和开启,汽车刮水器自动刮除水滴,自卸车翻斗倾倒沙土,自行车左右转弯……机构在机器中不断地传递运动、转换运动形式,保证了机器的正常运转。

第一节 平面机构

本节描述

同一种平面机构,它们的运动特征是相同的。认识平面机构,判断平面运动副类型,绘制出平面机构运动简图,对分析机构的运动规律、安装和维护机器等有极大的便利。

学习目标

完成本节的学习以后,你应能:

1. 认识平面机构;
2. 知道并能正确判断平面运动副类型;
3. 认识平面运动副的结构及符号,绘制平面机构的运动简图。

一、平面机构

想一想

观察下列机构:自卸载货汽车举升机构(图 6-1);健身器机构(图 6-2)。它们的运动有什么共同特点?

构件:构件是机器中作为一个整体运动的最小单位。汽车上许多构件相互间直接接触并能产生相对运动,如发动机曲柄连杆机构中的活塞与汽缸筒之间、活塞销与连杆小端孔之间、连杆大端孔与曲轴轴颈之间等。

机构：指由两个或两个以上构件通过活动连接形成的构件系统。

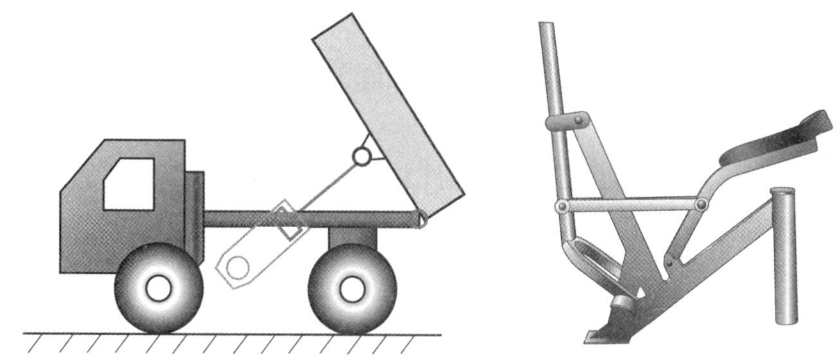

图 6-1　自卸载货汽车举升机构　　　　图 6-2　健身器

平面机构：组成机构的所有构件都在同一平面内或在相互平行的平面内运动的机构。

想一想

生活中还有哪些机构属于平面机构？

二、平面运动副及分类

1 平面运动副

运动副是指由两个构件直接接触并能产生相对运动的所有动连接。

如果构成运动副的两个构件之间的相对运动在同一平面，我们称之为平面运动副(图 6-3)。

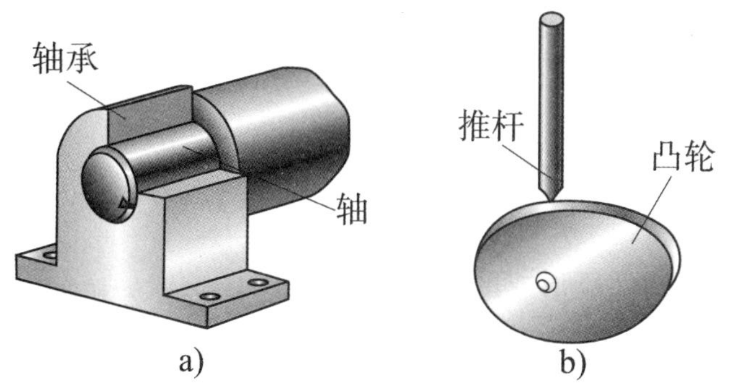

图 6-3　平面运动副

2 平面运动副分类

根据两构件的接触形式不同，运动副可分为低副和高副。

1)低副

两构件之间通过面接触形成的运动副称为低副。低副按运动特性可分为转动副和移动副。

(1)转动副:若组成运动副的两构件之间只能绕某一轴线作相对转动,这种运动副称为转动副,又称铰链。

(2)移动副:若组成运动副的两构件只能沿某一轴线作相对直线移动,这种运动副称为移动副。

2)高副

两构件之间通过点或线接触组成的运动副称为高副。

想一想

在图6-4中的运动副中,哪些是移动副、哪些是转动副、哪些是高副?

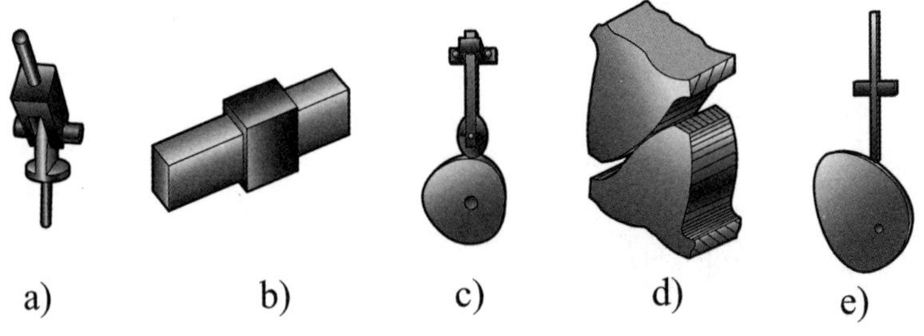

图6-4　高副和低副

三、平面运动副的结构及符号

常见运动副、构件符号的表示见表6-1。

运动副、构件的表示法　　　　表6-1

运动副	转动副	两运动构件所形成的运动副	两构件之一为机架时所形成的运动副
	移动副		

续上表

运动副	齿轮	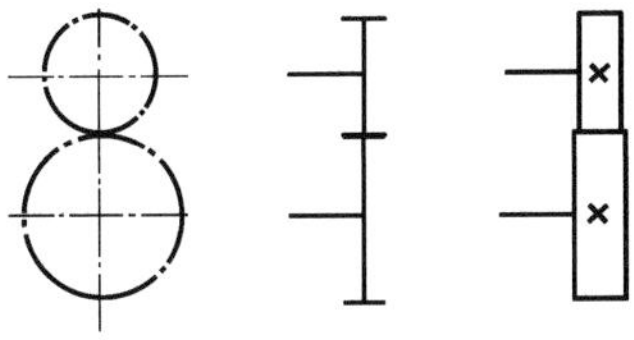
	凸轮	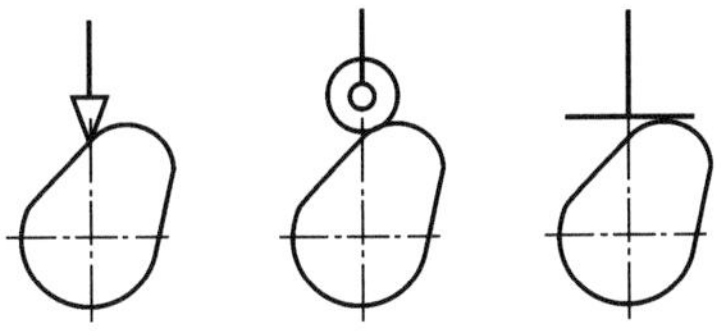
一般构件	杆、轴类构件	
	固定构件	
	同一构件	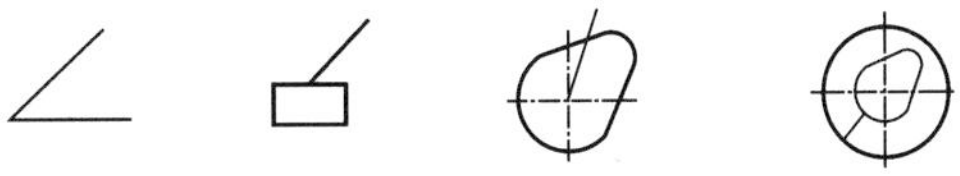
	两副构件	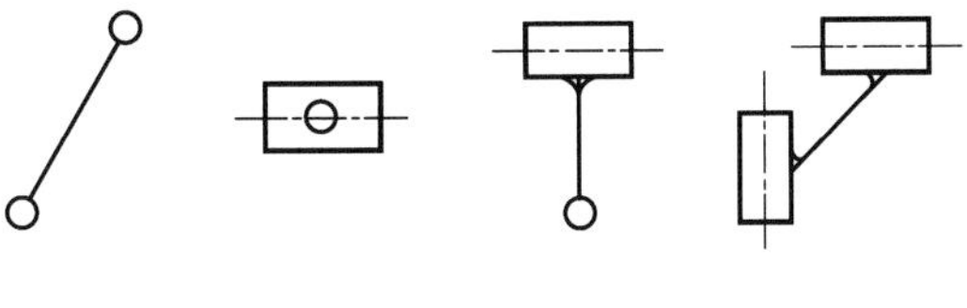
	三副构件	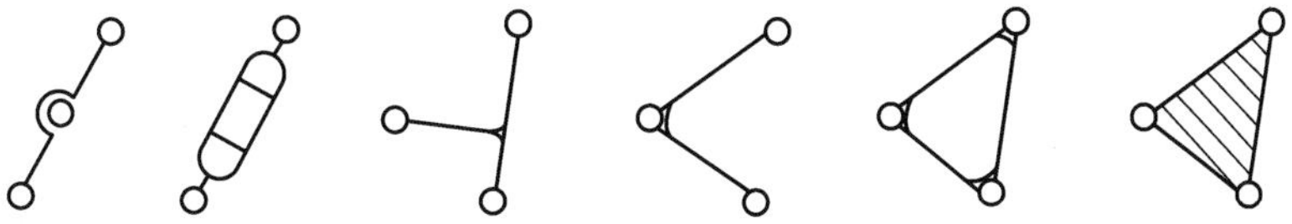

四、机构运动简图

1 平面机构的运动简图

为了便于分析、研究已有的机构或设计新机构,根据机构的运动尺寸,按一定的比例尺定出运动副的相对位置,用简单的线条代表构件,规定的符号代表运动副,绘制出能够表达机构运动特征的简单图形。

2 机构的组成

如图 6-5 所示,根据机构中各构件的运动性质不同,可将其分为三部分:

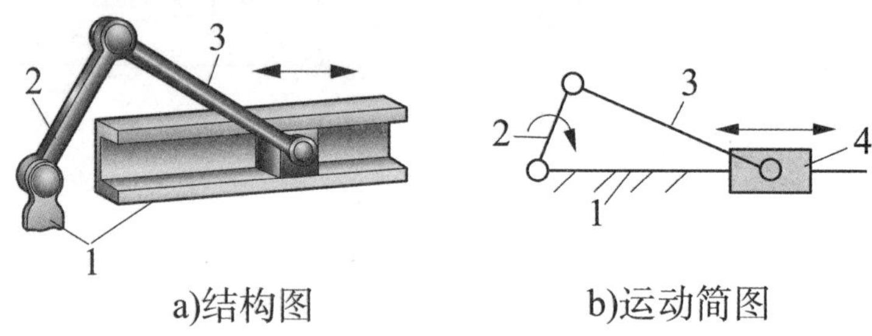

图 6-5　曲柄滑块机构图

1-机架;2-原动件;3、4-从动件

(1)机架:机构中用来支承其他可动构件的固定构件。在机构简图中,将机架画上斜线表示,如图 6-5 中的 1。

(2)原动件:机构中有驱动力作用或已知运动规律的构件。在机构简图中,将原动件标上箭头表示运动方向,如图 6-5 中的 2。

(3)从动件:机构中除原动件以外的所有活动构件,如图 6-5中的 3、4。

想一想

在图 6-1、图 6-6 中,机架、原动件、从动件分别是哪些构件?

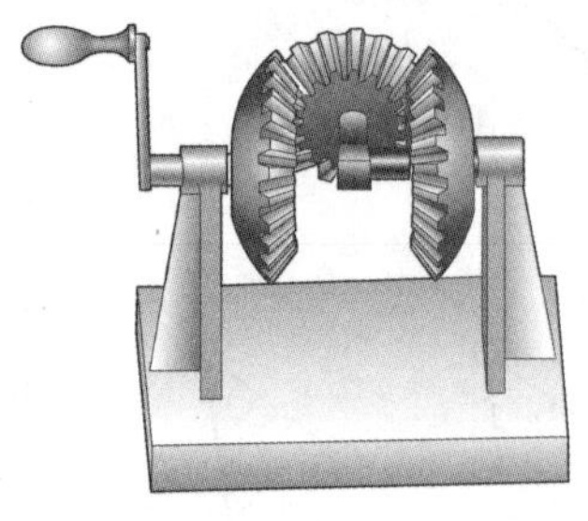

图 6-6　差速器模型

3 平面机构运动简图的绘制

下面以图 6-7 所示的抽水唧筒机构为例,说明绘制机构运动简图的步骤。

(1)分析机构,弄清构件数目。

抽水唧筒机构由构件 1、2、3、4 共 4 个构件组成,其中构件 1 为原动件,构件 4 为机架。

(2)确定运动副的类型和数目,并查表 6-1(或机械手册)绘出其符号。

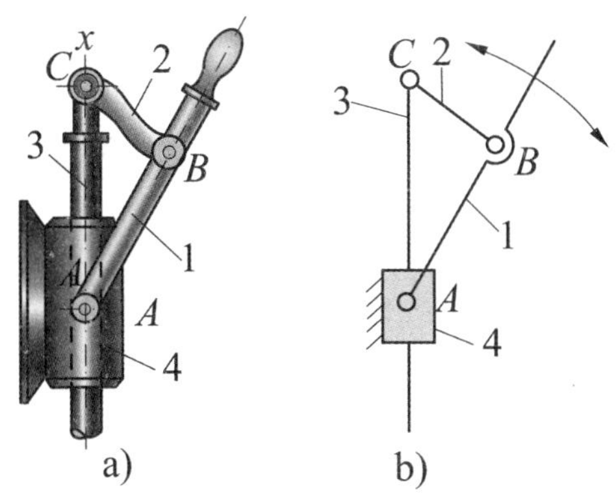

图 6-7　抽水唧筒机构

1-原动件;2、3-从动件;4-机架

构件 1 和 2 在 B 点形成了转动副,其符号如图 6-8a)所示;

构件 2 和 3 在 C 点形成了转动副,其符号如图 6-8b)所示;

构件 3 和 4 形成了移动副,其符号如图 6-8c)所示;

构件 4 和 1 在 A 点形成了转动副,其符号如图 6-8d)所示。

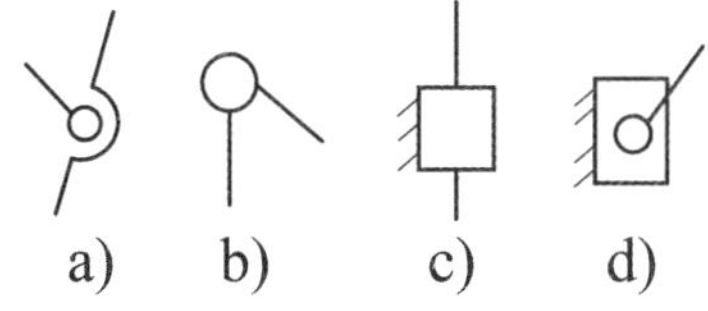

图 6-8　运动副符号

(3)选择能充分反映机构特性的位置为绘图平面。

选择构件 1、2、3、4 正投影面为绘制平面。

(4)测量主要尺寸,计算长度比例和图示长度。

$$比例尺\ \mu=\frac{实际尺寸(\mathrm{mm})}{图上尺寸(\mathrm{mm})}$$

经测量得:构件 1 上 AB 的长度 $L_1=800\mathrm{mm}$,构件 2 的长度 $L_2=400\mathrm{mm}$,构件 3 的长度 $L_3=700\mathrm{mm}$,根据图幅尺寸和机构结构综合考虑选择比例为 4∶1。根据比例尺计算出构件 1、2、3 的图上尺寸分别为 200mm、100mm、175mm。

(5)绘制机构运动简图。

①根据选定位置和各运动副的图示距离,绘出各运动副的相对位置(图 6-9)。

②用直线将同一构件上的运动副连接起来,并标上构件号和原动件的运动方向,即得所求的抽水唧筒机构运动简图,即图 6-7b)。

相关链接

有时只要求定性地表达各构件间的相互关系,而不需借助简图求解机构的运动参数,则可不按比例绘制简图,这种不按比例绘制的机构运动简图称为机构运动示意图。

做一做

请绘制出图6-10所示缝纫机下针机构的运动示意图。

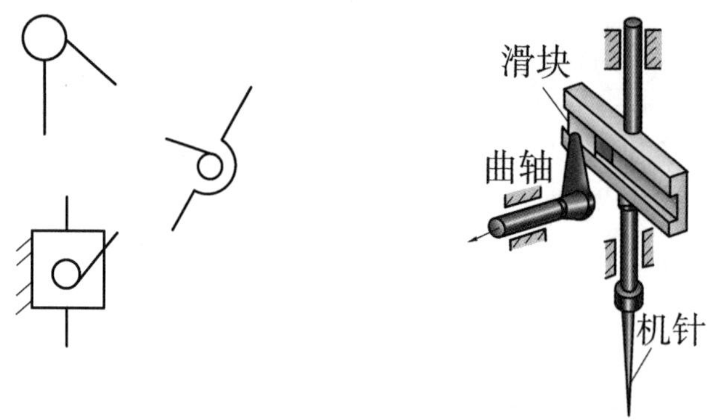

图6-9 运动副的相对位置　　图6-10 缝纫机下针机构

第二节 平面四杆机构

本节描述

观察典型平面四杆机构,判断其类型。

学习目标

完成本节的学习以后,你应能:

1. 描述平面四杆机构的基本类型、特点和应用;
2. 判定铰链四杆机构的类型。

想一想

观察下列机构运动:发动机曲柄连杆机构(图6-11a)的往复运动;火车机车主动轮联动装置(图6-11b)的运动。这些机构运动有什么共同特点?

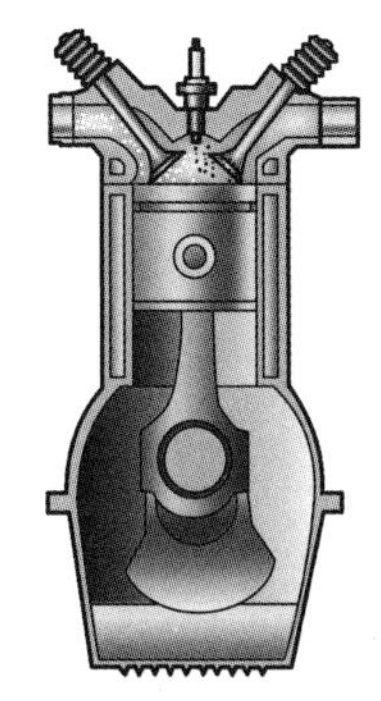

a)发动机曲柄连杆机构

b)火车机车主动轮联动装置

图 6-11 机构的运动

由观察可知,发动机曲柄连杆机构的往复运动、火车机车主动轮联动装置的运动有共同的特征,它们都是由若干构件以低副(转动副和移动副)连接而成的机构,各构件间的相对运动在同一平面或互相平行的平面内,我们把它称作平面连杆机构,也叫平面低副机构。平面连杆机构的应用非常广泛。其主要特点是:低副、面接触,构造简单,易于加工,工作可靠。

平面连杆机构常以其所含的构件(杆)数来命名,如四杆机构、五杆机构等,常把五杆或五杆以上的平面连杆机构称为多杆机构。最基本、最简单的平面连杆机构是由四个构件组成的平面四杆机构。它不仅应用广泛,而且又是多杆机构的基础。平面四杆机构可分为铰链四杆机构和滑块四杆机构两大类,前者是平面四杆机构的基本形式,后者由前者演化而来。

想一想

你在生活中,遇到过哪些平面四杆机构?

一、铰链四杆机构

在平面四杆机构中,如果所有低副均为转动副,这种四杆机构就称为铰链四杆机构,如图 6-12 所示。

机构中固定不动的杆 4 称为机架,与机架 4 相连的构件 1、构件 3 称为连架杆,连架杆能绕机架作整周转动的称为曲柄,若只能绕机架在小于360°的范围内作往复摆动的则称为摇杆,与连架杆相连的构件 2 称为连杆。

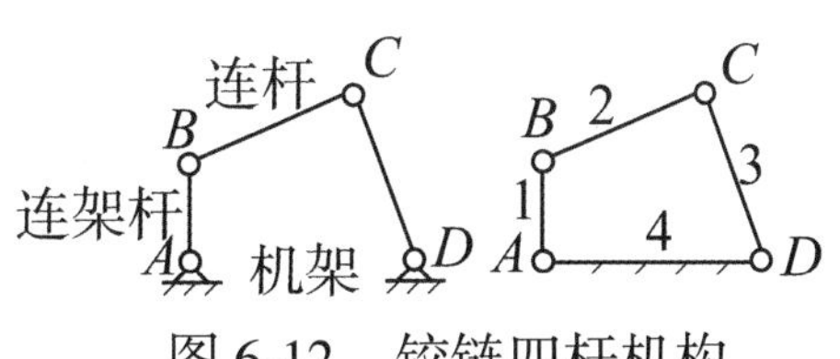

图 6-12 铰链四杆机构

想一想

观察发动机活塞—连杆—曲轴机构的运动,判断它是否属于铰链四杆机构。

铰链四杆机构有三种类型:曲柄摇杆机构、双曲柄机构和双摇杆机构。

四杆机构的基本类型

1 曲柄摇杆机构

曲柄摇杆机构主要特性:两个连架杆中,一个是曲柄,一个是摇杆。

(1)曲柄为主动件,摇杆为从动件作往复摆动。

如图6-13a)所示,汽车刮水器主动件曲柄回转,从动摇杆往复摆动,利用摇杆的延长部分实现刮水。

(2)摇杆为主动件作摆动,曲柄为从动件作旋转运动。

如图6-13b)所示的缝纫机踏板机构,踏板(摇杆)为主动件,当脚蹬踏板时,通过连杆使带轮作整周转动。

想一想

雷达俯仰角度装置(图6-14)的工作过程是怎样的?

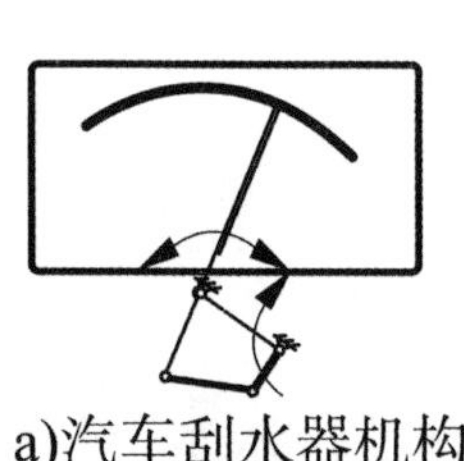

a)汽车刮水器机构

b)缝纫机踏板机构

图6-13　曲柄摇杆机构

图6-14　雷达俯仰角度装置

2 双曲柄机构

如图6-15所示铰链四杆机构的两个连架杆都是曲柄,则称为双曲柄机构。

图6-16所示为惯性筛机构,为双曲柄机构。筛面上的物料由于惯性而来回抖动,从而实现筛选。

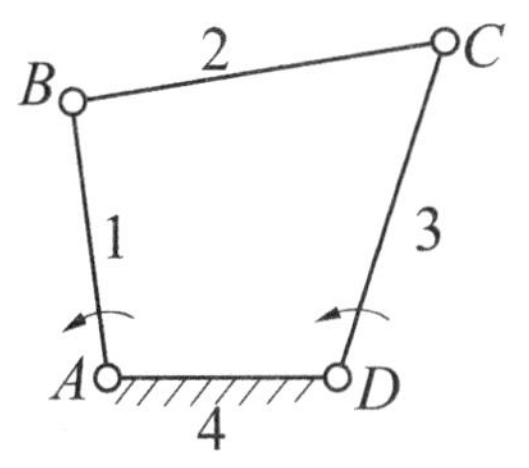

图 6-15　双曲柄机构

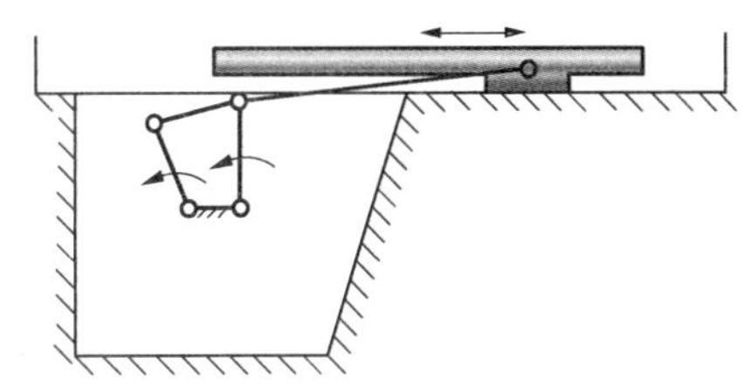

图 6-16　惯性筛机构

想一想

请描述一下惯性筛机构中筛面是怎么运动的？当双曲柄机构主动曲柄作等速转动时，如果两曲柄长度不等，从动曲柄可能作什么运动？两曲柄长度相等时，运动可能有什么特征？

1）平行双曲柄机构

双曲柄机构中，当两曲柄长度相等且平行时（连杆与机架的长度也相等），称为平行双曲柄机构（平行四边形机构）。图 6-17 所示的机车车轮联动机构，就是平行双曲柄机构的具体应用。平行双曲柄机构的两曲柄的旋转方向相同，角速度也相等。

2）反平行四边形机构

双曲柄机构中，当两曲柄长度相等（连杆与机架的长度也相等），但互不平行，则称为反平行四边形机构，又称反平行双曲柄机构（图 6-18）。如公共汽车车门启闭机构。当主动曲柄 *AB* 转动时，通过连杆 *BC* 使从动曲柄 *CD* 朝相反方向转动，从而保证两扇车门同时开启和关闭。

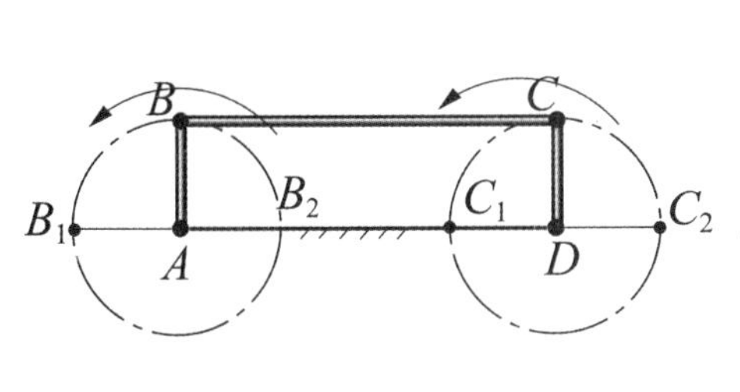

图 6-17　机车车轮联动机构

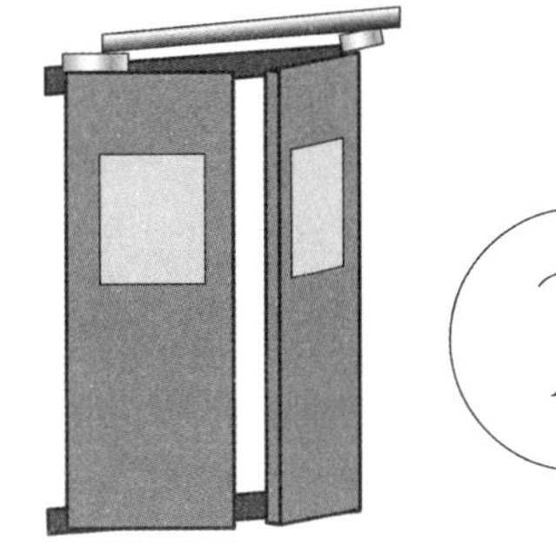

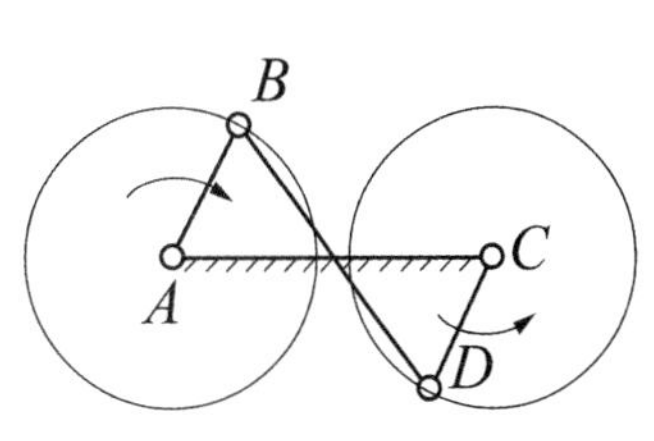

图 6-18　车门启闭机构

3　双摇杆机构

两个连架杆均为摇杆的机构，称为双摇杆机构。双摇杆机构在实际中的应用如汽车转向四杆机构(图6-19)和鹤式起重机(图6-20)等。

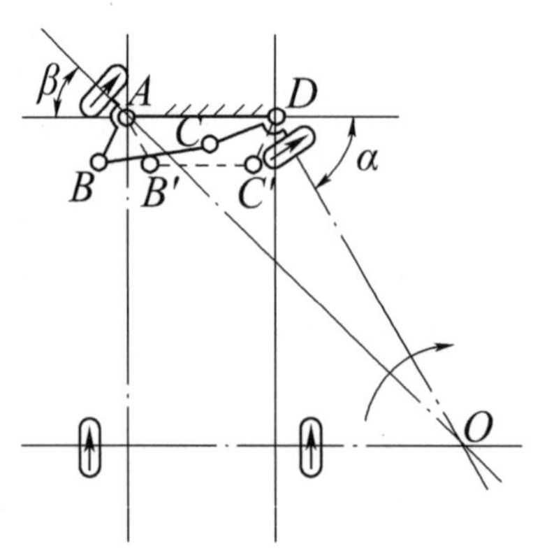

图6-19　汽车转向机构

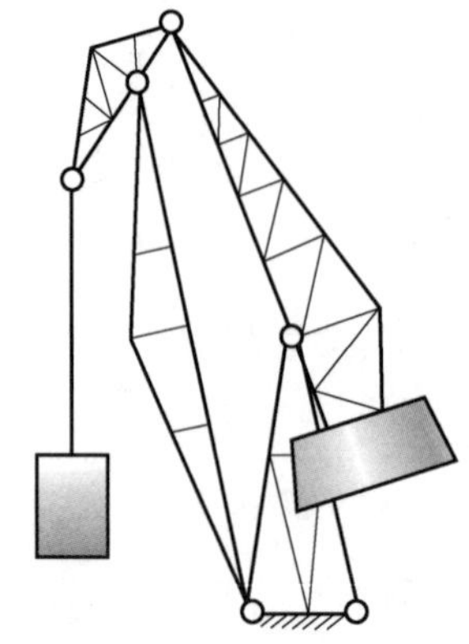

图6-20　鹤式起重机

想一想

以下这些机构,你能说出它们是铰链四杆机构的哪一种类型吗?

牛头刨床横向进给机构、缝纫机脚踏板机构、送料机构以及自行车、搅面机、卫星天线、走步机、飞机起落架等工作机构。

二、铰链四杆机构的判别

想一想

1. 怎样判断铰链四杆机构中是否存在曲柄?
2. 给出一个铰链四杆机构,我们怎样来判别它属于哪种类型?

做一做

在教师的带领下,学生分组做以下实验,并思考问题。

分组发下长度分别为:40mm、70mm、90mm、100mm 和 50mm、60mm、70mm、100mm 的两组塑料硬片,用螺栓、螺母铰链连接,并在连接点标好 *A*、*B*、*C*、*D*。然后以不同长度杆作为机架,使其他杆作运动,观察运动状态,并做记录。

要求:找出有曲柄存在的一套机构,说明曲柄存在的组合情况,并在操作中找出铰链四杆机构曲柄存在的条件。根据记录内容(以 *AB* 杆为机架是什么机构?以 *BC* 杆为机架是什么机构?以 *CD* 杆为机架是什么机构?以 *DA* 杆为机架是什么机构?),推论出判断三种基本类型的方法,并完成表6-2的填写。

实验记录表 表6-2

组别		第一组			第二组		
项目	位置关系	最短杆为机架	最短杆为连架杆	最短杆为连杆	最短杆为机架	最短杆为连架杆	最短杆为连杆
	长度关系	最长+最短( )其余两杆之和	最长+最短( )其余两杆之和	最长+最短( )其余两杆之和	最长+最短( )其余两杆之和	最长+最短( )其余两杆之和	最长+最短( )其余两杆之和
	类型						

1 曲柄存在的条件

由上面的实验可知,在铰链四杆机构中,要使连架杆成为曲柄,必须同时具备以下两个条件:

(1)连架杆与机架中必须有一个是最短杆;

(2)最短杆件与最长杆件长度之和必须小于或等于其余两杆件的长度之和。

2 铰链四杆机构的类型判别

在铰链四杆机构中,最短杆件与最长杆件的长度之和小于或等于其余两杆件的长度之和,则可有以下三种情况(图6-21):

(1)以与最短杆件相邻的杆件作机架时,该机构为曲柄摇杆机构;

(2)以最短杆件作机架时,该机构为双曲柄机构;

(3)以与最短杆件相对的杆件作机架时,该机构为双摇杆机构。

如果在铰链四杆机构中,最短杆件与最长杆件的长度之和大于其余两杆件的长度之和,则无论以哪一杆件为机架,均为双摇杆机构。

想一想

判别下列四杆机构(图6-22)分别属于什么类型?

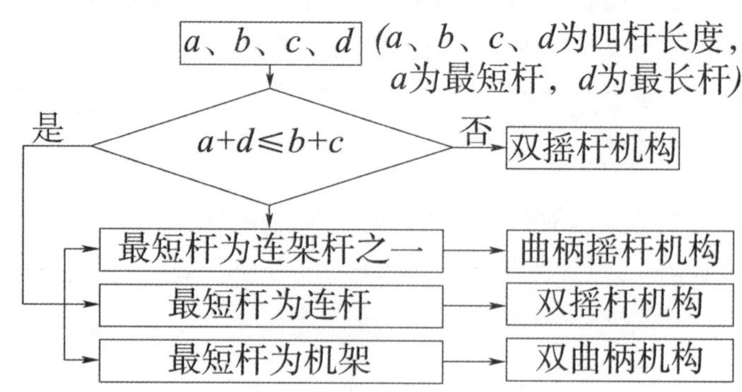

图 6-21　铰链四杆机构类型判别

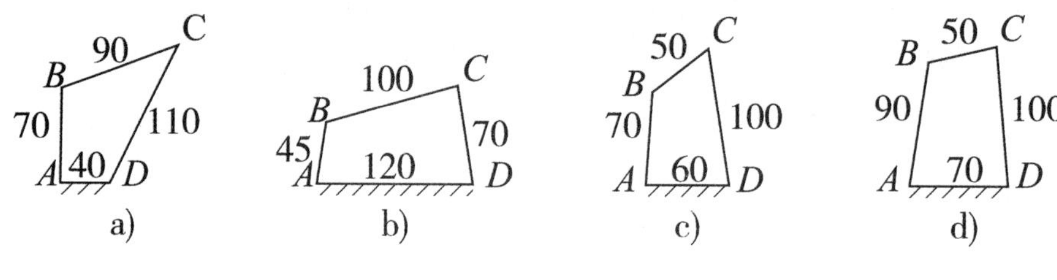

图 6-22　四杆机构

三、铰链四杆机构的演化

1　曲柄滑块机构

如图 6-23 所示，扩大转动副，使转动副变成移动副，铰链四杆机构就成了曲柄滑块机构。

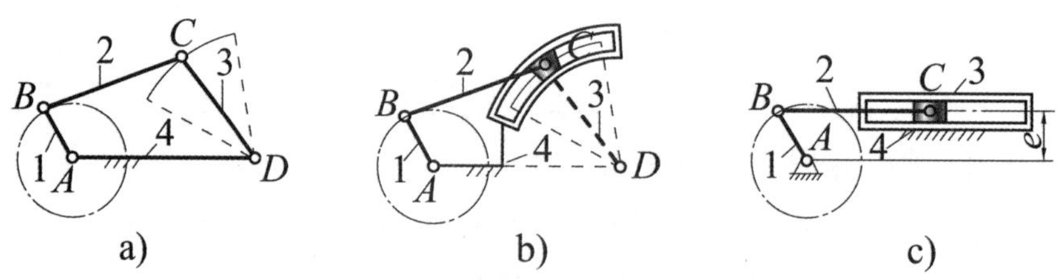

图 6-23　铰链四杆机构的演化

曲柄滑块机构如图 6-24 所示，一个连架杆相对于机架作往复直线移动而成为滑块。图 6-24a)所示为对心曲柄滑块机构，图 6-24b)所示为偏置曲柄滑块机构。图 6-24c)所示是具有偏心轮的对心曲柄滑块机构，它用于曲柄长度 r 较小而销轴受力较大的场合。

曲柄滑块机构广泛应用于内燃机、空气压缩机等机械中。

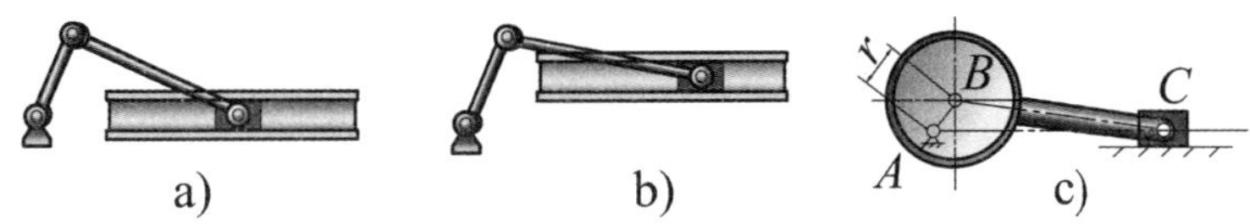

图 6-24　曲柄滑块机构

做一做

请叙述图 6-25、图 6-26 所示机构的工作过程。

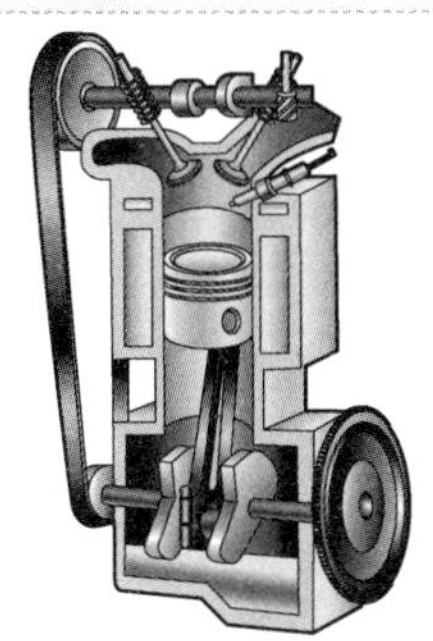

图 6-25　内燃机曲柄滑块机构

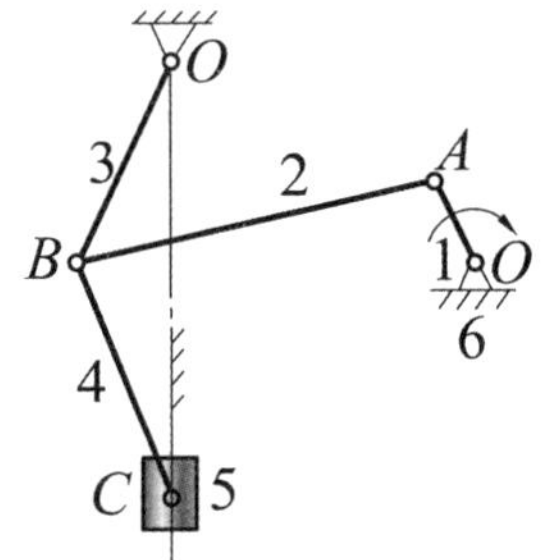

图 6-26　钢板剪切机

2　导杆机构

导杆机构是通过改变曲柄滑块机构的固定件而演变的。

曲柄滑块机构中，当将曲柄改为机架时，就演化成图 6-27 所示的转动导杆机构。图 6-27b）中，杆件 2 的长度大于机架 1，杆件 2 和导杆 4 都可以绕机架 1 作整圆周转动，所以此机构称为曲柄转动导杆机构，图 6-27a）称为摆动导杆机构。

3　曲柄摇块机构

如图 6-28a）所示，杆件 1 的长度小于机架 2，能绕机架 2 作整圆周转动，杆件 4 与滑块 3 组成移动副，滑块 3 与机架 2 组成转动副，滑块 3 只能作定轴转动，所以此机构称为曲柄摇块机构。图 6-28b）所示为曲柄摇块机构在摆动式液压泵上的应用实例。

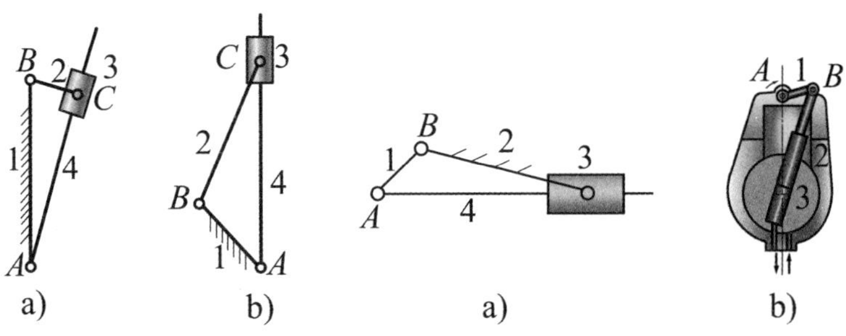

图 6-27　导杆机构　　　　图 6-28　曲柄摇块机构

4 移动导杆机构

图 6-29a)所示的四杆机构中,杆件 1 的长度小于杆件 2。这种机构一般以杆件 1 为主动构件,杆件 2 绕 C 点摆动,导杆 4 相对滑块 3 作往复移动,滑块 3 为机架,称为定块,所以此机构称为固定滑块机构或移动导杆机构。图 6-29b)就是移动导杆机构在抽水唧筒的应用实例。

做一做

观察图 6-30 所示的自行车,根据所学知识,回答以下问题:

(1)机构中哪些零件是连架杆、连杆?有曲柄存在吗?

(2)判断机构运动类型。

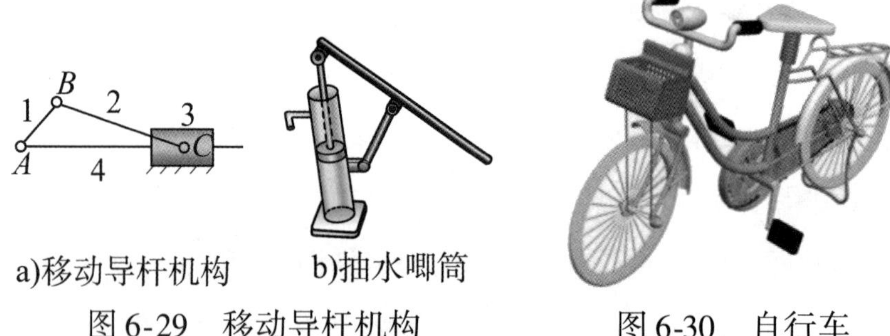

a)移动导杆机构　b)抽水唧筒

图 6-29　移动导杆机构　　图 6-30　自行车

四、铰链四杆机构的运动特性

1 急回特性

如图 6-31 所示,在曲柄摇杆机构中,设曲柄 AB 为原动件,在其转动一周的过程中,有两次与连杆共线。这时摇杆 CD 分别位于 C_1D 和 C_2D 两极限位置,称为曲柄摇杆机构的极位。曲柄 AB 与连杆 BC 两次共线位置之间所夹的锐角称为极位夹角,用 θ 表示。

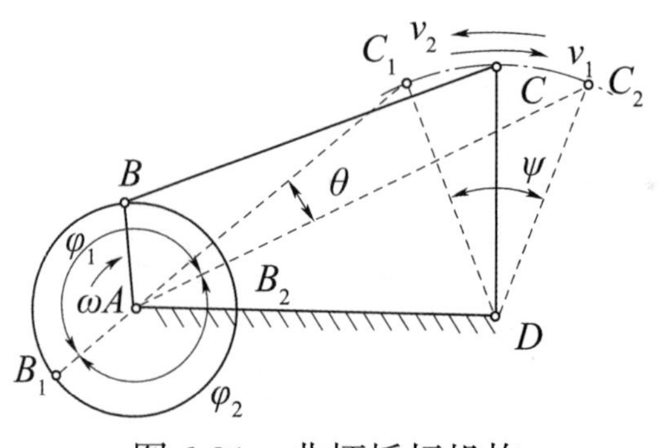

图 6-31　曲柄摇杆机构

在曲柄摇杆机构中,当曲柄为原动件并作等速转动时,摇杆来回摆动的速度不相等,即从动摇杆空回行程的速度 v_2 大于其工作行程的速度 v_1,摇杆的这种运动特性称为急回特性。在往复式工作的机械(如插床、插齿机、刨床等)中,常利用机构的急回特性来缩短空回行程的时间,以提高生产效率。

2 压力角和传动角

在图 6-32 所示的曲柄摇杆机构中,若忽略各杆的质量和运动副的摩擦,则主动曲柄 1 通过连杆 2 作用于从动摇杆 3 上的力 F 是沿 BC 方向的。力 F 与点 C 的速度方向所夹的锐角 α 称为机构在此位置时的压力角。压力角 α 的余角 γ,称为传动角。力 F 在速度方向的分力为切向分力 $F_t = F \cdot \cos\alpha$,此力为有效分力,能做有效功;而沿摇杆 CD 方向的分力为法向分力 $F_n = F \cdot \sin\alpha$,此力为有害分力,非但不能做有用功,而且还增大了运动副的摩擦阻力。

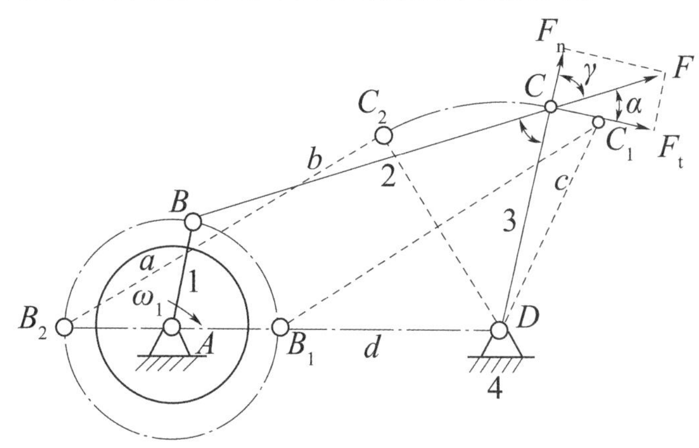

图 6-32 曲柄摇杆机构传力性能分析图

3 死点位置

如图 6-31 所示,在曲柄摇杆机构中,摇杆 CD 为主动件,曲柄 AB 为从动件,机构处于图示的两个虚线位置之一时,摇杆 CD 处于两个极限位置 C_1D 和 C_2D,连杆 BC 和从动件曲柄 AB 共线:一个位置为重叠共线,一个位置为拉直共线。在这两个位置出现了传动角 $\gamma = 0$ 情况,这时主动件摇杆 CD 通过连杆 BC 作用于从动件曲柄 AB 上的力恰好通过其回转中心,此力对 A 点不产生力矩。所以不论该力有多大,也不能推动从动件曲柄 AB 转动,因而产生了"顶死"现象,此时机构的位置称为死点位置。

为了使机构能够顺利地通过死点,继续正常运转,可采用机构错位排列的办法,即将两组以上的机构组合起来,而使各组机构的死点相互错开;加大惯性,增大转动惯量,借惯性作用使机构闯过死点等。如缝纫机、汽车发动机曲轴通过安装飞轮(图6-33)等。

死点位置是有害的,但在某些场合也可利用机构死点位置来实现一定的工作要求。如图6-34所示为钻床夹紧机构,使机构处于死点位置从而夹紧工件。

图6-33 发动机曲轴飞轮

图6-34 钻床加紧机构

第三节 凸轮机构

本节描述

凸轮机构是机械生产应用中常见的机构。通过认识凸轮机构的组成及特点,分析凸轮机构的运动规律,绘制简单凸轮机构的轮廓曲线,对掌握多种机械的特点有重要作用。

学习目标

完成本节的学习以后,你应能:

1. 知道凸轮机构的组成、特点、分类和应用;
2. 分析凸轮机构从动件的常用运动规律、压力角;
3. 掌握平面凸轮轮廓的绘制方法。

一、凸轮机构的组成及特点

观察图6-35的凸轮机构,它由凸轮、从动杆、机架组成。凸轮作转动,从动杆(气门)作上下移动,从动杆由机架(汽缸盖)支撑。

凸轮机构的组成

凸轮机构的特点

凸轮机构的基本特点在于结构简单、紧凑。但是,凸轮轮廓与从动件之间是点接触或线接触,即凸轮机构是高副机构,易于磨损,因此,只适用于传递动力不大的场合。

 二、凸轮机构的应用

图6-36所示为内燃机气门配气机构。凸轮以等角速度回转，驱动从动件按预期的运动规律开闭气门。

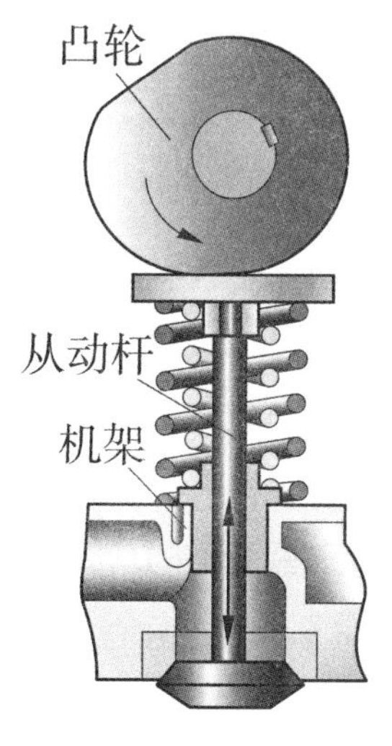

图6-35　凸轮机构

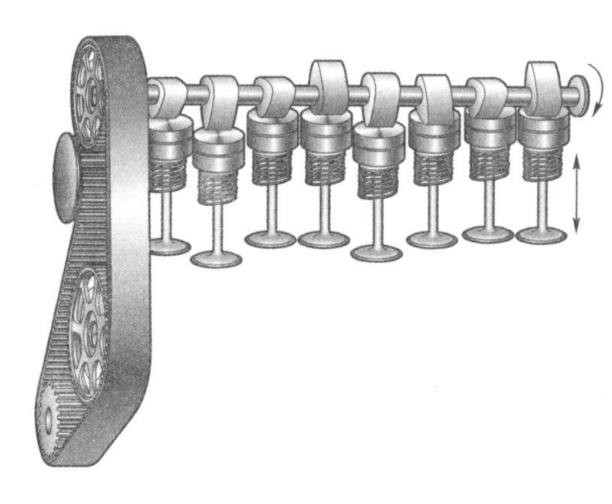

图6-36　配气机构

如图6-37所示为自动车床上的走刀机构，当带有凹槽的凸轮转动时，通过槽中的滚子，驱使扇形齿轮带动推杆作往复移动。推杆的运动规律取决于圆柱凸轮凹槽的曲面形状。

图6-38所示的绕线机构中，当绕线轴快速转动时，蜗杆带动蜗轮及与之固连的凸轮缓慢地转动。通过凸轮轮廓与从动件尖顶间的作用，驱使从动件往复摆动，从而使线均匀地绕在绕线轴上。

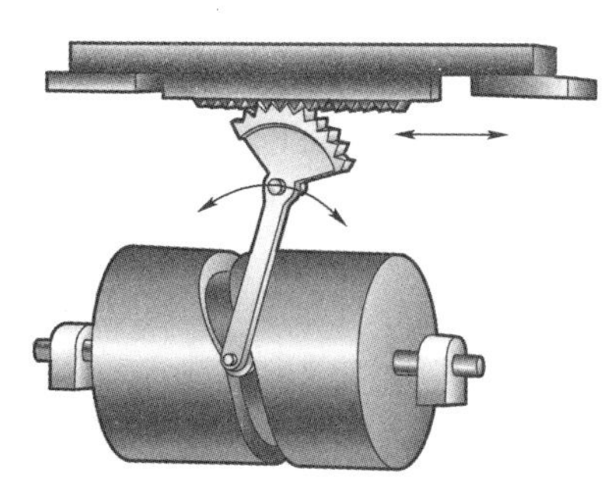

图6-37　自动车床上的走刀机构

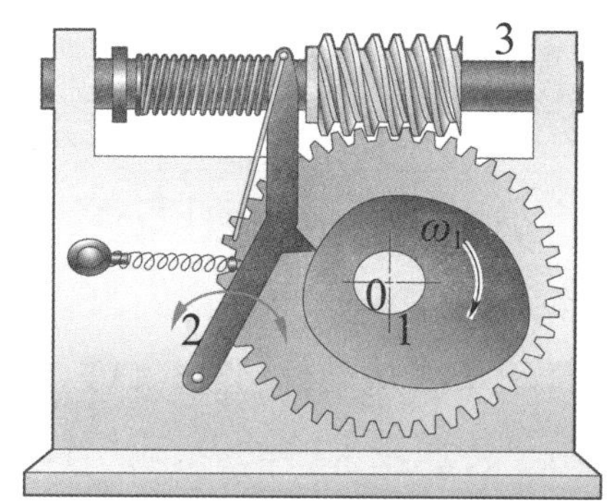

图6-38　绕线机构

1-凸轮；2-从动杆；3-蜗杆

想一想

我们周围还有什么机械用到凸轮机构,它们是怎么样运动的?

三、凸轮机构的分类

凸轮机构的类型繁多,通常分类如下。

1 按照凸轮的形状分

(1)盘形凸轮(图6-39):它是一个具有径向尺寸变化并绕固定轴线回转的盘形构件。其结构简单,适用于推杆行程较短的传动中,应用较广。

(2)移动凸轮(图6-40):它可看作是转轴在无穷远处的盘形凸轮的一部分,凸轮作往复直线运动,推动推杆在同平面作往复运动。

(3)圆柱凸轮(图6-41):它是一个在圆柱面上开有曲线凹槽,或是在圆柱端面上做出曲线轮廓的构件。它可看作是将移动凸轮卷于圆柱体上形成的,可用在推杆行程较长的场合。

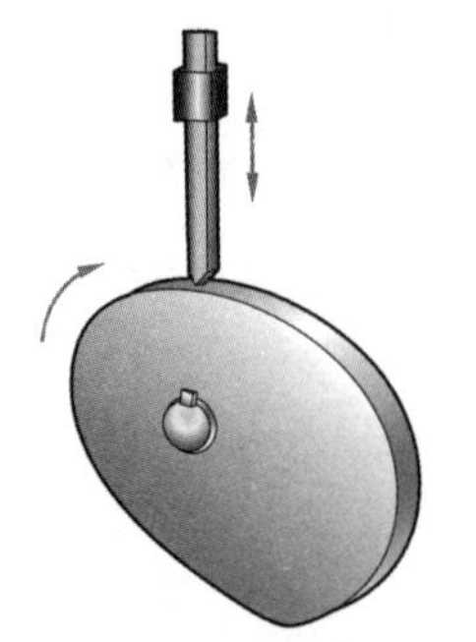

图6-39　盘形凸轮

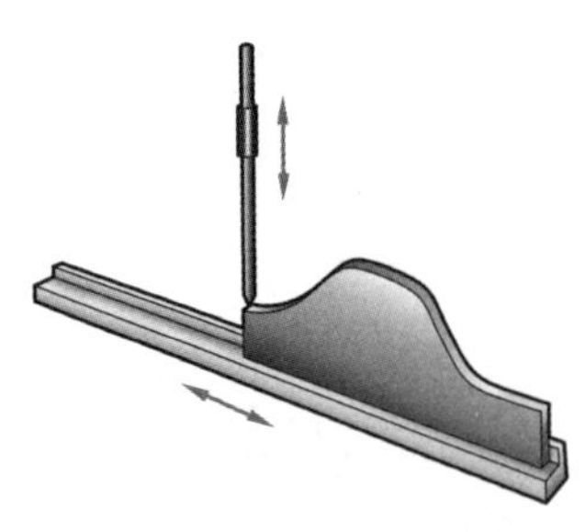

图6-40　移动凸轮

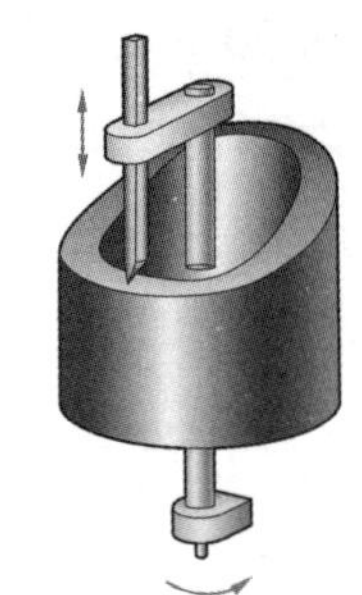

图6-41　圆柱凸轮

2 按从动件端部结构形式分

(1)尖顶式从动件(图6-42):它的构造简单,但易于磨损,只适用于作用力不大、低速的场合。

(2)滚子式从动件(图6-43):由于滚子与凸轮轮廓之间为滚动摩擦,所以磨损小,用于传递较大的动力,应用较广。

(3)平底式从动件(图6-44):由于凸轮对推杆的作用力始终垂直于推杆的底面,所以受力平稳,而且凸轮与平底接触面间容易形成油膜,润滑较好,用于高速传动。

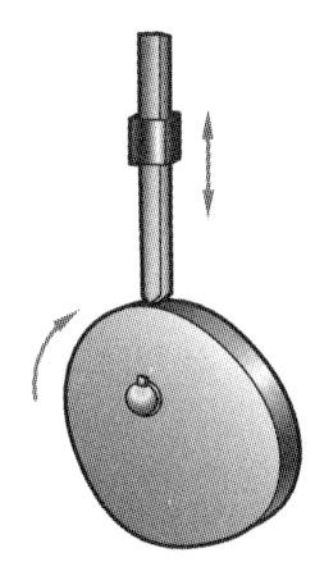

图 6-42 尖顶式从动件

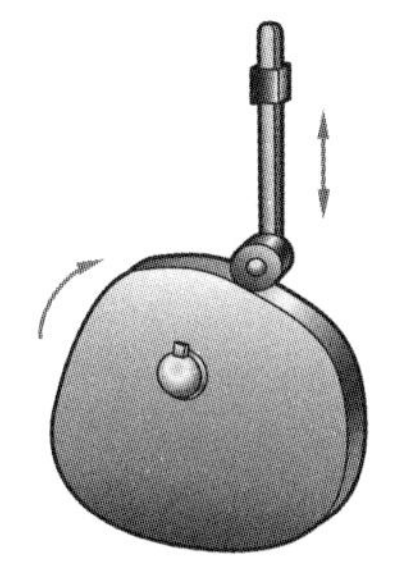

图 6-43 滚子式从动件

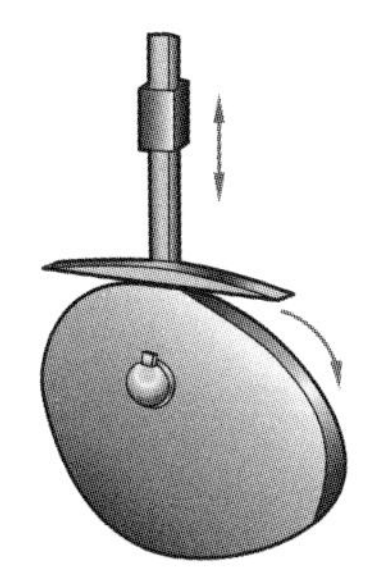

图 6-44 平底式从动件

3 按凸轮与从动件的锁合方式分

(1)力锁合的凸轮机构(图 6-45):它是利用从动件重力或弹簧力使从动件与凸轮保持接触的凸轮机构。

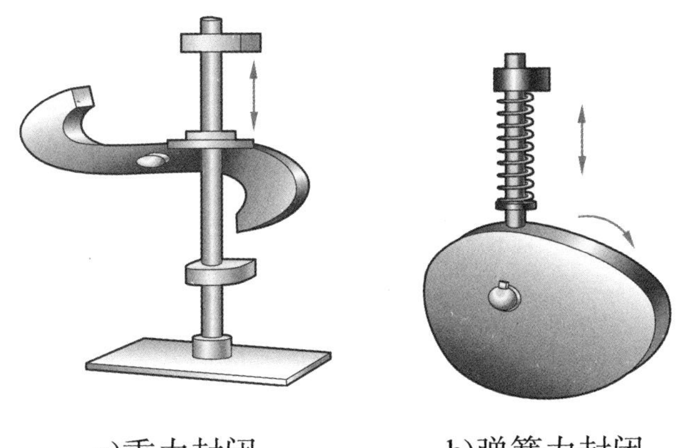

a)重力封闭　b)弹簧力封闭

图 6-45 力锁合的凸轮机构

(2)形锁合的凸轮机构(图 6-46):它是利用凸轮或从动件的特殊形状使从动件与凸轮始终保持接触的凸轮机构。

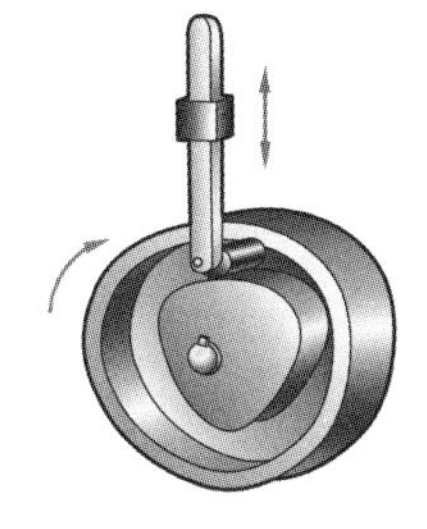

a)沟槽凸轮机构

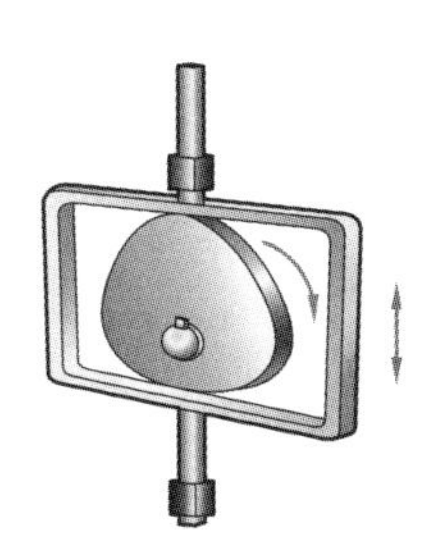

b)等宽凸轮机构

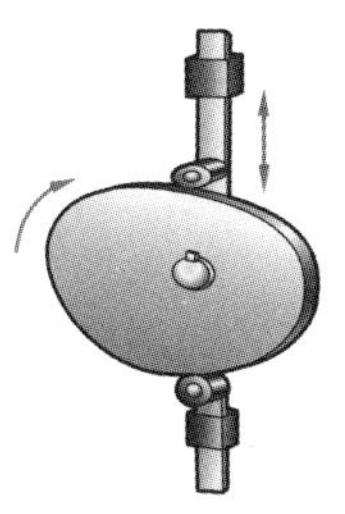

c)等径凸轮机构

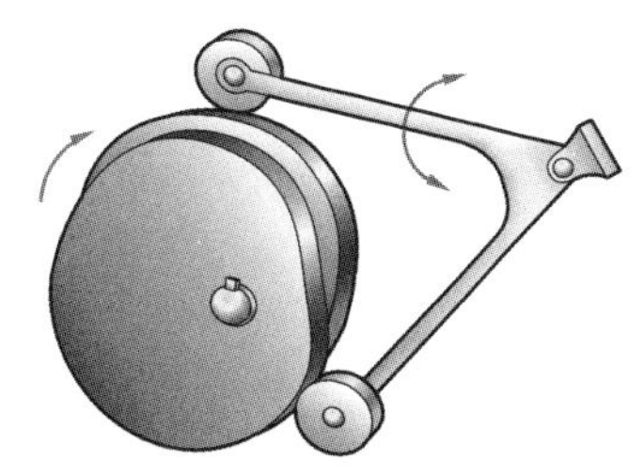

d)主回(共轭)凸轮机构

图 6-46 形锁合的凸轮机构

四、凸轮机构从动件的运动规律

凸轮机构的轮廓形状各异,却能准确地控制从动件按一定规律进行运动。凸轮的轮廓曲线有什么规律吗?

1 凸轮机构的几个参数

(1)基圆半径:如图6-47所示,以凸轮轮廓最小半径 r_b 为半径的圆称为基圆,r_b 称为基圆半径。

(2)升程:如图6-48所示,当凸轮逆时针方向回转一个角度 φ_0 时,从动杆将上升一段位移,这个过程称为从动杆的升程。它所移动的距离 h 称为行程,而与升程对应的转角 φ_0 称为升程角(图6-49)。

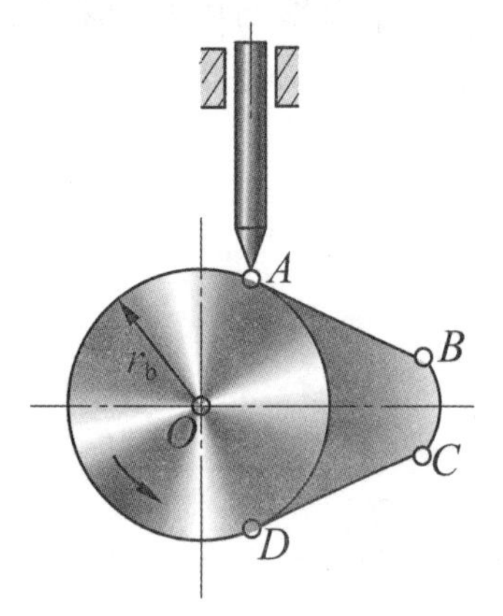

图6-47 基圆与基圆半径

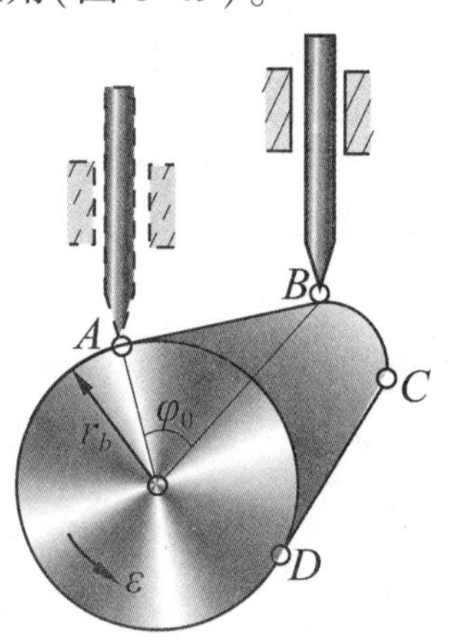

图6-48 升程

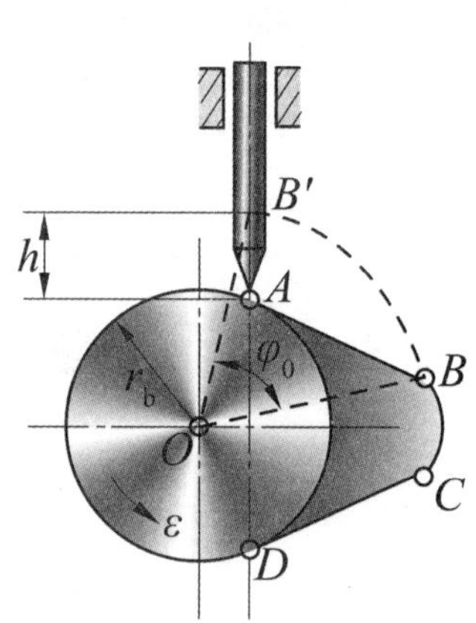

图6-49 行程与升程角

(3)远停程:如图6-50所示,凸轮继续回转 φ_1 时,圆弧 BC 半径相同,从动杆在最高位置停歇不动,称为远停程,角 φ_1 称为远停程角。

(4)回程:如图6-51所示,凸轮继续回转 φ_2 时,从动杆以一定的规律回到起始位置,这个过程称为回程,角 φ_2 称为回程角。

(5)近停程:如图6-52所示,凸轮再回转 φ_3 时,从动杆在最近位置停歇不动,称为近停程,角 φ_3 称为近停程角。

2 从动件的运动规律

从动件的位移 s、速度 v 和加速度 a 随时间 t 变化的规律就是从动件的运动规律。当凸轮以等角速转动时,转角与时间成正比。

1)等速运动规律

如图6-53所示,从动件等速运动中,从动件做等速上升和下降(图6-53a),所以速度曲线为水平直线(图 6-53b),加速度为 0,所以加速度曲线始终为 0(图 6-53c)。

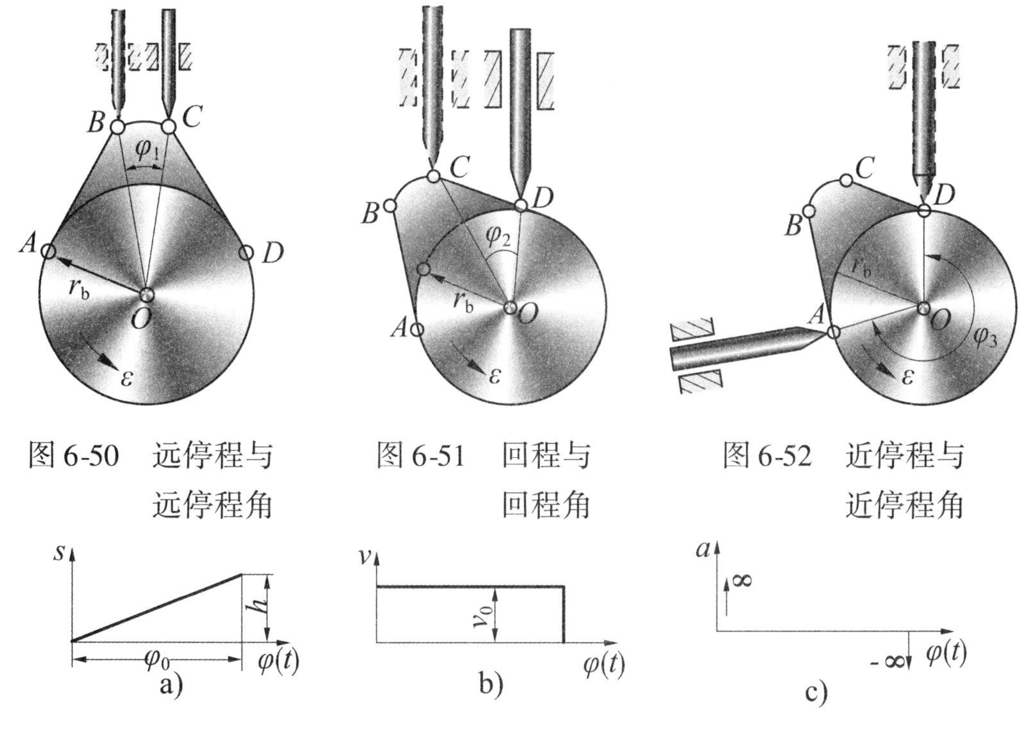

图 6-50 远停程与远停程角

图 6-51 回程与回程角

图 6-52 近停程与近停程角

图 6-53 从动件的等速运动规律

2)等加速、等减速运动规律

这种运动规律是从动杆在一个升程或回程中,前半段作等加速运动,后半段作等减速运动,通常加速度和减速度的绝对值相等(图 6-54)。

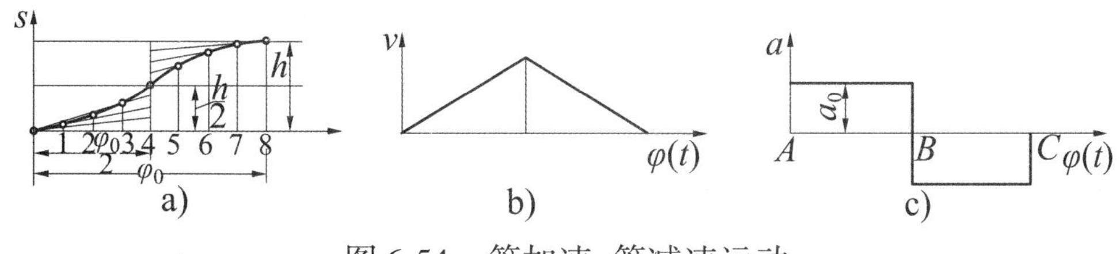

图 6-54 等加速、等减速运动

做一做

图 6-55 是自动车床上的走刀机构,试分析它的运动规律?

五、凸轮机构的压力角

如图 6-56 所示,作用力 F_n 与从动杆速度 v 的夹角 α 称为凸轮机构的压力角。

图 6-55　走刀机构

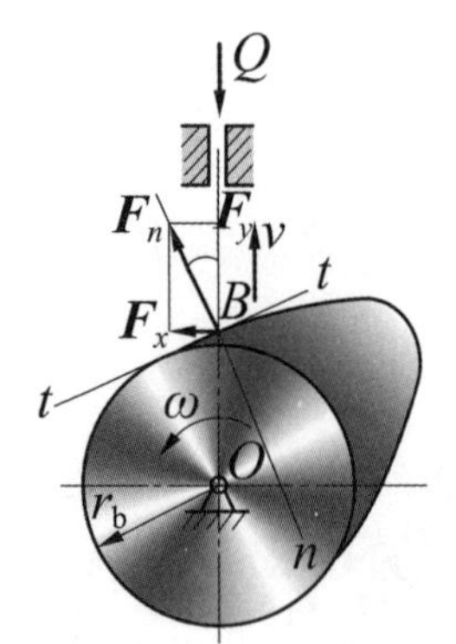

图 6-56　凸轮机构的压力角

压力角 α 越大,推动从动杆运动的有效分力 $F_y = F_n\cos\alpha$ 越小,分力 $F_x = F_n\sin\alpha$ 越大,由此引起导路中的摩擦力阻力越大。当压力角达到某一数值时,有效分力 F_y 已不能克服由 F_x 所引起的摩擦阻力,从而出现自锁。

基圆半径越小,压力角越大;反之,压力角越小。选定基圆半径时,只能保证在最大压力角不超过许用值的前提下缩小凸轮尺寸。

六、凸轮轮廓绘制

如图 6-57 所示,设凸轮基圆半径为 r_b,以等角速度(逆时针)转动,从动杆与凸轮的运动关系见表 6-3。

从动杆与凸轮的运动关系　　表 6-3

凸轮转角 δ	0°~120°	120°~180°	180°~300°	300°~360°
从动杆	等速上升 h	停止不动	等加速、等减速下降至原位	停止不动

步骤一:选定比例作位移线图,按反转法绘制凸轮轮廓,并 12 等分(图 6-58);

步骤二:以半径 r_b 作基圆并 12 等分圆周(图 6-59),取 A_0 为从动件初始位置;

步骤三:以 $-\omega$ 方向量位移(图 6-60),画出 A_1、A_2、A_3,…,A_{11} 点(A_{12} 与 A_0 重合)。

步骤四:光滑连接各点(图 6-61);

步骤五:结果展示(图 6-62)。

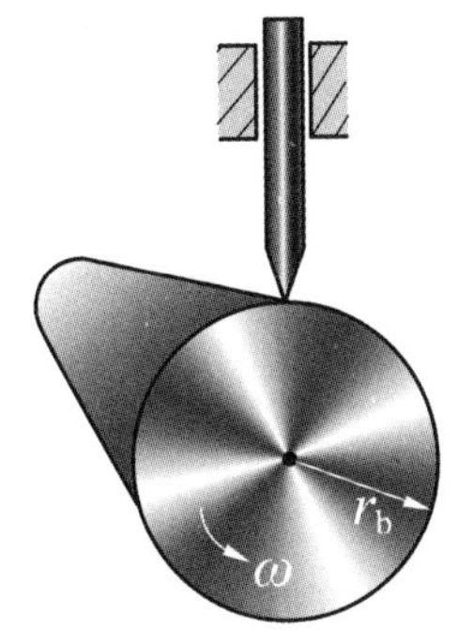

图6-57　尖顶对心凸轮

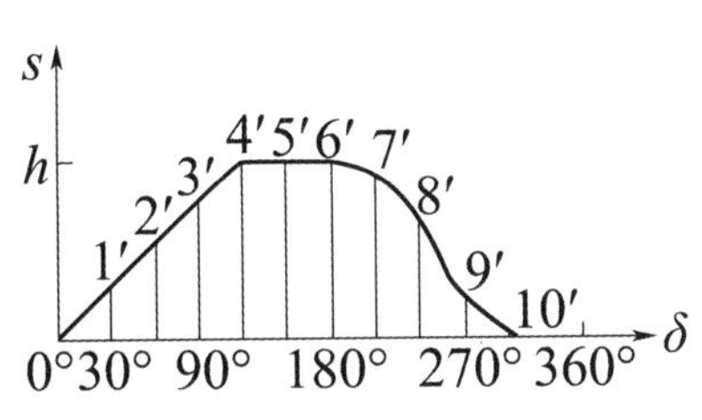

图6-58　作位移线图

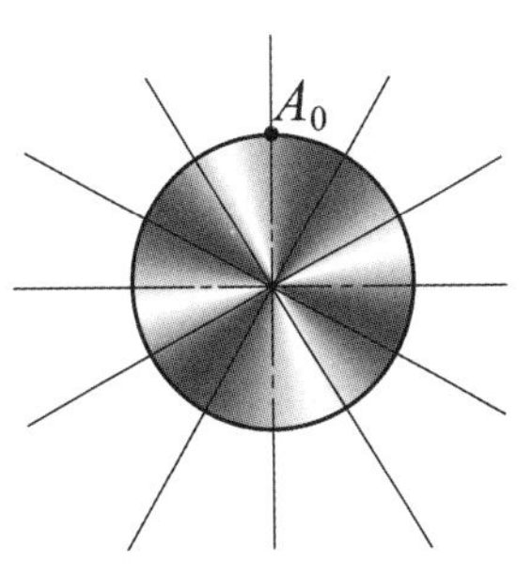

图6-59　作基圆并等分圆周

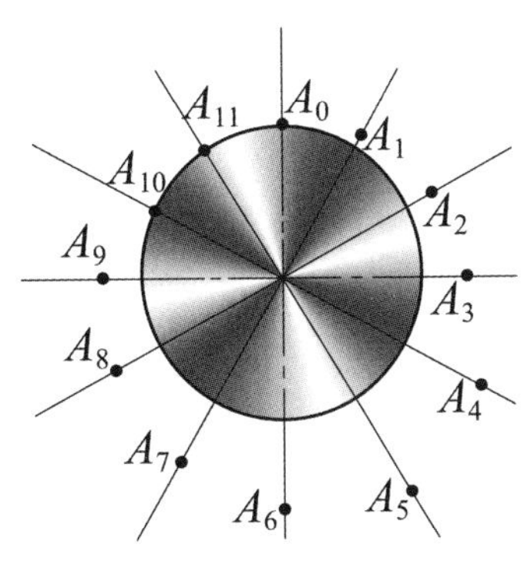

图6-60　量位移

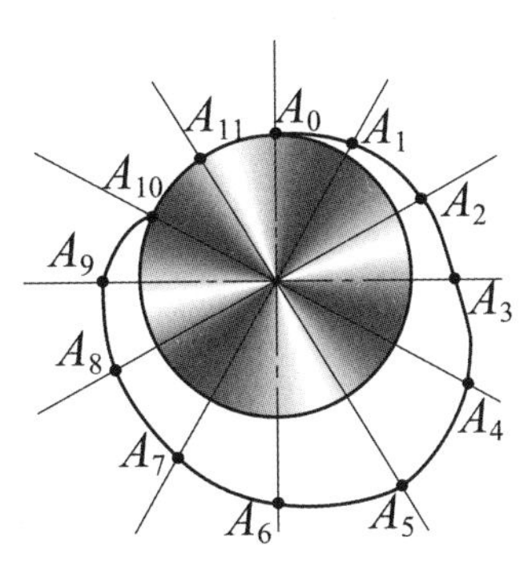

图6-61　光滑连接各点

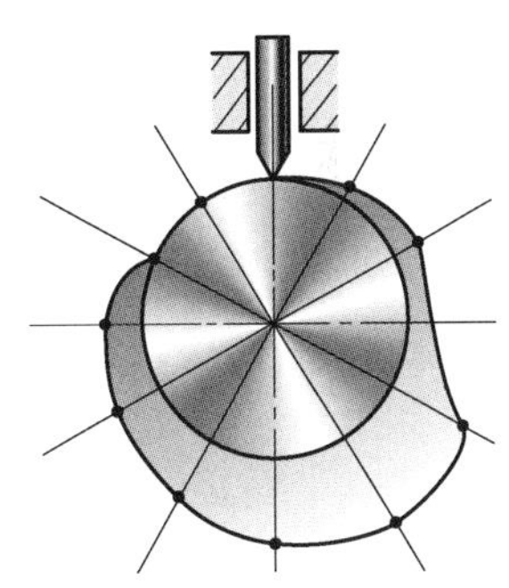

图6-62　结果展示

七、凸轮和滚子的材料

凸轮机构工作时，往往承受冲击载荷，凸轮的主要失效形式为磨损和疲劳点蚀。因此对凸轮和滚子的材料要求如下：

(1)工作表面硬度高；

(2)耐磨；

(3)有足够的表面接触强度；

(4)凸轮芯部有较强的韧性。

因此，凸轮常用的材料为40Cr、20Cr、40CrMnTi；滚子常用的材料为20Cr或者选用滚动轴承。

相关链接

凸轮机构除了要正确选择材料外，还要进行适当的热处理，使凸轮和滚子工作表面具有较高的硬度而芯部有较好的韧性。另外,凸轮的径向尺寸与轴的直径尺寸相差不大时,凸轮与轴可制作为一体;当尺寸相差较大时,应将凸轮与轴分别制造,可以采用键连接或销连接,凸轮与滚子之间要保证其精度和粗糙度。

做一做

设盘状凸轮需向逆时针方向转动,从动件规律见表6-4。

从动杆与凸轮的运动关系　　表6-4

凸轮转角	0°~150°	150°~210°	210°~300°	300°~360°
从动杆位移(mm)	等速上升30	停止不动	等速下降至原位	停止不动

按反转法画出其轮廓曲线,基圆半径为30mm(分组完成)。

实训项目　观察汽车配气机构的结构与运动

实训描述

汽车配气机构是生产生活中常见的机构,结合平面机构的相关知识,分析其结构组成和工作过程,总结配气机构的运动规律,绘制机构运动简图,从而对本章内容进行巩固。

实训目标

完成本实训项目以后,你应能:

1. 通过拆装汽车配气机构,分析其运动规律;
2. 判断各机构和运动副的类型;
3. 绘制出凸轮机构的运动简图;
4. 能够在实践基础上进行理论学习。

一、实训设备与器材

丰田卡罗拉发动机一台,常用工具和专用工具各一套,外径千分尺一把、气门弹簧拆装钳、拆装工作台、零件摆放架等。丰田卡罗拉发动机配气机构如图6-63所示。

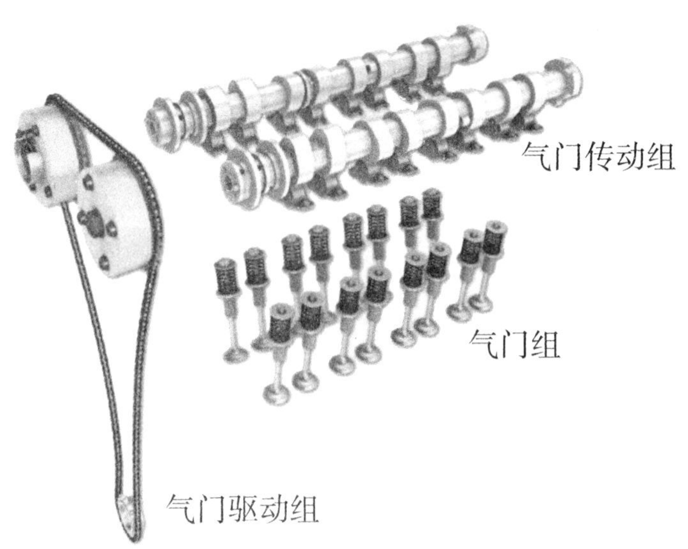

图 6-63 丰田卡罗拉配气机构

二、配气机构的拆装

1 配气机构的拆卸

(1)教师提前拆除配气机构正时链条机构。

(2)拆下汽缸盖罩壳等零件,显示出凸轮轴。查看凸轮轴、液力挺住、摇臂等结构,分析它们是如何运动的。

(3)拆卸凸轮轴轴承盖紧固螺母,使用套筒、接杆、棘轮扳手按从两边到中间的顺序,均匀地拧松并拆下轴承盖螺栓。第一次按照如图 6-64a)所示顺序进行拆卸,第二次按照图 6-64b)所示顺序进行拆卸。然后取下凸轮轴。

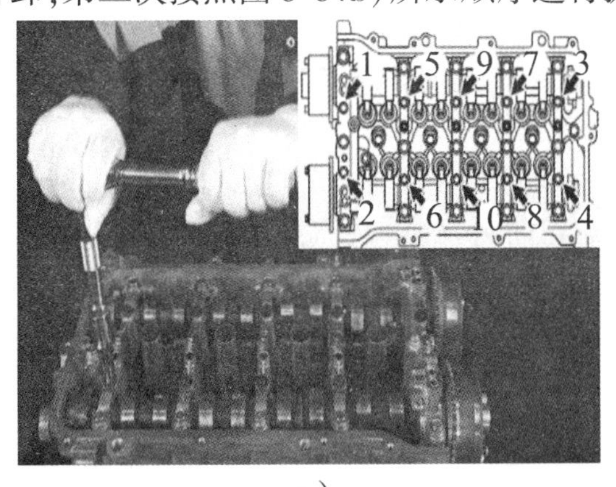

a)

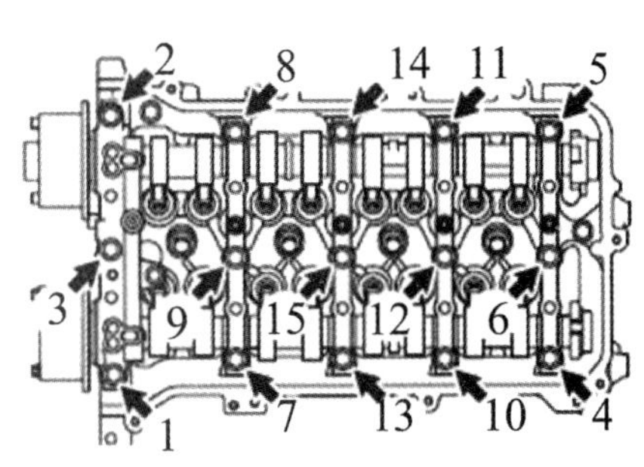

b)

图 6-64 轴承盖螺栓拆装顺序

(4)取下摇臂、液力挺柱并有序摆放,用气门弹簧拆装钳压下气门弹簧座,取出气门锁片和气门弹簧,以及气门和气门油封。

注意:应将拆下的所有零配件,按对应的位置有序地摆放在配气机构摆放盘里,防止安装时错位导致零件不匹配。

观察与分析:

①配气机构中的运动副有哪些类型?

②配气机构中的凸轮机构分别按凸轮形状、从动件端部结构形式及凸轮与从动件的锁合方式分,为何种类型?

③观察气门导管,说明它在机构中的作用?

④用游标卡尺测量凸轮,并填写表6-5。

凸轮的测量数据 表6-5

项目	凸轮高度 H (mm)	凸轮基圆直径 D (mm)	升程 h (mm)
数据			

⑤根据测量数据绘制出凸轮机构的运动简图。

2 配气机构的装配

装配时应先安装气门,再安装凸轮轴和油封,最后装汽缸盖罩壳等零件。

注意:安装气门时一定注意气门与汽缸的对应关系,安装凸轮轴时,第一缸的凸轮必须朝上;凸轮轴转动时,曲轴不可置于上止点,否则,会损坏气门或活塞顶部。

三、考核要求

(1)能够绘制出一组凸轮机构的运动简图;

(2)能分析配气机构中各构件的运动规律;

(3)判别运动副、凸轮和凸轮机构类型。

自我检测

一、填空题

1. 平面四杆机构按其构件的运动形式不同,可分为__________和__________两大类。

2. 在铰链四杆机构中,能作整周连续旋转的构件称为__________;只能来回摇摆某一角度的构件称为__________;直接与连架杆相连接,借以传动和动力的构件称为__________。

3. 铰链四杆机构有__________机构、__________机构和__________机构三种基本形式。

4. 凸轮机构主要是由__________、__________和机架三个基本构件组成。

5. 从动杆与凸轮轮廓的接触形式有__________、__________和平底三种。

6. 以凸轮的理论轮廓曲线的最小半径所做的圆称为凸轮的__________。

二、选择题

1. 平面铰链四杆机构中各构件以(　　)相连接。

A. 转动副　　B. 移动副　　C. 螺旋副

2. 铰链四杆机构中与机架相连,并能实现360°旋转的构件是(　　)。

A. 曲柄　　B. 连杆　　C. 机架

3. 铰链四杆机构中,若最长杆与最短杆之和大于其他两杆之和,则机构有(　　)。

A. 一个曲柄　　B. 两个曲柄　　C. 两个摇杆

4. 家用缝纫机踏板机构属于(　　)。

A. 曲柄摇杆机构　　B. 双曲柄机构　　C. 双摇杆机构

5. 凸轮与从动件接触处的运动副属于(　　)。

A. 高副　　B. 转动副　　C. 移动副

6. 在要求(　　)的凸轮机构中,宜使用滚子式从动件。

A. 传力较大　　B. 传动准确、灵敏　　C. 转速较高

7. 在减小凸轮机构尺寸时,应首先考虑(　　)。

A. 压力角不超过许用值

B. 凸轮制造材料的强度

C. 从动件的运动规律

三、判断题

1. 平面连杆机构中各构件运动轨迹都在同一平面或相互平行的平面内。 (　　)

2. 铰链四杆机构的两连架杆中一个为曲柄,另一个为摇杆的铰链四杆机构,称为曲柄摇杆机构。 (　　)

3. 凸轮机构的等加速等减速运动,是从动杆先作等加速上升,然后再作等减速下降完成的。 (　　)

4. 凸轮压力角是指凸轮轮廓上某点的受力方向和其运动速度方向之间的夹角。 (　　)

5. 凸轮机构从动件的运动规律是可按要求任意拟定的。 (　　)

四、做图题

1. 找出图6-65中机构构件 C 的两个极限位置。若机构改为构件 C 主动,标写构件 AB 的两个"死点"位置。

2. 按图6-66等加速等减速凸轮轮廓曲线绘制出从动杆位移曲线。

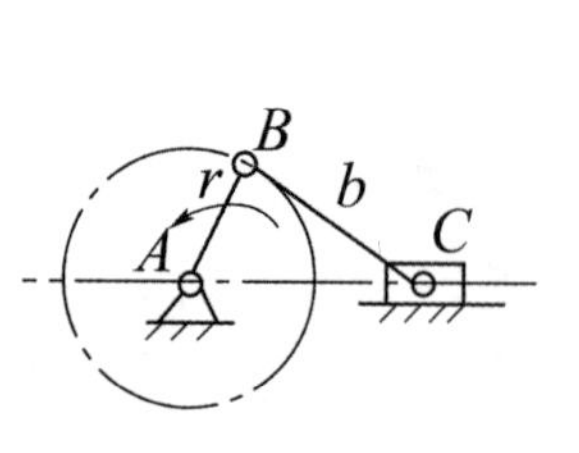

图中:r 是________,b 是________,C 是________;A、B 两处的运动副是________;C 与机座处的运动副是________。

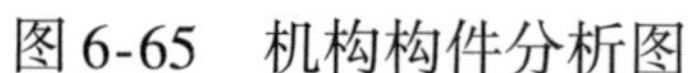
图6-65　机构构件分析图

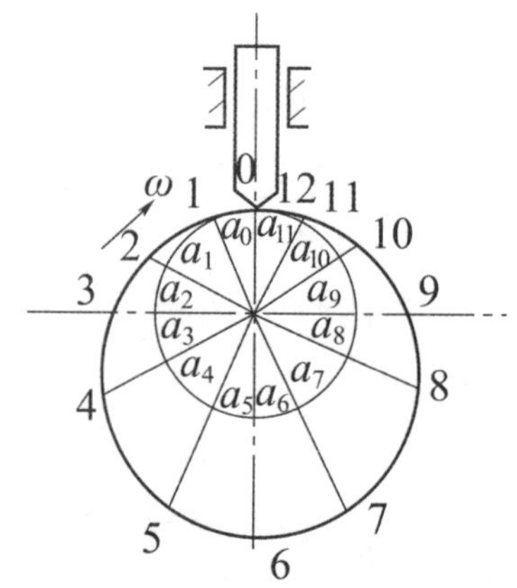

图6-66　等加速凸轮

第七章

机械传动

机械传动是利用机械方式传递动力和运动的传动。机械传动在机械工程中应用非常广泛,主要形式有带传动、链传动、齿轮传动和蜗轮蜗杆传动等。通过本章的学习,我们将熟悉各种机械传动的工作原理、特点、类型、结构和应用,基本具备正确使用和维护各种机械传动的能力,为以后解决实际问题打下牢固的基础。

第一节 带 传 动

本节描述

带传动是机械传动中重要的传动形式,广泛应用于汽车工业、家用电器和办公机械以及各种新型机械装备中。通过对带传动基本知识的学习,要能判断带传动的类型,会计算带传动的传动比,掌握选择、使用和维护V带传动的方法和技巧。

学习目标

完成本节的学习以后,你应能:

1. 描述带传动的工作原理、特点、类型和应用;
2. 计算带传动的平均传动比;
3. 懂得V带的结构和标准、V带轮的材料和结构以及V带传动参数的选用;
4. 知道影响带传动工作能力的因素。

一、带传动的工作原理及特点

想一想

(1)你知道带传动一般用在哪些地方吗?举例说明。

(2)观察图7-1所示的带传动实例:它由哪些部分组成?靠什么来传递动力?

带传动一般由主动带轮(简称主动轮)、从动带轮(简称从动轮)、紧套在两轮上的传动带和机架组成,是通过中间挠性元件(带)在两个或两个以上的传动轮之间传递运动和动力的传动方式。

带传动的原理及类型

1 带传动的工作原理

如图7-2所示,安装时传动带张紧在带轮上,带在静止时受初拉力的作用,在带与带轮接触面间产生正压力。当主动轮转动时,靠带与主、从动带轮接触面间的摩擦力,拖动从动轮转动,实现传动。传动带进入主动轮的一边拉力大,称为紧边或主动边;进入从动轮的一边拉力小,称为松边或从动边。因此,带传动是利用传动带作为中间挠性元件,并通过摩擦力来传递运动和动力的。

图7-1 带传动实例

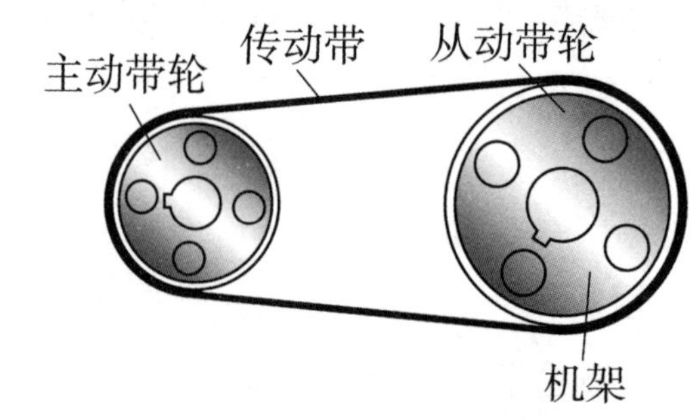

图7-2 带传动

2 带传动的特点

(1)带具有良好的弹性,能够缓冲和吸振,因此,传动平稳、噪声小。

(2)过载时带与带轮间产生打滑现象,可防止其他零件损坏。

(3)结构简单,制造和安装精度要求不高,不需要润滑,维护方便,成本低。

(4)带在工作时会产生弹性滑动,传动比不恒定。

(5)带传动的轮廓尺寸大,对轴和轴承的压力较大,传动效率低,一般为92% ~97%。

(6)带的寿命较短,不适用于在高温、易燃及有油和水的场合。

二、带传动的类型和应用

带传动主要包括平带、V 带、多楔带、圆带等传动类型，见表 7-1。带传动一般用在功率为 50 ~ 100kW、圆周速度为 5 ~ 25m/s、传动比不超过 7 的场合。

带传动的类型、特点及应用　　　　表 7-1

类型	横截面形状	工　作　面	特点及应用	示　意　图
平带	扁平矩形	与带轮相接触的内表面	结构简单、带轮易制造、传递功率小	
V 带	等腰梯形	两侧面	分为普通 V 带和窄 V 带，其传递功率大，应用最广泛	
多楔带	以扁平部分为基体，下面有几条等距纵向槽	侧面	弯曲应力小，摩擦力大，多用于传递动力较大、结构紧凑的场合	
圆带	圆形	与带轮接触的圆柱面	牵引能力小，常用于仪器、家用器械、人力机械中	

三、V 带的结构和标准

1　V 带的结构

普通 V 带的截面结构由压缩层、强力层、伸张层和包布层组成。按抗拉体又分为帘布结构和线绳结构两种，如图 7-3 所示。

(1) 帘布结构的 V 带，其强力层是由 2 ~ 10 层布(化学纤维或棉织物)贴合而成，制造方便、抗拉强度好。

(2) 线绳结构的 V 带，其强力层仅有一层线绳，柔韧性好、抗弯强度高，适用于带轮直径小、转速较高的场合。

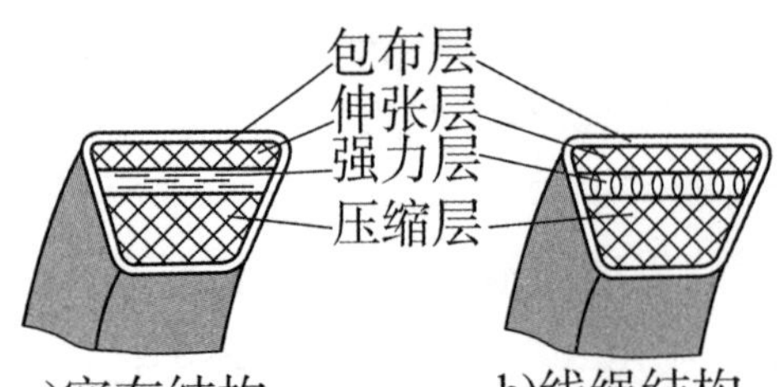

图 7-3　V 带的结构

2 V 带的标准

国家标准《带传动普通 V 带和窄 V 带尺寸(基准宽度制)》(GB/T 11544—2012)按 V 带的截面尺寸规定了普通 V 带有 Y、Z、A、B、C、D、E 七种型号，但线绳结构的 V 带只有 Z、A、B、C 四种型号。横截面尺寸越大，传递的功率越大。V 带各型号的截面尺寸见表 7-2。

V 带各型号的截面尺寸　　　表 7-2

结　构　图	截　　面	Y	Z	A	B	C	D	E
	顶宽 b(mm)	6.0	10.0	13.0	17.0	22.0	32.0	38.0
	节宽 b_p(mm)	5.3	8.5	11.0	14.0	19.0	27.0	32.0
	高度 h(mm)	4.0	6.0	8.0	11.0	14.0	19.0	25.0
	楔角 α(°)	40°						
	基准长度 L_d (mm)	200 ~ 500	400 ~ 1600	630 ~ 2800	900 ~ 5600	1800 ~ 10000	2800 ~ 14000	4500 ~ 16000
	单位长度质量 q (kg/m)	0.04	0.06	0.10	0.17	0.30	0.62	0.90

3 V 带的标记

普通 V 带的标记由型号、基准长度和标准号三个部分组成。例如，基准长度 L_d = 1800mm 的 B 型普通 V 带，其标记为：B1800 (GB/T 11544—2012)。

V 带的标记、制造年月和生产厂名，通常压印在带的顶面，如图 7-4 所示。

图 7-4　V 带的标记

四、带轮的材料和结构

1 带轮的材料

带轮常用的材料是铸铁，带速 $v < 25$m/s 时用 HT150；$v = 25 \sim 30$m/s 时用 HT200；速度更高的带轮，多采用钢或铝合金。

带轮直径 $d_d \geq 500 \sim 600$mm 时，采用钢板焊接而成。小功率传动时，可采用铝或塑料等制造。

2 带轮的结构

带轮通常由轮缘、轮辐和轮毂三个部分组成。根据轮辐的结构不同，可以分为实心式、腹板式、孔板式和轮辐式等类型。直径较小的带轮（$d_d \leq 2.5 \sim 3d$，d 为孔径，d_d 为带轮基准直径），其轮缘与轮毂直接相连，没有轮辐的部分，即采用实心式带轮；中等直径的带轮（$d_d \leq 300$mm）采用腹板式或孔板式；大带轮（$d_d >$ 300mm）采用轮辐式带轮。常用带轮的结构如图 7-5 所示。

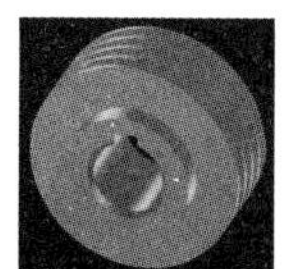
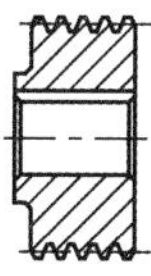

a)实心式

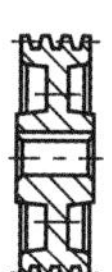

b)腹板式

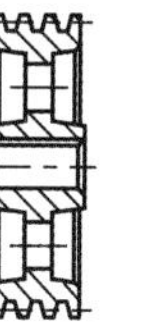

c)孔板式

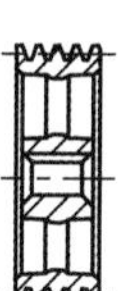

d)轮辐式

图 7-5 普通 V 带轮结构

V 带各型号的截面尺寸见表 7-3。

普通 V 带轮槽尺寸（单位：mm） 表 7-3

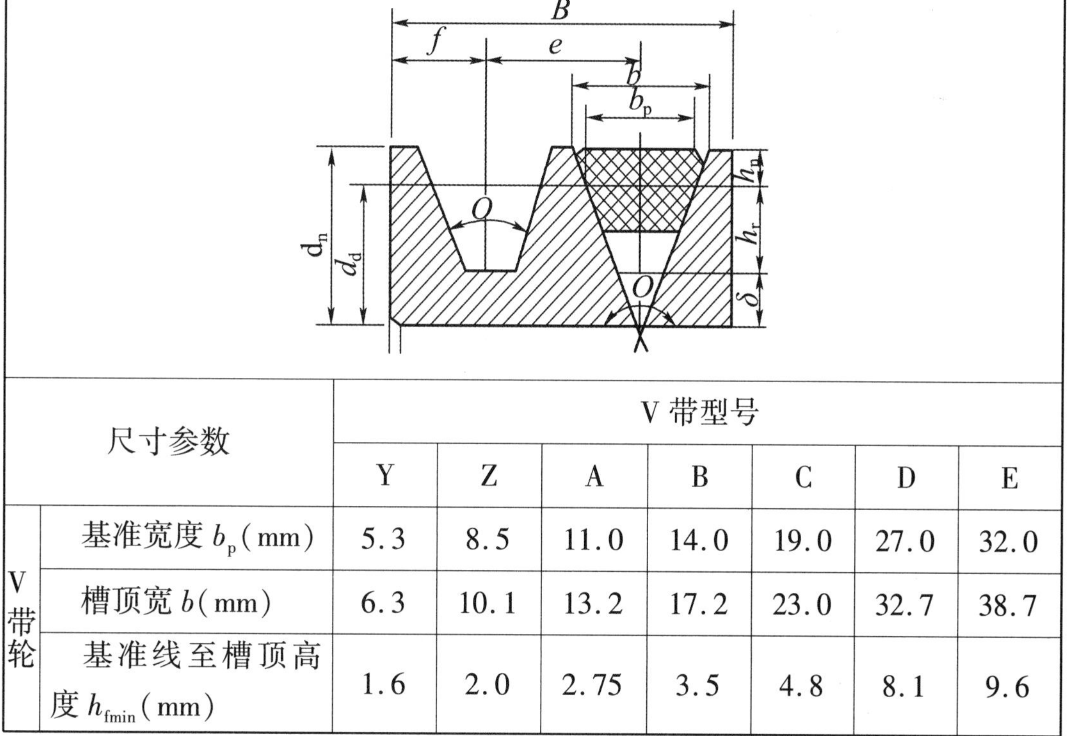

尺寸参数		V 带型号						
		Y	Z	A	B	C	D	E
V带轮	基准宽度 b_p(mm)	5.3	8.5	11.0	14.0	19.0	27.0	32.0
	槽顶宽 b(mm)	6.3	10.1	13.2	17.2	23.0	32.7	38.7
	基准线至槽顶高度 h_{fmin}(mm)	1.6	2.0	2.75	3.5	4.8	8.1	9.6

续上表

<table>
<tr><th colspan="4" rowspan="2">尺寸参数</th><th colspan="7">V 带型号</th></tr>
<tr><th>Y</th><th>Z</th><th>A</th><th>B</th><th>C</th><th>D</th><th>E</th></tr>
<tr><td rowspan="9">V带轮</td><td colspan="3">基准线至槽底深度 h_{fmin}(mm)</td><td>4.7</td><td>7.0</td><td>8.7</td><td>10.8</td><td>14.3</td><td>19.9</td><td>23.4</td></tr>
<tr><td colspan="3">第一槽对称线至端面距离 f(mm)</td><td>7</td><td>8</td><td>10</td><td>12.5</td><td>17</td><td>23</td><td>29</td></tr>
<tr><td colspan="3">槽间距 e(mm)</td><td>8 ± 0.3</td><td>12 ± 0.3</td><td>15 ± 0.3</td><td>19 ± 0.4</td><td>25.5 ± 0.5</td><td>37 ± 0.6</td><td>45.5 ± 0.7</td></tr>
<tr><td colspan="3">最小轮缘厚度 δ(mm)</td><td>5</td><td>5.5</td><td>6</td><td>7.5</td><td>10</td><td>12</td><td>25</td></tr>
<tr><td colspan="3">轮缘宽度 B(mm)</td><td colspan="7">$B = (z-1)e + 2f$(z 为轮槽数)</td></tr>
<tr><td rowspan="4">槽角 φ</td><td>32°</td><td rowspan="4">d_d</td><td>≤</td><td>—</td><td>—</td><td>—</td><td>—</td><td>—</td><td>—</td></tr>
<tr><td>34°</td><td></td><td>≤80</td><td>≤118</td><td>≤190</td><td>≤315</td><td>—</td><td>—</td></tr>
<tr><td>36°</td><td>>60</td><td>—</td><td>—</td><td>—</td><td>—</td><td>≤475</td><td>≤600</td></tr>
<tr><td>38°</td><td>—</td><td>>80</td><td>>118</td><td>>190</td><td>>315</td><td>>475</td><td>>600</td></tr>
</table>

相关链接

实际上,由于带是弹性体,受拉力将产生弹性伸长。带所受的拉力越大,则弹性伸长也越大;反之,则带的弹性伸长也就越小。带传动工作时,由于存在紧边和松边,即存在拉力差,导致带在带轮轮缘表面上向前或向后产生一微小的相对滑动,称为弹性滑动。弹性滑动是由带的弹性变形引起的,是不可避免的。弹性滑动引起的不良后果有:使从动轮的圆周速度低于主动轮,即 $v_2 < v_1$;产生摩擦功率损失,降低了传动效率;引起带的磨损,并使带温度升高。

弹性滑动量随着传递的圆周力(即拉力差)的增加而增加。当外载荷引起的圆周力大于小轮整个接触弧上的极限摩擦力(即过载)时,带将沿轮缘表面发生显著的相对滑动,从而丧失工作能力,这种现象称为打滑。在实际应用中,应尽量避免打滑现象的发生。

五、带传动的平均传动比

在带传动中,主动带轮转速 n_1 与从动带轮转速 n_2 之比称为带传动的传动比,用 i 表示。

若不考虑传动带在带轮上的滑动,则传动带的速度与两轮的圆周线速度相等。

在图 7-6 中,d_{d1}、d_{d2} 分别为主动带轮和从动带轮的基准直径,单位为 mm;n_1、n_2 分别为主、从动带轮的转速,单位为 r/min;v 为传动带的速度,单位为 m/s。

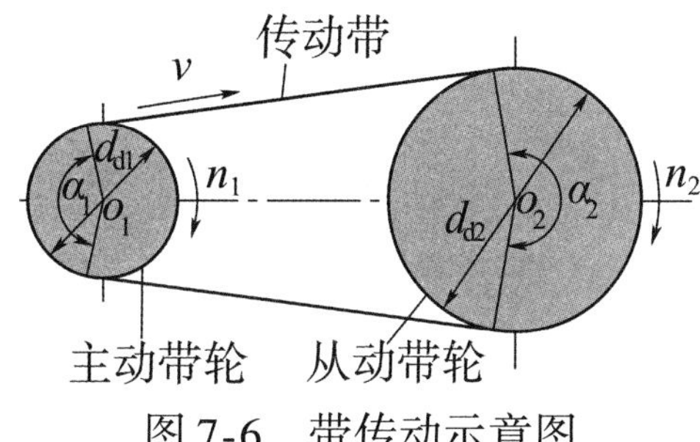

图 7-6　带传动示意图

那么传动带的速度为:

$$v = \frac{\pi d_{d1} n_1}{60 \times 1000} = \frac{\pi d_{d2} n_2}{60 \times 1000} \quad (\text{m/s}) \tag{7-1}$$

则

$$\frac{n_1}{n_2} = \frac{d_{d2}}{d_{d1}}$$

因此,在理想状态下摩擦带传动的传动比为:

$$i = \frac{n_1}{n_2} = \frac{d_{d2}}{d_{d1}} \tag{7-2}$$

实际上,由于弹性滑动的存在,使从动轮的圆周速度 v_2 低于主动轮的圆周速度 v_1。其降低率称为滑动率,用 ε 表示,在一般情况下为 1% ~2%。

即

$$\varepsilon = \frac{v_1 - v_2}{v_1} = \frac{n_1 - in_2}{n_1}$$

故带传动实际的平均传动比为:

$$i = \frac{n_1}{n_2} = \frac{d_{d2}}{d_{d1}(1 - \varepsilon)} \tag{7-3}$$

六、V 带传动参数的选用

对于 V 带传动的选用,主要是确定使用 V 带的型号、长度、根数,对于两带轮的直径、中心距等也都要选用恰当,不仅使 V 带不产生过大的弯曲应力,而且速度、包角等也都要在允许的范围内。

V 带传动的选用方法,一般可按以下几个步骤进行。

(1)确定计算功率 P_c。

$$P_c = K_A P \tag{7-4}$$

式中:K_A——工况系数,可参考《机械设计手册》;

P——传递名义功率(如电动机的额定功率),kW。

(2)选择带的型号。带的型号可根据计算功率 P_c 和小带轮转速 n_1 由图 7-7 选取。临近两种型号的交界线时,一般选小型号,或按两种型号同时计算,分析比较后决定取舍。

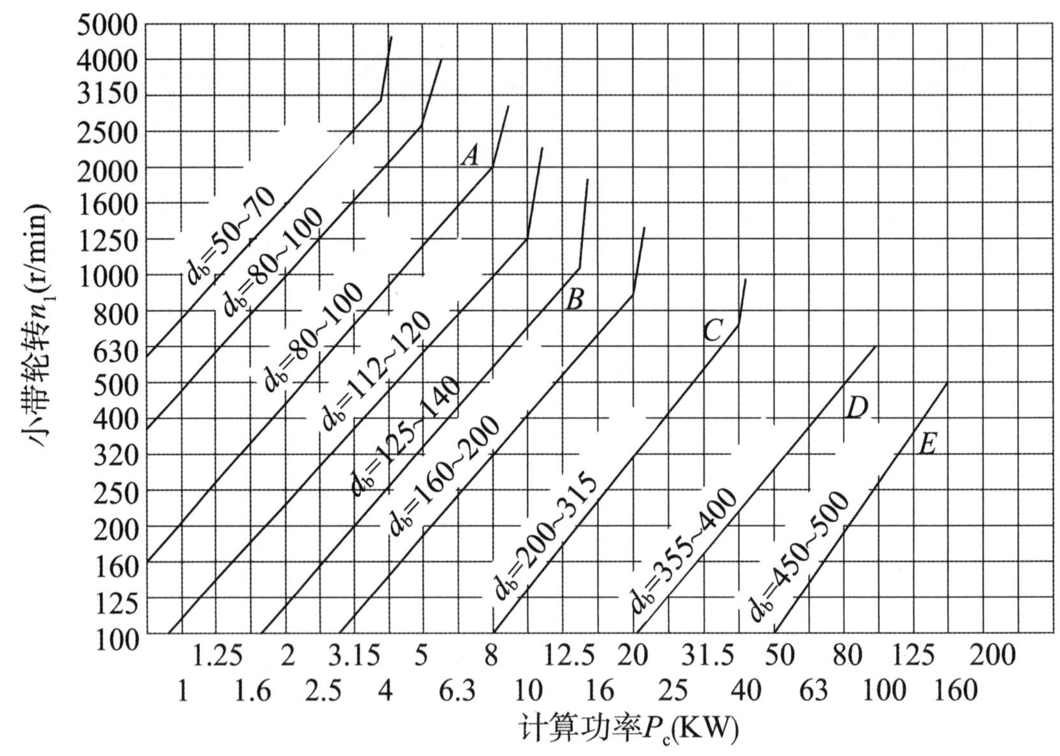

图 7-7 普通 V 带选型图

(3)确定小带轮直径 d_{d1}。带轮直径越小,传动所占空间越小,但弯曲应力越大,带越易疲劳。表 7-4 列出了普通 V 带轮的最小基准直径。设计时,应使小带轮基准直径 $d_{d1} \geqslant d_{dmin}$。

普通 V 带轮最小基准直径(单位:mm) 表 7-4

型号	Y	Z	A	B	C
最小基准直径 d_{dmin}	20	50	75	125	200

(4)验算带速 v。普通 V 带质量较大,带速较高,会因惯性离心力过大而降低带与带轮间的正压力,从而降低摩擦力和传动能力;带速过低,则在传递相同功率的条件下所需有效拉力 F 较大,要求带的根数较多。一般以 $v = 5 \sim 25\text{m/s}$ 为宜。带速的计算公式为式(7-1)。

(5)确定大带轮直径 d_{d2}。

$$d_{d2}=\frac{n_1}{n_2}d_{d1} \tag{7-5}$$

d_{d2}、d_{d1} 通常按表 7-5 推荐的基准直径系列进行调整。

带轮基准直径 d_d 系列(单位:mm)　　表 7-5

20	22.4	25	28	31.5	35.5	40	45	50	56	63	71	75	80
85	90	95	100	106	112	118	125	132	140	150	160	170	180
200	212	224	236	250	265	280	315	355	375	400	425	450	475
500	530	560	630	710	800	900	1000	1120	1250	1600	2000	2500	

(6)确定中心距 a 和带的基准长度 L_d。当中心距较小时,传动较为紧凑,但带长也减小,在单位时间内带绕过带轮的次数增多,即带内应力循环次数增加,会加速带的疲劳损伤;而中心距过大时,传动的外廓尺寸大,且高速运转时易引起带的颤动,影响正常工作。

一般初定中心距 a_0 可根据题目要求或按以下范围估算:

$$0.7(d_{d1}+d_{d2})<a_0<2(d_{d1}+d_{d2}) \tag{7-6}$$

初选后，可根据下式计算 V 带的初选长度 L_0:

$$L_0\approx 2a_0+\frac{\pi}{2}(d_{d1}+d_{d2})+\frac{(d_{d2}-d_{d1})^2}{4a_0} \tag{7-7}$$

根据 L_0,按表 7-6 选取接近的基准长度 L_d。传动的实际中心距可近似按下式确定:

$$a\approx a_0+\frac{L_d-L_0}{2} \tag{7-8}$$

考虑到安装、调整和带松弛后张紧的需要，中心距应当可调，并留有调整余量，其变动范围为:

$$a_{min}=a-0.015L_d \tag{7-9}$$

$$a_{max}=a+0.03L_d \tag{7-10}$$

普通 V 带的基准长度 L_d 系列(单位:mm)　　表 7-6

200	224	250	280	315	355	400	450	500	560
630	710	800	900	1000	1120	1250	1400	1600	1800
2000	2240	2500	2800	3150	3550	4000	4500	5000	5600
6300	7100	8000	9000	10000	11200	12500	14000	16000	

(7)验算小带轮上的包角 α_1。包角大,带的承载能力高;反之易打滑。在V带传动中,一般小带轮上的包角 α_1 不宜小于120°,个别情况下可小到90°,否则应增大中心距或减小传动比,也可以加张紧轮。α_1 的计算公式为:

$$\alpha_1 = 180^\circ - \frac{d_{d2} - d_{d1}}{a} \times 57.3^\circ \tag{7-11}$$

(8)确定V带的根数 Z。V带的根数 Z 可由下式计算:

$$Z \geqslant \frac{P_c}{[P_0]} \tag{7-12}$$

式中:$[P_0]$——许用功率(实际工作条件下单根V带所能传递的许用功率),其计算可参考《机械设计手册》。

七、影响带传动工作能力的因素

影响带传动承载能力的因素主要有初拉力 F_0、包角 α、传动带速度 v、弯曲应力等。

1 初拉力 F_0

初拉力 F_0 的大小影响到传动带与带轮间压紧力的大小,即影响所能产生的摩擦力的大小,因而也就影响有效圆周力的大小。F_0 越大,带对轮面的压力越大,带与带轮间摩擦力越大,即传递载荷的能力越大,且不会打滑。但初拉力 F_0 过大,会降低带的使用寿命,增加对轴和轴承的压力。因此,初拉力 F_0 大小要适当,一般可凭经验来控制,即在带与两带轮切点的跨度中点,以大拇指能按下15mm为宜,如图7-8所示。

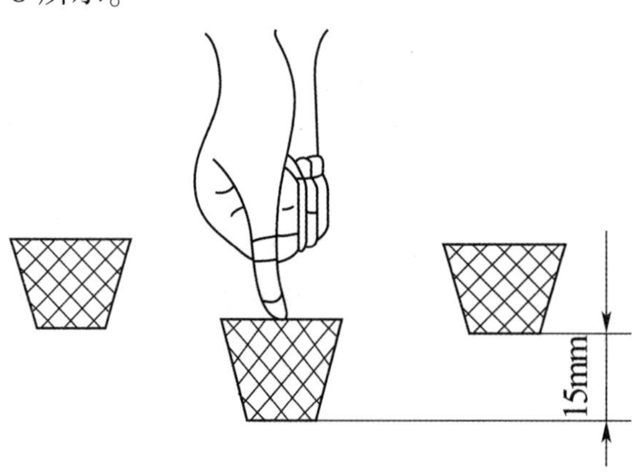

图7-8 实验初拉力

由于V带使用一段时间后,会产生蠕变而松弛,因而要重新张紧或更换。重新张紧的方法如下:

1）调整中心距

如图7-9a）所示，通过调整螺栓来改变电动机在滑道上的位置，以增大中心距，从而达到定期张紧的目的。此方法常用于水平布置的带传动。

如图7-9b）所示，通过调整螺栓来改变摆架的位置，以增大中心距，从而达到定期张紧的目的。此方法常用于近似垂直布置的带传动。

如图7-9c）所示，靠电动机和机座的自重，使带轮绕固定轴摆动，以调整中心距达到自动张紧的目的。此方法常用于小功率且近似垂直布置的带传动。

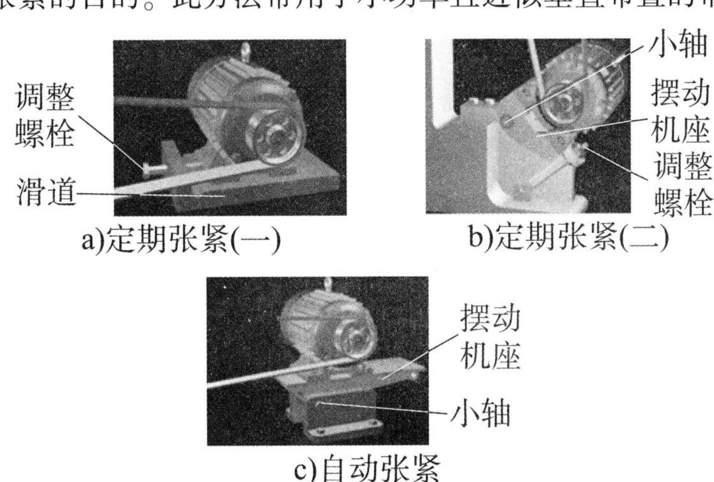

图7-9　调整中心距

2）采用张紧轮

如图7-10所示，利用张紧轮实现定期张紧或自动张紧的目的。张紧轮一般安装在带的松边内侧，尽量靠近大带轮，以避免使带受双向弯曲应力作用以及带轮包角减小过多。此方法常用于中心距不可调节的V带传动场合。

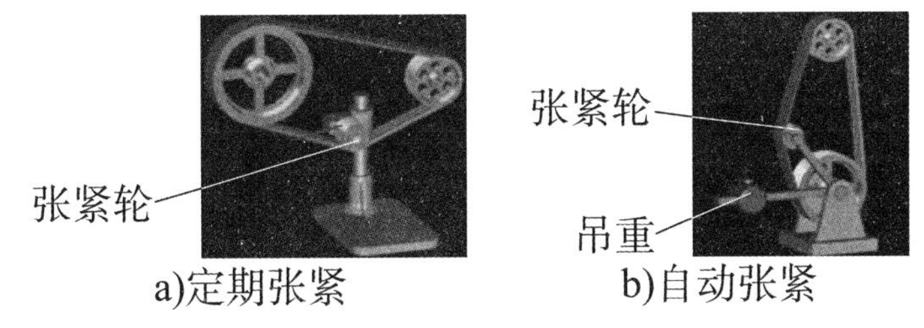

图7-10　采用张紧轮

2　包角 α

包角 α 越大，在轮面上的接触弧越大，摩擦力也随之增大，因此必须保证有足够大的包角。由于小带轮包角 α_1 总是小于大带轮包角 α_2，故只需保证小带轮的包角。一般平带传动 $\alpha_1 \geqslant 150°$，V带传动 $\alpha_1 \geqslant 120°$。

3 传动带速度 v

传动带沿带轮作圆周运动时产生离心力,传动带速度越大,产生的离心力越大。离心力将传动带拉长,使传动带与带轮间压力减小,摩擦力也随之减小,有效圆周力降低,所以速度过高对传动不利。但由功率 $P(\text{kW})$、圆周力 $F(\text{N})$ 与传动带速度 v 的三者关系得:

$$P = \frac{Fv}{1000} \tag{7-13}$$

可知,当 F 一定时,v 越小,传递的功率越小。因此,带速 v 过小也同样不利。一般取 $v = 5 \sim 25\text{m/s}$ 为宜。

4 弯曲应力

传动带在传动过程中,其截面上存在循环变化的弯曲应力,它是影响传动带疲劳寿命的主要因素。传动带每转过一周,弯曲应力变化四次,变化频繁的弯曲应力使传动带发热和产生疲劳现象,甚至会疲劳断裂导致失效。为了保证传动带有一定的使用寿命,需限制带轮的最小直径,带轮直径越小,传动带在带轮上弯曲越厉害。此外弯曲应力还与厚度有关,因此对一定厚度的传动带,其带轮直径一般不得小于推荐用值 d_{dmin}。

实训项目 V 带传动的安装与维护

实训描述

通过使用设备和工具完成“V 带传动的安装与维护”实训项目,初步具备简单机械传动装置的安装和维护能力。

实训要求

完成本实训项目以后,你应能:

1. 知道 V 带轮的结构、安装方法和安装要点,并正确安装 V 带轮;
2. 知道 V 带安装方法和安装要点,并正确安装 V 带;
3. 知道 V 带传动的张紧、调试和维护知识。

一、实训设备和工具

(1)拆装、张紧、调试使用 V 带传动装置的轿车发动机。

(2)活动扳手、手锤、铜棒、钢直尺、游标卡尺、百分表及表架、螺旋压入工具等。

二、装配技术要求

1　带轮装配要求

(1)检测带轮孔与传动轴装配部位配合公差,应按 H7/k6 或 H8/n7 配合,有少量过盈,对同轴度要求较高。按配合公差大小决定带轮装配方法。

为了传递较大的转矩,需用键和紧固件进行周向、轴向固定。图 7-11 所示为带轮在轴上的集中固定方式。

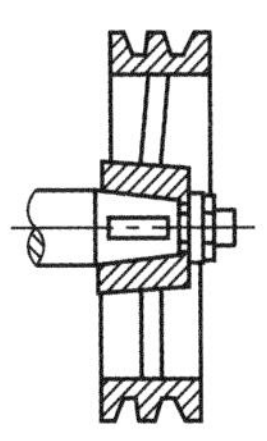

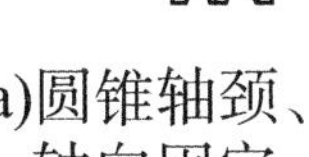

a)圆锥轴颈、挡圈轴向固定

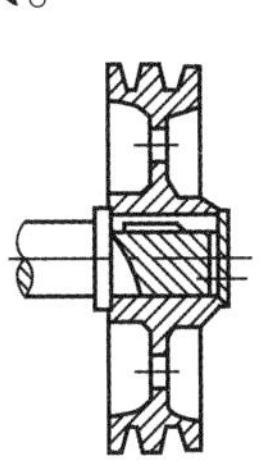

b)轴肩、挡圆轴向固定

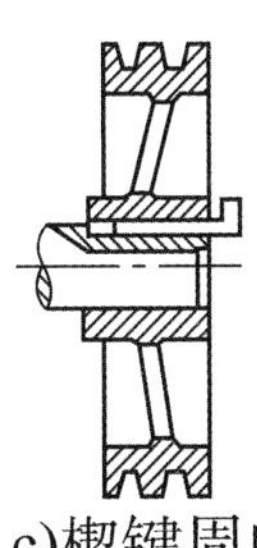

c)楔键周向、轴向固定

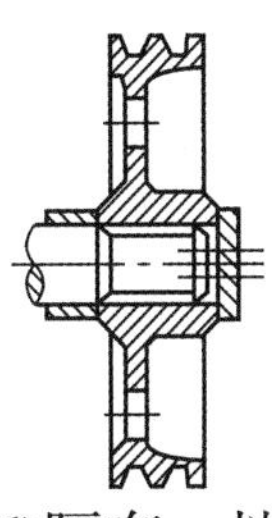

d)隔套、挡圈轴向固定

图 7-11　带轮与轴的连接

(2)配制带轮与传动轴装配用键,键与槽采用 H9/h9 配合。

(3)要保证足够的包角 α,对 V 带小带轮包角不能小于 120°

(4)根据轮孔与轴的配合过盈量大小,决定采用手锤击打或压力机装配两零件。

(5)安装后要校正主动带轮与从动带轮的基准端面在一个平面上。图 7-12 中带轮的工作位置不正确,应重新校正。中心距较小时可用直尺、较大时可用拉线法测量。

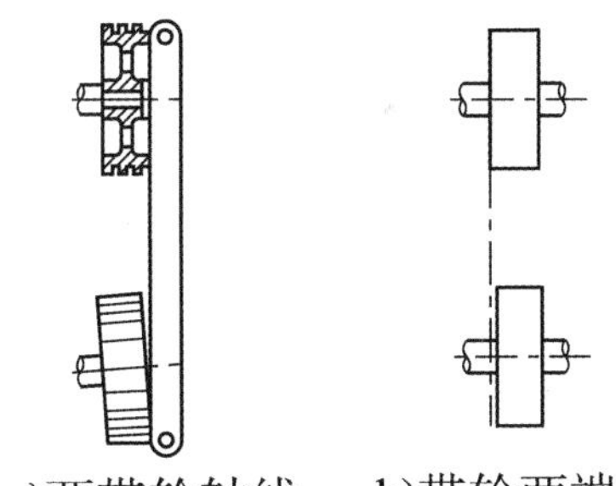

a)两带轮轴线不平行　b)带轮两端面错位

图 7-12　V 带轮不正确的工作位置

2　V 带的装配要求

(1)安装时,应先缩小中心距,将 V 带套入带轮槽中后,再增大中心距并张紧,严禁硬撬,避免损坏 V 带的工作表面和降低 V 带的弹性。

(2)V 带与带轮槽的工作配合位置应达到图 7-13a)所示的要求,图 7-13b)、c)所示是带轮、梯形槽加工尺寸错误,要及时更换。

(3)安装时,还应保证适当的初拉力。在 V 带与两带轮切点的跨度中点,以大拇指能按下 15mm 为宜。

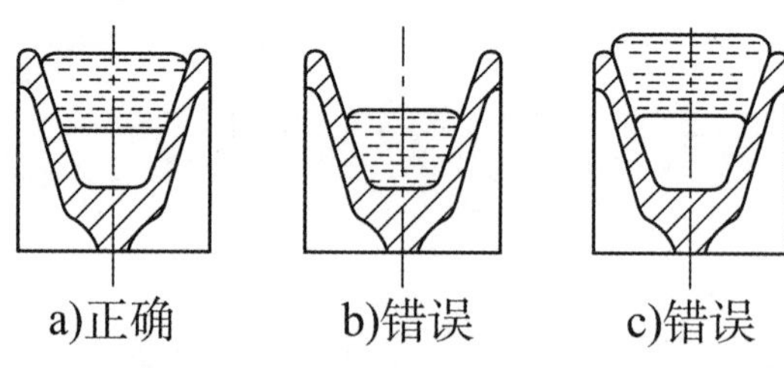

图7-13　V 带与带轮槽的工作配合位置

3　V 带传动张紧、调试、维护及工作要求

(1)一组 V 带工作出现磨损现象时应及时更换。更换 V 带时要一组带全部更换。同组带的型号、基准长度、公差等级及生产厂家要相同。

(2)调整 V 带传动中的主、从动带轮中心距,保持 V 带工作有较合理的工作张力。V 带过松,工作时易打滑;V 带过紧,则增加传动轴载荷,加快 V 带磨损。V 带运行一段时间后,必要时可重新调整张力。

(3)V 带不能接触油污。

(4)不许用工具或硬物划伤 V 带。

(5)V 带传动部位要有安全罩,防止工具及铁屑类异物落在 V 带上,划伤 V 带或加快 V 带的磨损,同时也是为了保证操作工的人身安全。

三、实训步骤

(1)安装带轮前,先按轴的轴毂孔的键槽修配键,然后清理安装面,并涂上润滑油。

(2)根据配合公差大小确定带轮装配方法。

(3)测量带轮直径:小带轮直径 D_1 = ________,大带轮直径 D_2 = ________。

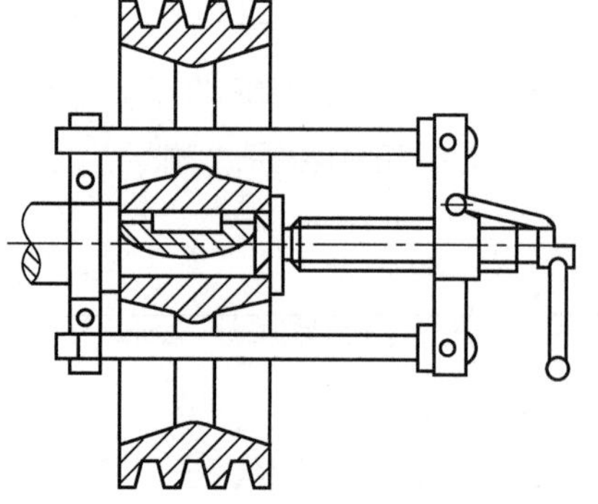
图7-14　用螺旋压入工具装带轮

(4)用手锤或铜棒将带轮轻打到轴上(不许用手锤击打轮缘梯形槽部位),或用螺旋压入工具等将带轮压到轴上,如图 7-14 所示。

(5)校正主动带轮与从动带轮的基准端面在一个平面上。

(6)带轮的轴向固定。

(7)识读 V 带的标准代号:__________。

(8)调整机器位置,便于 V 带安装。先定位小带轮,逐条将 V 带放入带轮,并定位于小带轮上,缓慢转动带轮使 V 带顺利安装。

注意：不要强行将 V 带挤入带轮。

(9) 检查 V 带的松紧程度，并张紧。

(10) 试机检验，运行 5min 后再次张紧。

四、考核要求

(1) 能判定两带轮的基准端面是否在同一平面上，并能正确调整；

(2) 能检测带的张紧力，并进行正确的调整。

第二节　链　传　动

本节描述

链传动是一种挠性传动，用于传递和改变转速，适宜在低速、重载和高温条件下及尘土飞扬的不良环境中使用。通过对链传动基本知识的学习，要会计算链传动的平均传动比，熟悉链传动的安装和维护。

学习目标

完成本节的学习以后，你应能：

1. 描述链传动的工作原理、类型、特点和应用；
2. 计算链传动的平均传动比；
3. 懂得链传动的安装与维护。

一、链传动的工作原理、特点和应用

想一想

观察图 7-15，说明链传动的组成及其与带传动的不同之处。观察图 7-16 和图 7-17，分别认识滚子链和齿形链。

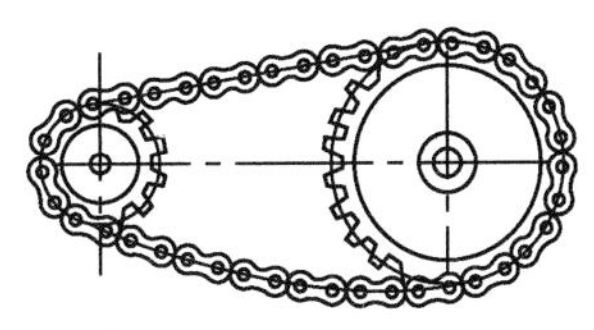

图 7-15　认识链传动

图 7-16 滚子链

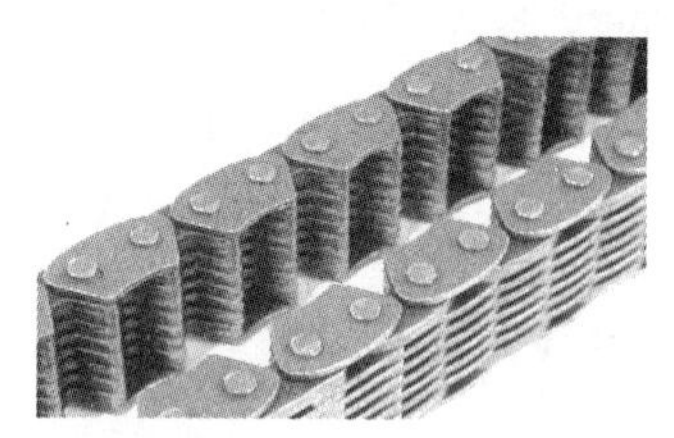
图 7-17 齿形链

1 链传动的工作原理

如图 7-15 所示,链传动由主动链轮、从动链轮、绕在链轮上的链条和机架组成。工作时,通过挠性件链条与链轮轮齿的啮合来传递运动和动力。

链的传动原理

2 链传动的特点和应用

链传动是啮合传动,无弹性滑动和打滑现象。与带传动相比,链传动的承载能力大,效率高;链条不需太大的张紧力,对轴的作用力较小;能保持准确的平均传动比;可在温度较高、淋水、淋油、日晒等恶劣环境下工作;但其安装精度要求高,瞬时的传动比不稳定,工作时有噪声,易脱链,价格较高。

链传动适用于中心距较大的两轴线或相互平行的多轴线,且只要求平均传动比准确的场合,如矿山机械、农业机械、起重运输机械、摩托车及汽车中。

二、链传动的类型

链传动有多种分类形式,常用的是按传动链结构分为滚子链和齿形链两种。

1 滚子链

滚子链又称套筒滚子链,由内链板、外链板、销轴、套筒和滚子组成,如图 7-18 所示。内链板与套筒、外链板与轴为过盈配合,套筒与销轴、滚子与套筒则为间隙配合,以使内、外链板构成可相对转动的活络环节,并减少链条与链轮间的摩擦与磨损。滚子链上相邻两销轴中心的距离称为节距,用 p 表示,单位为 mm。

2 齿形链

齿形链有圆销铰链式、轴瓦式、滚柱铰链式等几种。图 7-19 所示为圆销铰链式齿形链,其由套筒、齿形板、销轴和外链板组成。这种铰链承压面窄,所以比压大,易磨损,成本较高,但却比套筒滚子链传动平稳,噪声小,多用于转速较高的场合。

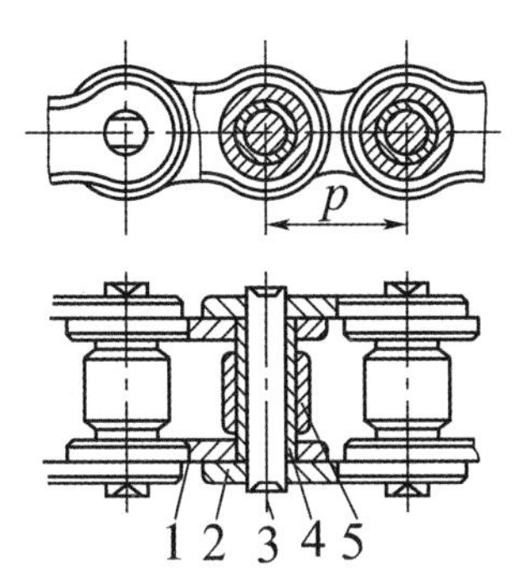

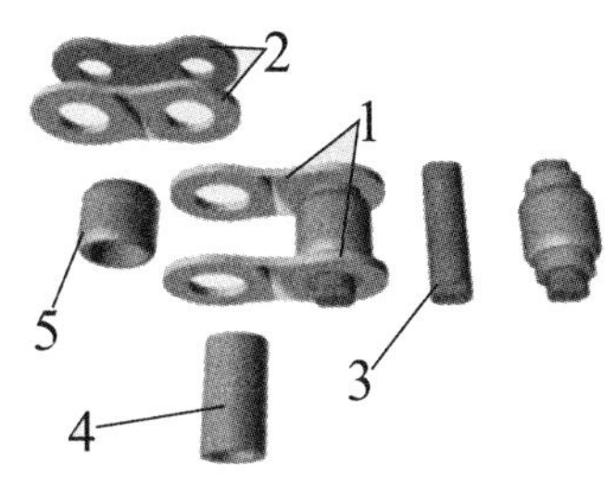

图 7-18 滚子链

1-内链板;2-外链板;3-销轴;4-套筒;5-滚子

三、链传动的平均传动比

如图 7-20 所示,由于链条绕入链轮后形成折线,因此链传动相当于链条绕在一对多边形轮上的传动。边长相当于链条的节距 p,边数相当于链轮的齿数 z,链轮每转一周时,链条转过的长度为 pz。设 z_1、z_2 为两链轮的齿数;n_1、n_2 为两链轮的转速(r/min),则链条的平均速度为:

$$v = \frac{z_1 p n_1}{60 \times 1000} = \frac{z_2 p n_2}{60 \times 1000} \quad (\mathrm{m/s}) \tag{7-14}$$

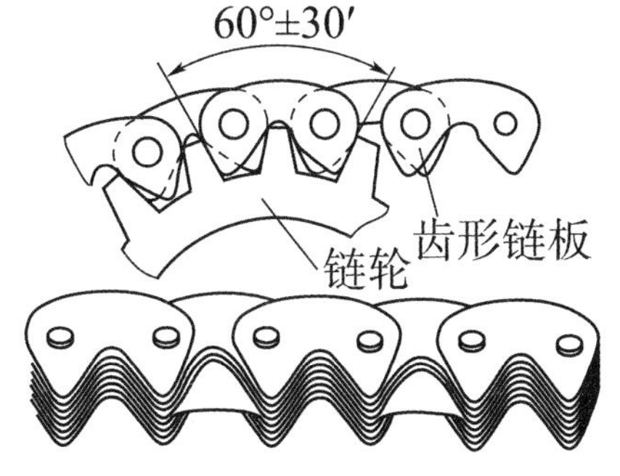

图 7-19 齿形链

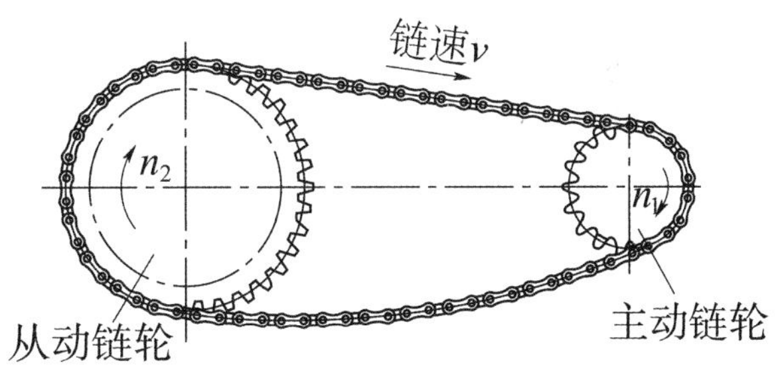

图 7-20 链传动示意图

由上式可得到链传动的平均传动比为:

$$i_{12} = \frac{n_1}{n_2} = \frac{z_2}{z_1} \tag{7-15}$$

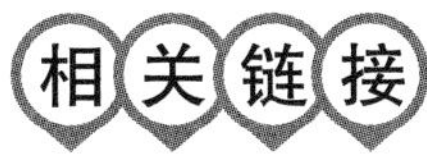

链的平均传动比

链传动的速度、传动比的平均值是不变的,但因链传动的多边形效应,它们的瞬时值却是周期性变化的。

四、链传动的安装与维护

1 链传动的安装

链传动的两轴应平行,两链轮应位于同一平面内,实际中心距 a'应较理论中心距 a 小一些,设 $\Delta a = a - a'$,则 $\Delta a = (0.002 \sim 0.005)a$,超差会引起脱链和不正常的磨损。链传动的布置按两链轮中心连线的位置可分为水平布置、倾斜布置和垂直布置三种形式,一般宜采用水平或接近水平的布置,并使松边在下边,如图 7-21 所示。

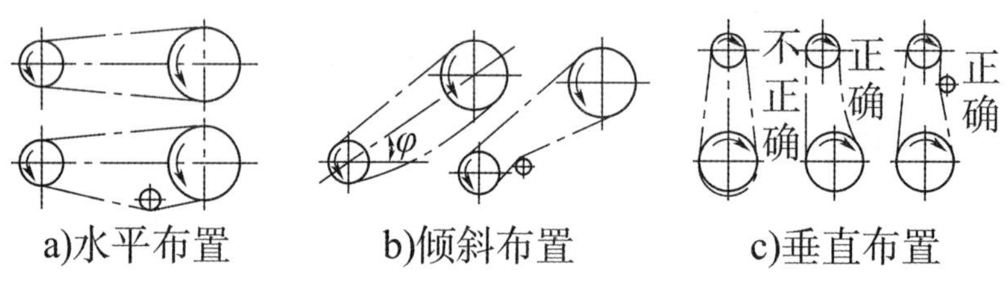

图 7-21　链传动的布置

2 链传动的张紧

链传动张紧的目的主要是为了避免在链条的垂度过大时,产生啮合不良和链条振动的现象;同时也为了增加链条与链轮的啮合包角。当两轮轴心连线倾斜角大于 60°时,通常设有张紧装置。张紧方法有:

(1)增大两轮中心距。

(2)用张紧装置张紧,图 7-22 所示为常见的张紧装置,张紧轮直径稍小于小链轮直径,并置于松边靠近小链轮。

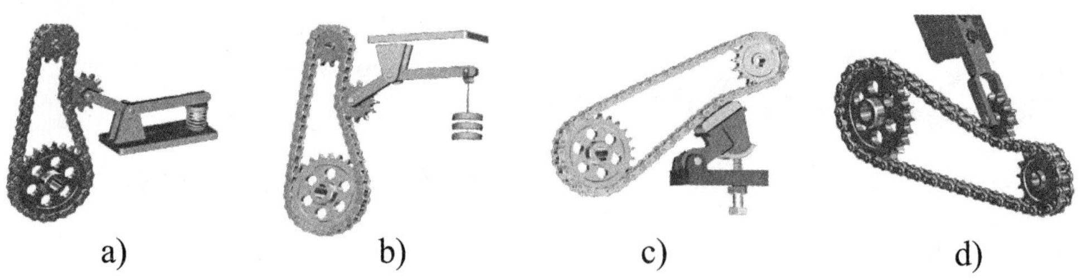

图 7-22　链传动的张紧装置

3 链传动的润滑

良好的润滑能缓和冲击、减小摩擦、减轻磨损;不良的润滑则会降低链的使用寿命。温度低时宜采用黏度小的润滑油,温度高时采用黏度大的润滑油。通常采用L-AN32、L-AN46、L-AN68、L-AN100 的全损耗系统用油或普通开式齿轮油润滑。润滑方式有五种：人工定期润滑、滴油润滑、油浴润滑、飞溅润滑和压力润滑，如图7-23所示。

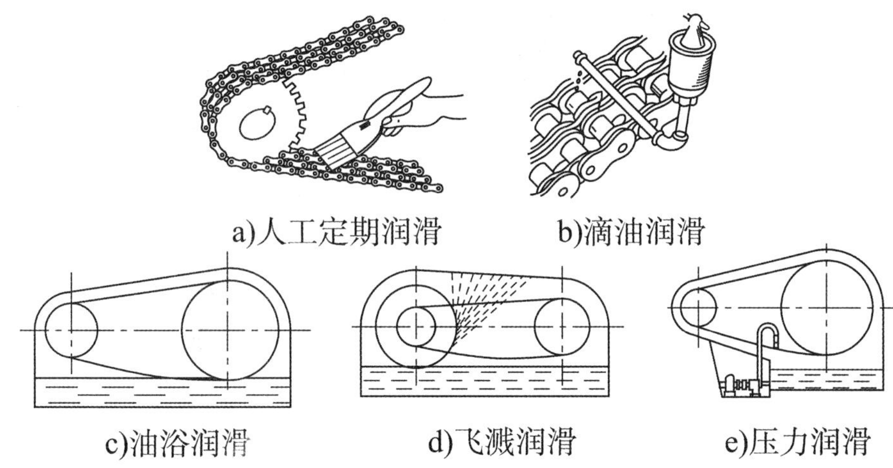

图7-23　链传动的润滑

此外，链传动应有良好的工作环境，避免泥沙等污物侵入或与酸、碱、盐等强腐蚀性介质接触，并定期清洗。为防止灰尘侵入、油滴外溅、减少噪声和保护人身安全，应尽可能加装防护罩进行封闭。

实训项目　链传动的安装、张紧和润滑

实训描述

通过使用工具和设备完成链传动的安装、张紧和润滑，熟悉相关设备与工具使用技巧，具备链传动装置的安装和维护能力。

实训要求

完成本项目以后，你应能：

1. 正确叙述链传动的结构、安装要点；
2. 正确叙述链传动的张紧和润滑方式；
3. 用正确方法安装、张紧和润滑链传动。

一、实训设备和工具

发动机实训台架、工作台、套筒（10mm、12mm和22mm）、12mmT型套筒、棘轮扳手、摇杆、机油枪和毛巾等。

二、实训步骤

提示：本次实训重点学习链传动的安装、张紧和润滑，所以发动机内部零件已取出，以避免实训过程中带来的损坏，在实际的发动机链条安装操作中有更深入的操作步骤，在这次实训中不做具体要求。

(1)检查、整理工具设备，并将所需要的工具摆放在工作台上(图7-24)。

(2)检查需组装的各零部件是否齐全(图7-25)。

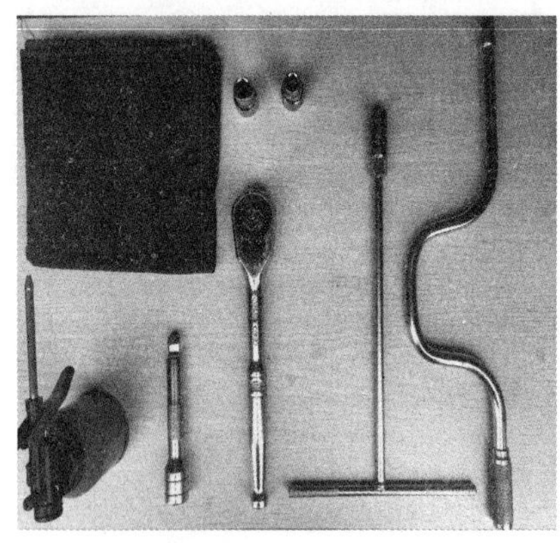

图7-24　准备工具

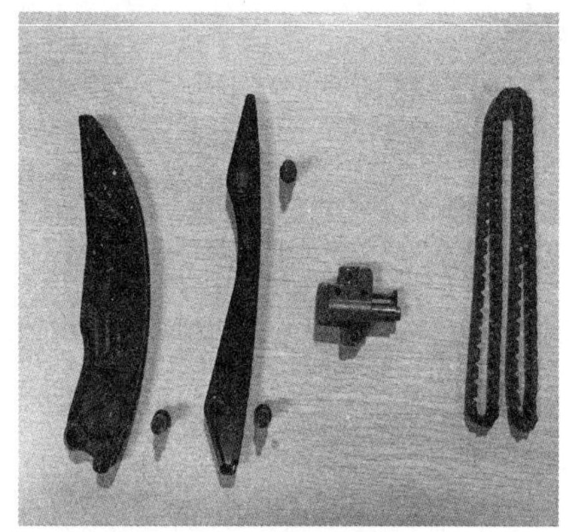

图7-25　检查零部件

(3)检查链轮表面是否有破损、裂纹等异常情况，如果出现异常情况，则需要更换链轮(图7-26)。

(4)目视检查两链轮的位置是否在同一平面内(图7-27)。

提示：链传动的两轴应平行，两链轮位于同一平面内。

图7-26　检查链轮外观

图7-27　检查链轮位置

(5)检查链条表面有无裂纹、变形和锈蚀,出现该情况则需更换链条(图7-28)。

(6)目视检查链条两条导轨是否有裂纹和破损,如有损坏,则需更换导轨(图7-29)。

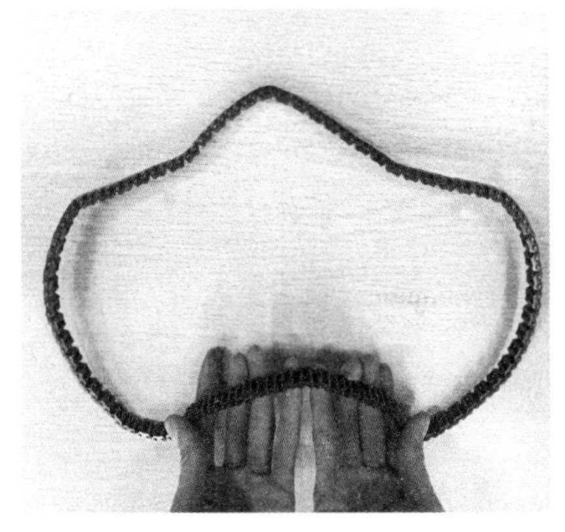

图7-28　检查链条外观

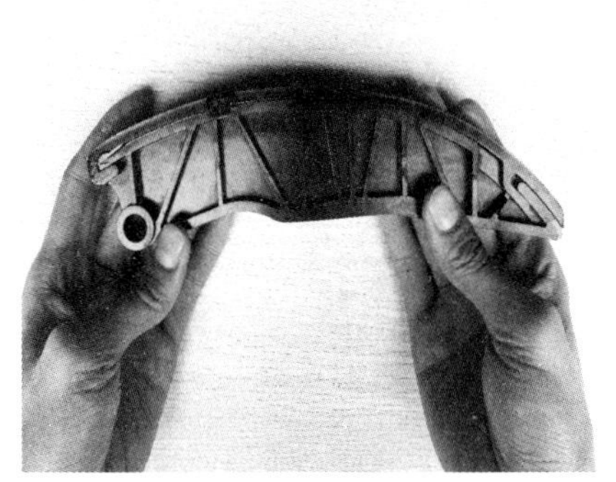

图7-29　检查导轨

(7)用干净的毛巾清洁链轮(图7-30)和链条(图7-31)。

图7-30　清洁链轮

图7-31　清洁链条

(8)用机油枪为链条注上润滑油(图7-32),并将润滑油均匀涂抹在链条上(图7-33)。

(9)将链条安装在链轮上,并保证链条和链轮齿相互啮合(图7-34)。

提示:必须确定链轮、链条和张紧器等零部件无损坏,并对相应部件进行润滑后方可安装。

(10)安装链轮两条导轨,并用螺栓固定好(图7-35)。

(11)检查链条张紧器是否有破损(若有则需更换张紧器)(图7-36),然后将张紧器安装到机架上的规定位置并用螺栓固定好(图7-37)。

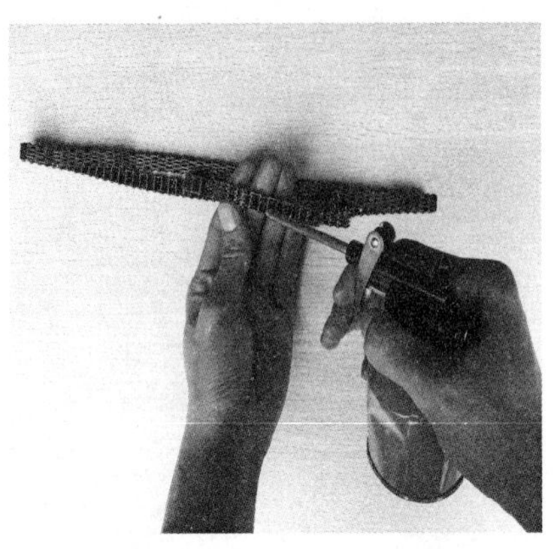

图7-32　链条注油

图7-33　润滑油涂抹均匀

图7-34　安装链条

图7-35　安装导轨

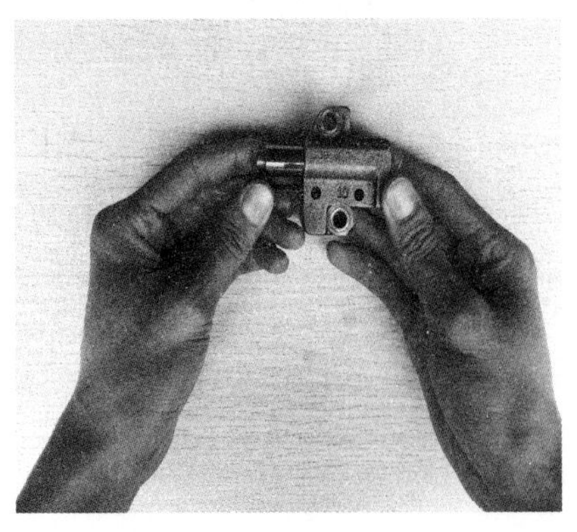

图7-36　检查张紧器

图7-37　安装张紧器

(12)安装下端链轮螺栓,用棘轮扳手旋紧螺栓并继续旋转带动链传动装置运动2圈(图7-38),以检查链传动是否安装到位。若链传动转动正常,则安装完成,若旋转过程中出现卡滞或脱齿,说明安装不到位,需取下全部零部件重新安装(本次实训所用的张紧器是自动调整张紧度的,所以无法只取下张紧器就调节链条的位置)。

提示:链传动机构安装完成后,必须检查链传动是否安装到位。防止在链条未到位的情况下旋转链条,造成链条和链轮等的损坏。

(13)清洁、整理所用的工具并归位,清扫场地(图7-39)。

图7-38 旋转链条

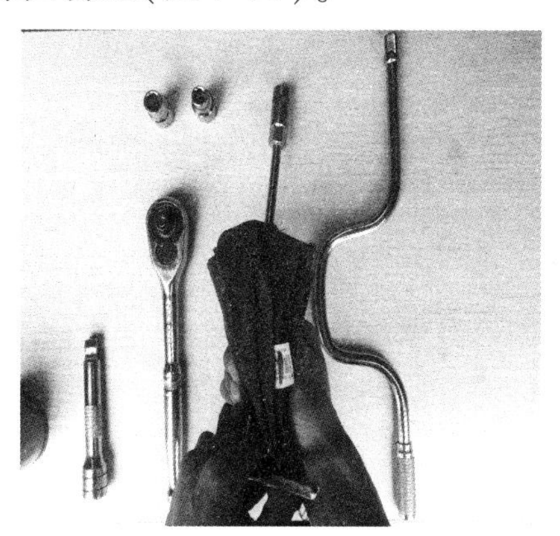

图7-39 清洁工具

三、考核要求

(1)能够规范使用工具,严格操作步骤。

(2)能够规范地操作链传动的安装、张紧和润滑。

(3)能正确地判别链传动正确安装。

第三节 齿轮传动

本节描述

齿轮传动是机器中应用最广泛的传动之一。在机器中,齿轮传动传递运动和动力,实现增速、减速和变向等目的。通过学习齿轮传动的基本知识,能正确计算齿轮传动的几何尺寸和传动比,具备正确使用和维护齿轮传动的能力。

学习目标

完成本节的学习以后,你应能:

1. 描述齿轮传动的分类、特点和应用;
2. 计算齿轮传动的传动比;
3. 知道渐开线齿轮各部分的名称、主要参数;
4. 描述齿轮的结构,能计算标准直齿圆柱齿轮的基本尺寸;
5. 知道齿轮的失效形式与常用材料;
6. 描述齿轮传动的维护方法。

一、齿轮传动的分类、特点和应用

想一想

观察表7-7中的齿轮传动示意图,仔细分析其传动轴、齿形、啮合方式、运动形式的转换,指出它们的不同之处。

1 齿轮传动的分类

齿轮传动由主动齿轮、从动齿轮和机架等组成。它的分类方法很多,按轴之间的相互位置、齿向和啮合情况分类见表7-7。

齿轮传动的分类 表7-7

按传动轴空间位置分类	按齿形分类		齿轮传动示意图
平行轴传动	直齿圆柱齿轮传动	外啮合传动	
		内啮合传动	
		齿轮齿条传动	

续上表

按传动轴空间位置分类	按齿形分类	齿轮传动示意图
平行轴传动	斜齿圆柱齿轮传动	
	人字齿轮传动	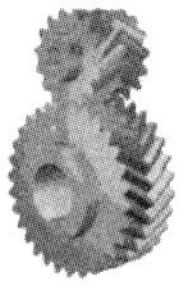
相交轴传动	齿圆锥齿轮传动	
	斜齿圆锥齿轮传动	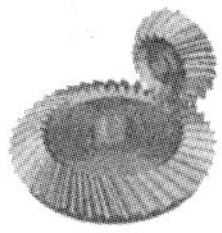
	曲齿圆锥齿轮传动	
交错轴传动	交错轴斜齿轮传动	
	蜗杆蜗轮传动	

2　齿轮传动的特点和应用

齿轮传动的主要特点有：

(1)工作可靠，寿命较长；

(2)能保证瞬时传动比恒定、平稳性较高、传递运动准确可靠；

(3)传动效率高，可达0.94～0.99；

(4)适用功率和速度范围广，功率可达几十万千瓦，圆周速度可达300m/s；

(5)加工和安装精度要求较高，制造成本也较高；

(6)可实现平行轴、任意角相交轴、任意角交错轴之间的传动；

(7)不适宜于远距离两轴之间的传动;

(8)啮合传动会产生噪声。

齿轮传动是现代机械中应用最广泛的传动形式之一,目前在机床和汽车变速器等机械中已普遍使用。

 二、渐开线齿轮各部分的名称和主要参数

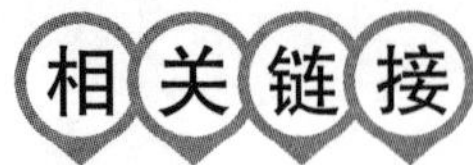

渐 开 线

如图7-40所示,当一条直线沿着半径为 r_b 的圆做纯滚动时,该直线上任意一点 K 的运动轨迹 AK 为该圆的渐开线。其中,半径 r_b 的圆为基圆,直线 $\overline{NK}$ 为渐开线的发生线。渐开线有如下性质:

(1)发生线沿基圆滚过的长度等于基圆上被滚过的一段弧长。

(2)渐开线上任意一点的法线必与基圆相切。

(3)渐开线的形状取决于基圆的大小:基圆越小,渐开线越弯曲;基圆越大,渐开线越平直;基圆无穷大时,渐开线变为一条直线,渐开线齿轮变为齿条。

(4)渐开线上各点的压力角 α_k 不等,随着半径 r_k 的增大而增大。基圆上的压力角为零。

(5)因发生线切于基圆,故基圆内无渐开线。

1 渐开线直齿圆柱齿轮(图7-41)各部分名称

(1)齿顶圆:过齿轮齿顶所做的圆称为齿顶圆,直径用 d_a 表示(半径用 r_a 表示)。

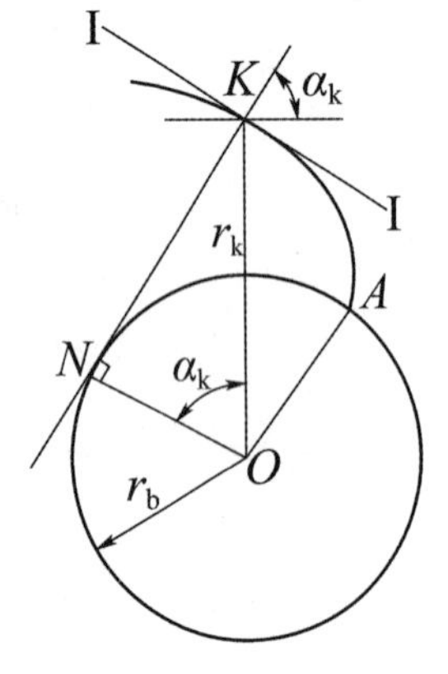

图7-40 渐开线的形成与性质

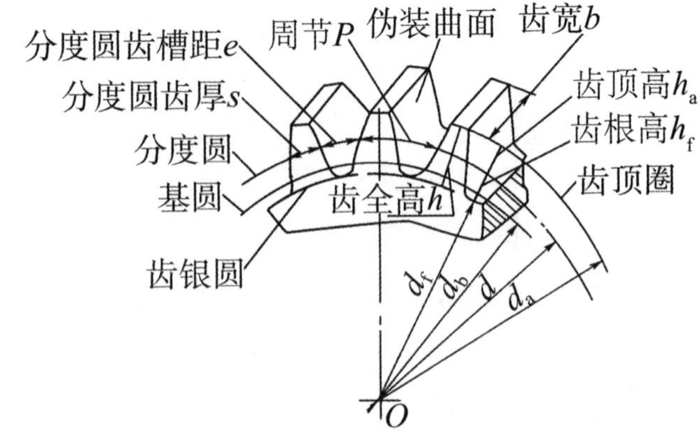

图7-41 渐开线直齿圆柱齿轮的结构要素

(2)齿根圆:过齿轮齿根所做的圆称为齿根圆,直径用 d_f 表示(半径用 r_f 表示)。

(3)基圆:形成渐开线齿廓的圆称为基圆,直径用 d_b 表示(半径用 r_b 表示)。

(4)齿厚:在任意圆周上轮齿两侧间的弧长,用 s_i 表示。

(5)齿槽宽:在任意圆周上相邻两齿反向齿廓之间的弧长,用 e_i 表示。

(6)齿宽:沿轮齿轴线量得齿轮的宽度称为齿宽,用 b 表示。

(7)分度圆:对标准齿轮来说,齿厚与齿槽宽相等的圆称为分度圆,其直径用 d 表示(半径用 r 表示)。分度圆上的齿厚和齿槽宽分别用 s 和 e 表示,$s = e$。

(8)齿距:相邻两轮齿在分度圆上同侧齿廓对应点间的弧长称为齿距,用 p 表示,$p = s + e$,$s = e = p/2$。

(9)齿顶高:从分度圆到齿顶圆的径向距离,用 h_a 表示。

(10)齿根高:从分度圆到齿根圆的径向距离,用 h_f 表示。

(11)全齿高:从齿顶圆到齿根圆的径向距离,用 h 表示:$h = h_a + h_f$。

(12)齿顶间隙:当一对齿轮啮合时,一个齿轮的齿顶圆与配对齿轮的齿根圆之间的径向距离称为顶隙,用 c 表示,$c = h_f - h_a$。这个径向距离可避免一个齿轮的齿顶与另一个齿轮的齿根相碰,并能储存润滑油,有利于齿轮传动装配和润滑。

练一练

结合图 7-42 所示的齿条结构要素图,在齿条上找到与渐开线圆柱齿轮相对应的各个结构要素。

2 渐开线直齿圆柱齿轮的主要参数

想一想

观察图 7-43 所示的三个齿轮,找出它们的主要区别。

生产中使用的齿轮不但种类多样,而且参数众多,同一种类的齿轮也具有不同的齿数、大小和宽度等参数。直齿圆柱齿轮的基本参数有齿数、模数、压力角等。这些基本参数是齿轮各部分几何尺寸计算的依据。

1)齿数

一个齿轮的轮齿总数称为齿数,用 z 表示。齿轮设计时,齿数是按使用要求和强度计算确定的。

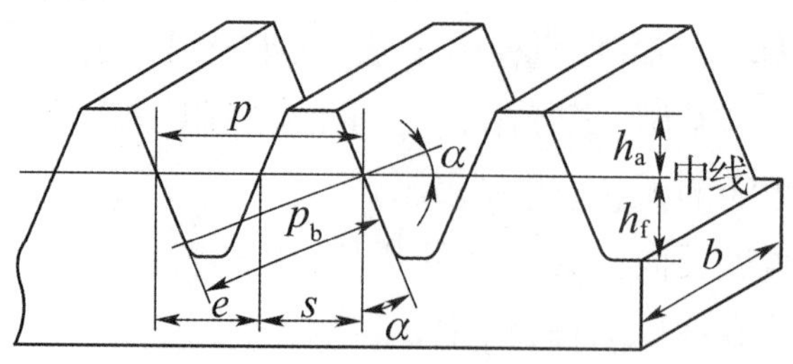

图7-42　齿条的结构要素

图7-43　齿轮对比

2)模数

齿轮传动中,齿距 p 除以圆周率 π 所得到的商称为模数,用 m 表示,即 $m=\frac{p}{\pi}$,单位为mm。

使用模数和齿数可以很方便地计算齿轮的大小,用分度圆直径表示:$d=mz$。

当齿轮的模数一定时,齿数不同,齿形也有差异,齿数越多,齿轮的几何尺寸越大,轮齿渐开线的曲率半径也越大,齿廓曲线越趋平直,当齿数趋于无穷大时,齿轮的齿廓变为直线,成为齿条。

模数的大小反映了轮齿的大小。模数越大,轮齿越大,齿轮所能承受的载荷越大;反之,模数越小,轮齿越小,齿轮所能承受的载荷越小。

为了使用的方便,国家对模数值规定了标准模数系列,具体见表7-8。

渐开线齿轮模数(部分)　　表7-8

第一系列	1　1.25　1.5　2　2.5　3　4　5　6　8　10　12　16　20　25　32　40　50
第二系列	0.9　1.75　2.25　2.75　(3.25)　3.5　(3.75)　4.5　5.5　(6.5)　7　9　(11)　14　18　22　28　(30)　36　45

注:1. 对于渐开线圆柱斜齿轮,是指法向模数。

2. 优先选用第一系列,括号内的模数尽可能不用。

3)压力角

由渐开线的性质可知,渐开线上各点的压力角是不同的。通常所说的压力角是指分度圆上的压力角,用 α 表示。

国家标准中规定分度圆上的压力角为标准值,$\alpha=20°$。

三、齿轮的结构、标准直齿圆柱齿轮的基本尺寸

想一想

观察图7-44所示的四种齿轮,分别说明其结构特点。

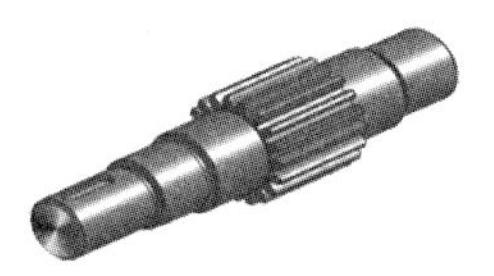
a)齿轮轴

b)实体式齿轮

c)腹板式齿轮

d)轮辐式齿轮

图 7-44 齿轮的结构

1 齿轮的结构

齿轮的结构通常有齿轮轴、实体式齿轮、腹板式齿轮以及轮辐式齿轮等主要形式,其主要特点如下:

(1)直径较小的齿轮通常直接和传动轴做成一个整体,即做成齿轮轴。

(2)当齿顶圆直径比轴径大很多,同时能保证轮缘最薄处 $e \geqslant 2.5m$(m 为模数)时,可做成实体式齿轮。

(3)当齿顶圆直径 $d_a = 200 \sim 500$mm 时,常用锻造方法做成腹板式结构。

(4)当齿顶圆直径 $d_a = 500 \sim 1000$mm 时,常采用轮辐式结构。因轮辐式齿轮结构复杂,故常采用铸铁或铸钢材料制造。

2 标准直齿圆柱齿轮的基本尺寸

1)齿轮基本尺寸计算方法

为了完整地确定一个齿轮的各个参数,需要详细计算其基本尺寸。在各个主要参数已知的情况下,标准直齿圆柱齿轮的基本尺寸参数可以通过表 7-9 所列的公式算出。

标准直齿圆柱齿轮几何尺寸计算方法 表 7-9

名　称	代　号	计 算 方 法
齿数	z	设计选定
模数	m	设计选定
压力角	α	取标准值
分度圆直径	d	$d = mz$
基圆直径	d_b	$d_b = d\cos\alpha$
齿顶圆直径	d_a	$d_a = d + 2h_a = (z + 2h_a^*)m$
齿根圆直径	d_f	$d_f = d - 2h_f = (z - 2h_a^* - 2c^*)m$
齿顶高	h_a	$h_a = h_a^* m$

续上表

名　　称	代　　号	计 算 方 法
齿根高	h_f	$h_f=(h_a^*+c^*)m$
全齿高	h	$h=h_a+h_f$
齿距	p	$p=\pi m$
齿厚	s	$s=\frac{\pi m}{2}$
槽宽	e	$e=\frac{\pi m}{2}$
中心距	a	$a=\frac{1}{2}(a_1+a_2)=\frac{1}{2}(z_1+z_2)m$

注:标准齿轮的压力角 α 为 20°,齿顶高系数 h_a^* 为 1,顶隙系数 c^* 为 0.25。

2)齿轮基本尺寸计算公式的应用

【例 7-1】 已知一标准直齿圆柱齿轮的模数 m 为 3mm,齿数 z 为 19,求齿轮各部分尺寸。

解:根据表 7-8 中标准直齿圆柱齿轮几何尺寸计算公式得:

(1)分度圆直径

$$d=mz=3\times19=57(\text{mm})$$

(2)基圆直径

$$d_b=d\cos\alpha=57\cos20°=53.56(\text{mm})$$

(3)齿顶圆直径

$$d_a=d+2h_a^*m=57+2\times1\times3=63(\text{mm})$$

(4)齿根圆直径

$$d_f=d-2(h_a^*+c^*)m=57-2\times(1+0.25)\times3=49.5(\text{mm})$$

(5)齿顶高

$$h_a=h_a^*m=1\times3=3(\text{mm})$$

(6)齿根高

$$h_f=(h_a^*+c^*)m=(1+0.25)\times3=3.75(\text{mm})$$

(7)全齿高

$$h=h_a+h_f=3+3.75=6.75(\text{mm})$$

(8)齿距

$$p=\pi m=3.14\times3=9.42(\text{mm})$$

(9)齿厚、齿槽宽

$$s = e = \frac{\pi m}{2} = 3.14 \times 3/2 = 4.71(\text{mm})$$

想一想

(1)在齿轮所有参数中,哪些是已知的基本参数?

(2)这个标准齿轮是否有节圆?是否有分度圆?说明节圆和分度圆的不同。

(3)例7-1中计算的齿厚与齿槽是在齿轮上的任一圆上,还是分度圆上?

(4)若这个齿轮与另一个齿轮2配对啮合,传动比为2,试计算齿轮2的基圆半径。这对齿轮各自的分度圆是否存在?若存在,分别为多少?

提示:(1)通过已知条件,如果为标准齿轮,则压力角为20°,齿顶高系数为1,顶隙系数为0.25。

(2)对于一个齿轮,存在分度圆,而对于一对齿轮的啮合时,存在节圆。

(3)齿厚、齿槽的计算公式 $s = e = \frac{\pi m}{2}$,是指分度圆上的齿厚与齿槽。

(4)一对直齿圆柱齿轮能正确啮合的条件是:取齿轮的模数和压力角分别相等。

练一练

有一标准直齿圆柱齿轮,经实测,已知其齿数为38,齿顶圆直径为100mm。试计算这个齿轮其他各部分尺寸。

四、齿轮传动的传动比

在一对齿轮传动中,单位时间内主、从动齿轮转过的齿数相等,则有 $z_1 n_1 = z_2 n_2$,由此可得一对齿轮的传动比:

$$i = \omega_1/\omega_2 = n_1/n_2 = z_2/z_1 \tag{7-16}$$

式中:ω_1, n_1——主动齿轮角速度(rad/s)、转速(r/min);

ω_2, n_2——从动齿轮角速度(rad/s)、转速(r/min);

z_1——主动齿轮齿数;

z_2——从动齿轮齿数。

 五、齿轮传动的失效形式

想一想

在实际应用中,机器中的齿轮机构往往长时间承受较重的负荷工作,你认为它们是如何被损坏而丧失工作能力的?

齿轮传动的失效形式

齿轮传动丧失正常工作能力的现象,称为失效。齿轮传动的失效主要发生在轮齿部分,主要失效形式有轮齿折断、齿面点蚀、齿面磨损、齿面胶合和塑性变形等五种。

1)轮齿折断

齿轮工作时,轮齿像悬臂梁一样承受弯曲载荷,因此根部的弯曲应力最大。当交变的齿根弯曲应力超过齿轮的弯曲疲劳极限应力且多次重复作用后,轮齿就会发生疲劳折断。

采用脆性材料(如铸铁、整体淬火钢等)制成的齿轮,因瞬时过载,轮齿容易发生突然折断。直齿轮轮齿一般发生全齿折断(图7-45),而斜齿轮和人字齿齿轮一般发生局部折断(图7-46)。

图7-45　全齿折断

图7-46　局部折断

2)齿面点蚀

在载荷反复作用下,轮齿表面接触应力超过接触疲劳极限时,齿面金属脱落而形成麻点状凹坑,这种现象称为齿面点蚀。实践表明,齿面点蚀大多发生在靠近节线的齿根部分,如图7-47所示。

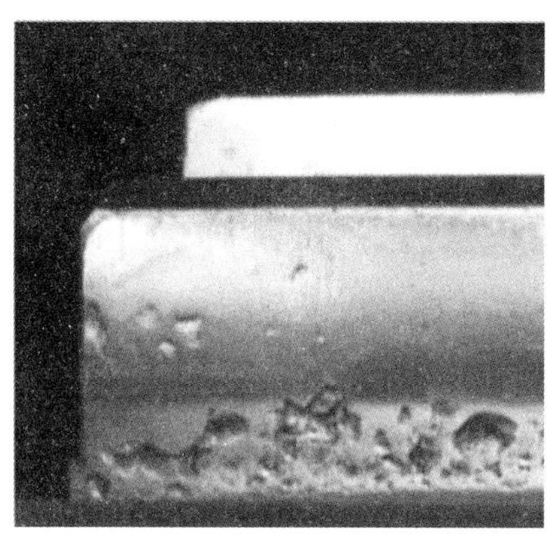

图 7-47 齿面点蚀

齿面点蚀是软齿面闭式齿轮传动最主要的失效形式。一般采取提高齿面硬度、降低齿面粗糙度、选用合适黏度的润滑油等措施来提高齿面抗点蚀能力。

3)齿面磨损

在齿轮传动中,当齿面间落入砂粒、铁屑等磨料性物质时,齿面被磨料性物质逐渐磨损而引起材料摩擦损耗。它是开式齿轮传动的主要失效形式之一,如图 7-48 所示。一般采取改用闭式传动、改善密封和润滑条件、提高齿面硬度等措施来提高抗磨损能力。

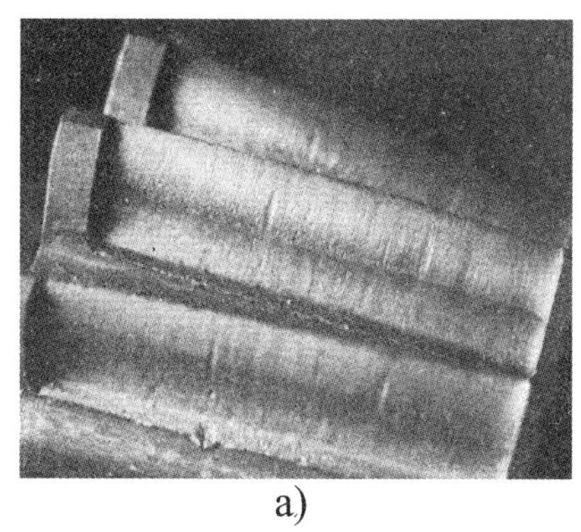

a)

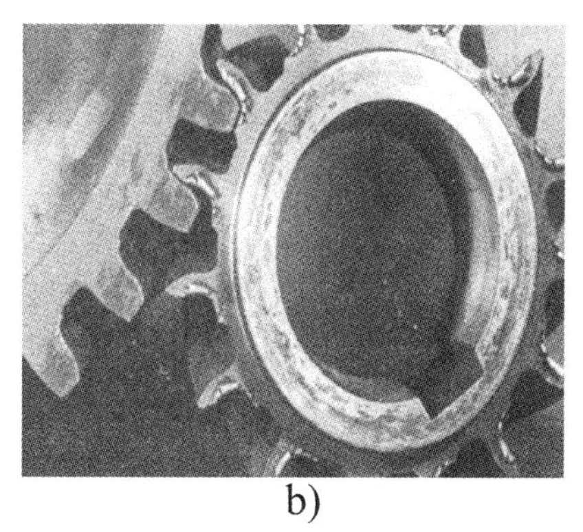

b)

图 7-48 齿面磨损

4)齿面胶合

在高速重载齿轮传动中,由于齿面间啮合点处瞬时温度过高,润滑失效,致使相啮合两齿面金属尖峰直接接触并相互粘连在一起,严重时甚至相互咬死,继续转动时,较软齿面上的金属被撕落下来,齿面上形成梁状沟痕,这种现象称为齿面胶合,如图 7-49 所示。一般采取使用黏度大或有抗胶合添加剂的润滑油(如硫化油)、提高齿面硬度、改善齿面粗糙度、配对齿轮采用不同的材料、加强散热等措施来防止齿面胶合的发生。

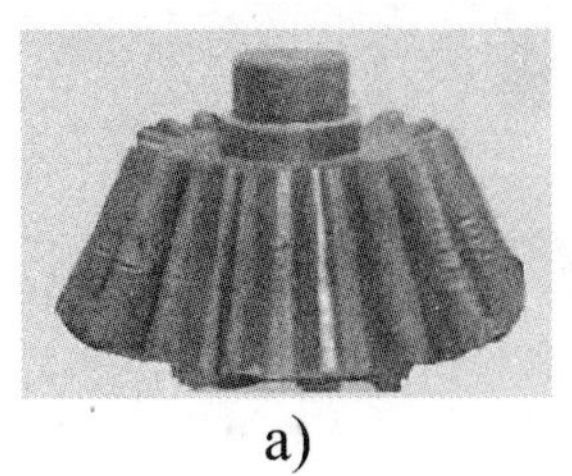

a)

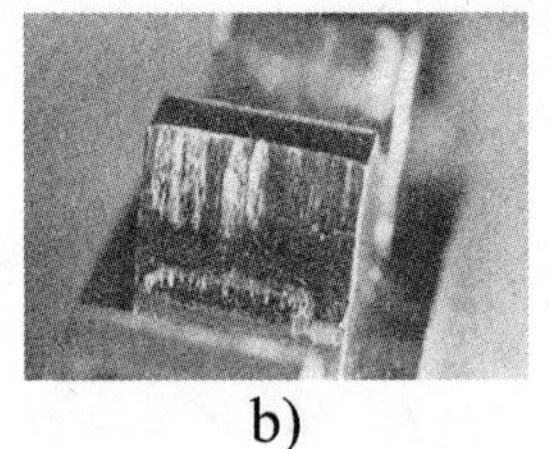

b)

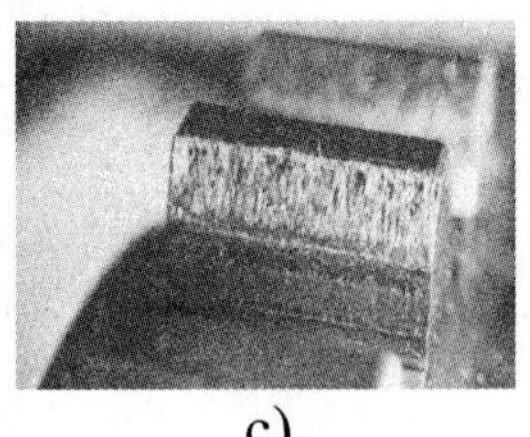

c)

图 7-49　齿面胶合

5) 齿面塑性变形

在严重过载、起动频繁或重载传动中，较软齿面会发生塑性变形，破坏正确齿形，如图 7-50 所示。防止塑性变形的办法是提高齿面硬度和遵守操作规程。

a)齿面塑性变形实物图

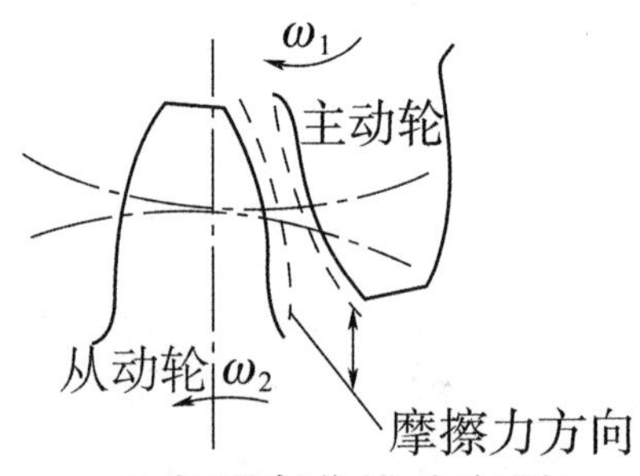

b)齿面廓曲线改变图

图 7-50　齿面塑性变形

六、齿轮的材料

对齿轮材料主要的性能要求如下：

(1) 齿面具有较高的硬度和耐磨性。

(2) 齿轮芯部具有一定的强度和韧性。

(3) 齿轮具有良好的加工性能和热处理性能。

常用的齿轮材料有锻钢、铸钢和铸铁，对于高速、轻载的齿轮传动，还可以采用塑料、尼龙、胶木等非金属材料。常用的齿轮材料及其力学性能见表 7-10。

常用齿轮材料及其力学性能　　表 7-10

材　　料	牌　　号	热处理方法	强度极限 σ_b(MPa)	屈服极限 σ_s(MPa)	齿 面 硬 度
灰口铸铁	HT300	—	300	—	187 ~ 255HBS

续上表

材料	牌号	热处理方法	强度极限 σ_b(MPa)	屈服极限 σ_s(MPa)	齿面硬度
球墨铸铁	QT600-3	正火	600	—	190~270HBS
铸钢	ZG310-570		580	320	163~197HBS
	ZG340-640		650	350	179~207HBS
优质碳素结构钢	45		580	290	162~217HBS
铸钢	ZG340-640	调质	700	380	241~269HBS
优质碳素结构钢	45		650	360	217~255HBS
合金钢	35SiMn		750	450	217~269HBS

七、齿轮传动的维护方法

想一想

齿轮传动为什么要进行润滑？如何选择润滑方式？

润滑对于齿轮传动十分重要。润滑不仅可以减小摩擦、减轻磨损，还可以起到冷却、防锈、降低噪声、改善齿轮的工作状况、延缓齿轮失效、延长齿轮的使用寿命等作用。

齿轮传动的润滑方式如下：

(1)开式及半开式齿轮传动，或速度较低的闭式齿轮传动，通常采用人工周期性加油润滑，所用润滑剂为润滑油或润滑脂。

(2)通用的闭式齿轮传动，其润滑方法根据齿轮的圆周速度大小而定。

当齿轮的圆周速度 $v < 12m/s$ 时，常将大齿轮的轮齿浸入油池中进行浸油润滑(图7-51)。这样，齿轮在传动时，就把润滑油带到啮合的齿面上，同时也将油甩到箱壁上，借以散热。齿轮浸入油中的深度可视齿轮的圆周速度大小而定，对圆柱齿轮通常不宜超过一个齿高，但一般亦不应小于10mm；对圆锥齿轮应浸入全齿宽，至少应浸入齿宽的一半。在多级齿轮传动中，可借带油轮将油带到未浸入油池内的齿轮的齿面上。油池中的油量多少，取决于齿轮传递功率的大小。对单级传动，每传递1kW的功率，需油量为0.35~0.7L。对于多级传动，需油量

按级数成倍地增加。

当齿轮的圆周速度 $v>12\text{m/s}$ 时,应采用喷油润滑(图 7-52),即由油泵或中心供油站以一定的压力供油,借助喷嘴将润滑油喷到轮齿的啮合面上。当 $v\leq 25\text{m/s}$ 时,喷嘴位于轮齿啮入边或啮出边均可;当 $v>25\text{m/s}$ 时,喷嘴应位于轮齿啮出的一边,以便借助润滑油及时冷却刚啮合过的轮齿,同时也对轮齿进行润滑。

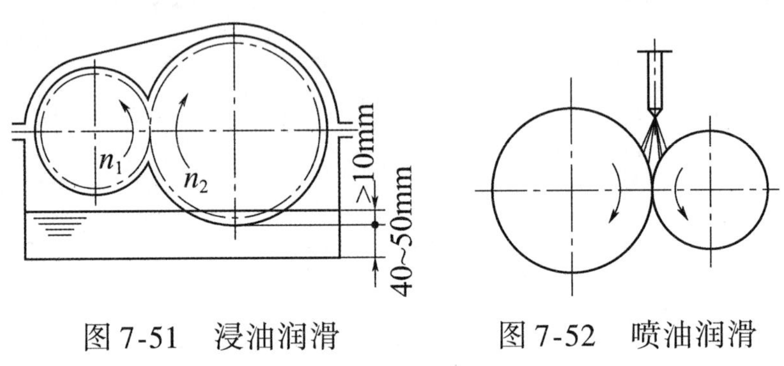

图 7-51 浸油润滑　　图 7-52 喷油润滑

第四节 蜗杆传动

本节描述

蜗杆传动是在空间交错的两轴传递运动和动力的一种传动机构,广泛应用于各种机械设备和仪表中。通过对蜗杆传动基本知识的学习,能根据蜗杆传动的失效形式正确选择其材料,并具备正确使用和维护蜗杆传动的能力。

学习目标

完成本节的学习以后,你应能:

1. 描述蜗杆传动的特点、类型和应用;
2. 判断蜗杆传动中蜗轮的转向;
3. 知道蜗杆传动的主要参数,计算蜗杆传动的几何尺寸;
4. 知道蜗杆传动的失效形式;
5. 叙述蜗轮蜗杆传动的结构和常用材料;
6. 知道蜗杆传动的维护方法。

 一、蜗杆传动的特点、类型和应用

想一想

观察图 7-53 中的蜗杆传动，蜗轮与蜗杆轴线的相对位置关系如何？

观察蜗杆传动的运动，是蜗杆带动蜗轮传动，还是蜗轮带动蜗杆传动？

图 7-53 蜗杆传动

1 蜗杆传动的特点

蜗杆传动用于传递空间交错的两轴之间的运动和转矩，通常两轴间的交错角等于 90°。

与齿轮传动相比，蜗杆传动的主要优点是：传动比大，结构紧凑；传动平稳，无噪声；在一定条件下，具有自锁性。缺点是：传动效率低，磨损较严重。为了提高减摩性和耐磨性，蜗轮齿圈常用价格昂贵的青铜制造。蜗杆传动广泛用于各种机械的传动系统中，如汽车转向器等。

2 蜗杆传动的类型及应用

根据蜗杆形状的不同，蜗杆传动可以分为圆柱蜗杆传动、环面蜗杆传动和锥蜗杆传动三大类。按照圆柱蜗杆齿廓曲线形状，普通圆柱蜗杆传动有阿基米德蜗杆(ZA 蜗杆）传动、法向直廓蜗杆（ZN 蜗杆）传动、渐开线蜗杆(ZI 蜗杆)传动、锥面包络圆柱蜗杆(ZK 蜗杆)传动。各种蜗杆传动的结构及应用见表 7-11。

蜗杆传动的类型、应用 表 7-11

类型	结构	特点和应用
阿基米德蜗杆传动	N—N I—I 凸廓 直廓 $2\alpha_0$ I I α N I—I $2\alpha_0$ 阿基米德螺旋线	阿基米德蜗杆可在车床上用直刃车刀车制，加工方便，但导程角 γ 较大时（>15°）加工困难，且难以磨齿，不便采用硬齿面，精度低。 用于头数较少、载荷小、不太重要的传动

续上表

类型	结　　构	特点和应用
法向直廓蜗杆传动	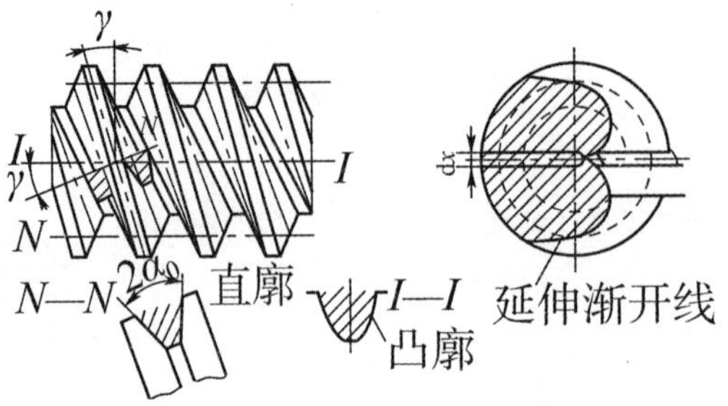 直廓 凸廓 延伸渐开线	车削时,刀具法向放置,有利于切削出导程角 $\gamma > 90°$ 的多头蜗杆。蜗杆还可铣制和磨削。 用于机床多头精密蜗杆传动
渐开线蜗杆传动	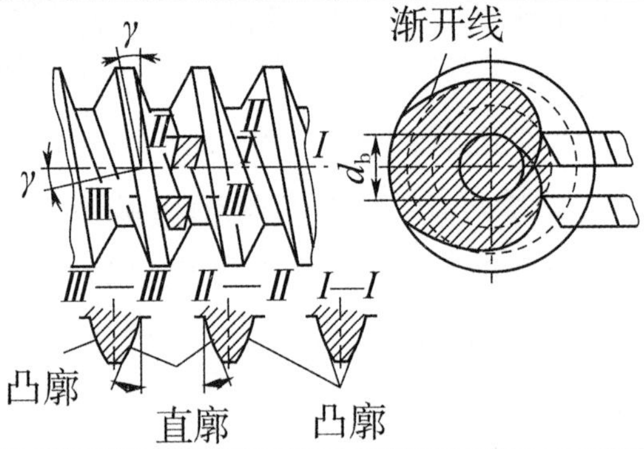 渐开线 凸廓 直廓 凸廓	蜗杆可车制,也可用齿轮滚刀滚铣,并可磨削,精度易保证。 适用于高速大功率和较精密的传动
锥面包络圆柱蜗杆传动	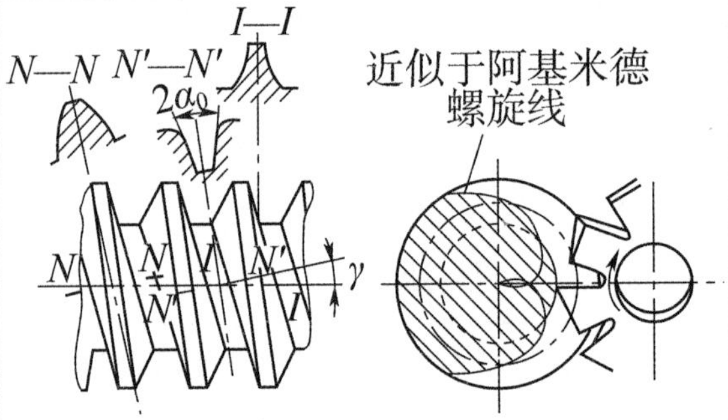 近似于阿基米德螺旋线	蜗杆齿面为由锥面盘形铣刀或砂轮包络而成的螺旋面,端面齿廓似为阿基米德螺旋线。 蜗杆加工容易,且可磨削,应用日益广泛
环面蜗杆传动	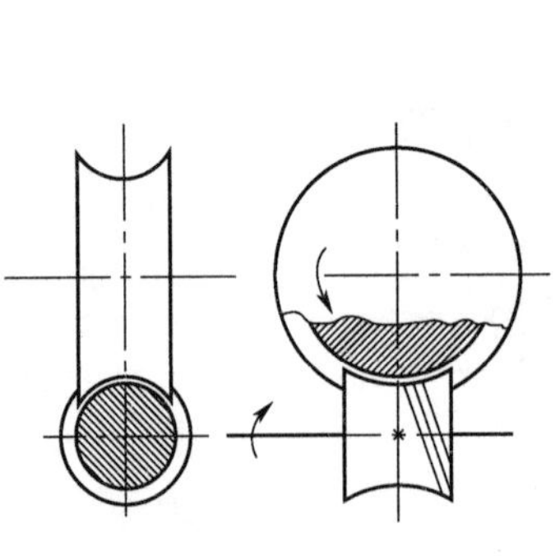	同时进入啮合的齿对数多,而且轮齿的接触线与蜗杆运动的方向近似于垂直,大大改善了轮齿受力情况和润滑油膜形成的条件。 用于承载能力强(为阿基米德蜗杆传动的2～4倍),效率较高(一般高达85%～90%)的传动

续上表

类型	结　构	特点和应用
锥蜗杆传动		同时进入啮合的齿对数多，传动比范围大（一般为10～360）。 用于承载能力和效率较高的场合，能作离合器使用，但由于结构上的原因，传动具有不对称性，因而正、反转时受力不同，承载能力和效率也不同

二、圆柱蜗杆传动的主要参数和几何尺寸

通常我们把沿着蜗杆轴线且垂直于蜗轮轴线的平面称为中间平面。在中间平面内，蜗杆与蜗轮之间的啮合类似于齿条与齿轮的啮合。蜗杆传动的参数和几何尺寸在中间平面内确定。

1 主要参数

（1）模数 m 和压力角 α。

在中间平面内，蜗杆的轴向齿距 p_x 等于蜗轮的端面齿距 p_t。因此，蜗杆的轴向模数 m_x（称蜗杆模数）等于蜗轮的端面模数 m_t，用 m 表示；蜗杆的轴向压力角 α_x，等于蜗轮的端面压力角 α_t，并取为标准压力角 α，$\alpha=20°$。蜗杆模数 m 按表 7-12 选取。

$$m_x = m_t = m \tag{7-17}$$

$$\alpha_x = \alpha_t = \alpha = 20° \tag{7-18}$$

蜗杆模数 *m* 值　　　表 7-12

第一系列	1　1.25　1.6　2　2.5　3.15　4　5　6.3　8　10　12.5　16　20　25　31.4　40
第二系列	1.5　3　3.5　4.5　5.5　6　7　12　14

（2）蜗杆分度圆直径 d_1。

在生产中，常用与蜗杆尺寸相同的蜗轮滚刀来加工蜗轮。为了限制滚刀的规格和数量，标准规定对应每一模数，仅有有限数目的标准蜗杆分度圆直径 d_1，可参考《机械设计手册》选取。

蜗杆分度圆直径 d_1 与模数 m 的比值称为蜗杆直径系数,用 q 表示。

$$q=\frac{d_1}{m} \tag{7-19}$$

为了方便加工规定蜗杆的轴向模数为标准模数,蜗轮的端面模数等于蜗杆的轴向模数,因此蜗轮端面模数也应为标准模数。标准模数系列见表7-13。

标准模数 m 和蜗杆分度圆直径 d_1(GB/T 10088—2018) 表7-13

模数 m(mm)	分度圆直径 d_1(mm)	蜗杆头数 z_1	蜗杆直径系数 q	模数 m(mm)	分度圆直径 d_1(mm)	蜗杆头数 z_1	蜗杆直径系数 q
1	18	1	18.000	4	40	1,2,4,6	10.000
					71	1	17.750
1.25	20	1	16.000	5	50	1,2,4,6	10.000
	22.4	1	17.920		90	1	18.000
1.6	20	1,2,4	12.500	6.3	63	1,2,4,6	10.000
	28	1	17.500		112	1	17.778
2	22.4	1,2,4,6	11.200	8	80	1,2,4,6	10.000
	35.5	1	17.750		140	1	17.500
2.5	28	1,2,4,6	11.200	10	90	1,2,4,6	9.000
	45	1	18.000		160	1	16.000
3.15	35.5	1,2,4,6	11.270	12.5	112	1,2,4	8.960
	56	1	17.778		200	1	16.000

(3)蜗杆导程角 γ。

蜗杆的形成原理与螺旋相同,所以蜗杆轴向齿距 p_x 与蜗杆导程 P_z 的关系为 $P_z=z_1p_x$,且 $p_x=\pi m$。由图7-54,可知:

$$\tan\gamma=\frac{p_z}{\pi d_1}=\frac{z_1p_x}{\pi d_1}=\frac{z_1m}{d_1}=\frac{z_1}{q} \tag{7-20}$$

蜗杆传动的效率与导程角 γ 有关,导程角大,传动效率高;导程角小,传动效率低。当传递动力时,要求效率高,常取 $\gamma=15°\sim30°$,此时应采用多头蜗杆;若蜗杆传动要求具有反转自锁性能时，常取 $\gamma=3.5°\sim4.5°$，采用单头蜗杆。

蜗杆导程角 γ 与蜗轮螺旋角 β 大小相同，旋向相同，即 $\gamma=\beta$。

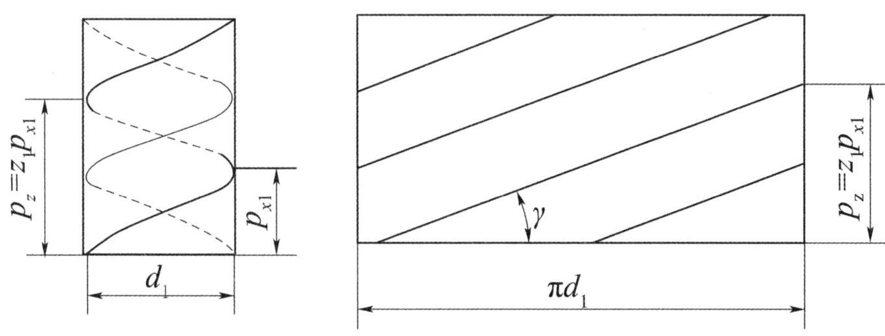

图 7-54　蜗杆的形成原理示意图

(4)传动比 i、蜗杆头数 z_1 和蜗轮齿数 z_2。

蜗杆旋转一圈，蜗轮转过 z_1 个齿，即传动比 $i=\dfrac{z_2}{z_1}$。蜗杆头数 z_1 常取 1,2,4,6；蜗轮齿数可根据选定的 z_1 和传动比 i 的大小，由 $z_2=iz_1$ 来确定。

2　几何尺寸计算

普通圆柱蜗杆传动几何尺寸的计算公式见表 7-14。

普通圆柱蜗杆传动几何尺寸的计算公式　　表 7-14

名　　称	符　　号	计算公式	
		蜗杆	蜗轮
标准中心距	a	$a=\frac{1}{2}(d_1+d_2)=\frac{m}{2}(q+z_2)$	
顶隙	c	$c=c^*m$，顶隙系数 $c^*=0.2$	
齿顶高	h_a	$h_a=h_a^*m$，齿顶高系数 $h_a^*=1$	
齿根高	h_f	$h_f=(h_a^*+c^*)m$	
齿高	h	$h=h_a+h_f$	
分度圆直径	d	$d_1=mq$	$d_2=mz_2$
齿顶圆直径	d_a	$d_{a1}=d_1+2h_a$	$d_{a2}=d_2+2h_a$
齿根圆直径	d_f	$d_{f1}=d_1-2h_f$	$d_{f2}=d_2-2h_f$
蜗杆轴向齿距	P_x	$P_x=\pi m$	

续上表

名　　称	符　　号	计算公式	
		蜗杆	蜗轮
蜗杆导程	P_z	$P_z=\pi m z_1$	
蜗杆导程角	γ	$\gamma=\arctan(mz_1/d_1)$	
蜗杆齿宽	b_1	非磨削蜗杆：$b_1=2m(1+\sqrt{z_2})$ 磨削蜗杆：$b_1=2m(1+\sqrt{z_2})+4.7m$	

三、蜗杆传动中蜗轮、蜗杆的转向判定

1 螺旋方向的判定

蜗轮与斜齿轮一样，也分左旋齿和右旋齿，如图7-55所示。蜗杆、蜗轮的螺旋方向判定方法为，将蜗杆或蜗轮的轴线垂直放置，螺旋线向左升高为左旋，向右升高为右旋。图7-56中的蜗杆和蜗轮均为右旋。

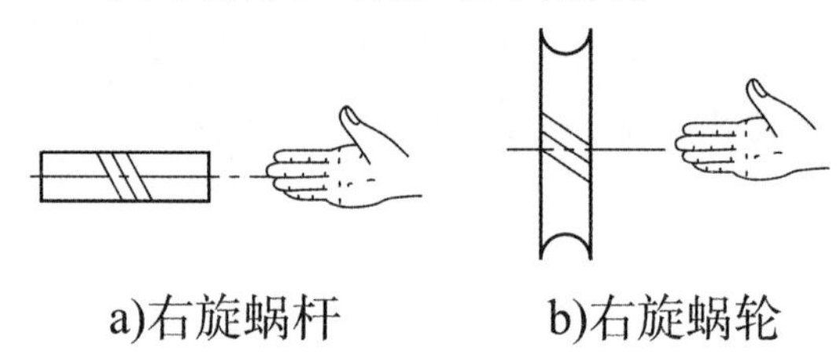

a)右旋蜗杆　　b)右旋蜗轮

图7-55　蜗杆蜗轮旋向判断

2 旋转方向的判定

蜗轮的旋转方向，不仅与蜗杆的旋转方向有关，而且还与蜗杆的螺旋方向有关。当已知蜗杆的旋转方向及螺旋方向后，可判断蜗轮的旋转方向：当蜗杆是右旋(或左旋)时，伸出右手(或左手)半握拳，用四指顺着蜗杆的旋转方向，这时与大拇指指向相反，就是蜗轮的旋转方向，如图7-56所示。

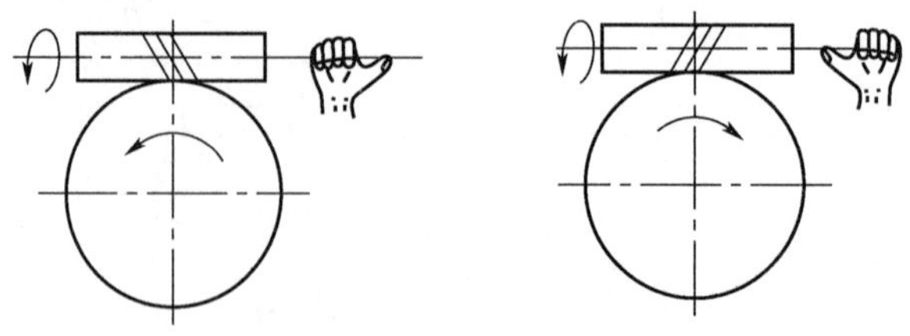

图7-56　蜗轮旋转方向的判断

练一练

在图 7-57 所示的蜗杆传动中，判断蜗杆的螺旋方向及蜗轮的旋向。(　　)

A. 蜗杆为左旋，蜗轮转向为顺时针

B. 蜗杆为左旋，蜗轮转向为逆时针

C. 蜗杆为右旋，蜗轮转向为顺时针

D. 蜗杆为右旋，蜗轮转向为逆时针

四、蜗轮蜗杆传动的失效形式

在蜗轮蜗杆传动中，蜗杆、蜗轮的齿廓间将产生很大的相对滑动，摩擦、磨损和发热严重，使蜗杆传动失效。蜗杆传动的主要失效形式为胶合、磨损和点蚀。由于蜗杆齿为连续的螺旋齿，且材料强度高于蜗轮材料强度，因而失效总是发生在蜗轮轮齿上，如图 7-58 所示。

图 7-57　蜗杆传动

a)齿面磨损

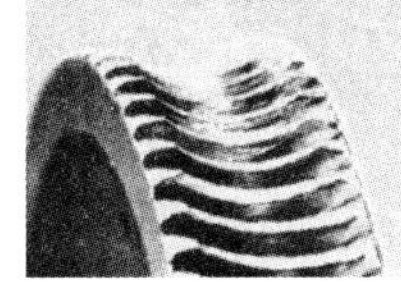

b)齿面点蚀

图 7-58　蜗轮的失效形式

五、蜗轮蜗杆的结构和常用材料

1　蜗杆、蜗轮结构

1)蜗杆结构

因蜗杆直径较小，所以蜗杆与轴常做成一体，称为蜗杆轴，如图 7-59 所示。

想一想

在图 7-59 所示的蜗杆结构中，a)图与 b)图的螺旋部分分别采用什么方法加工？

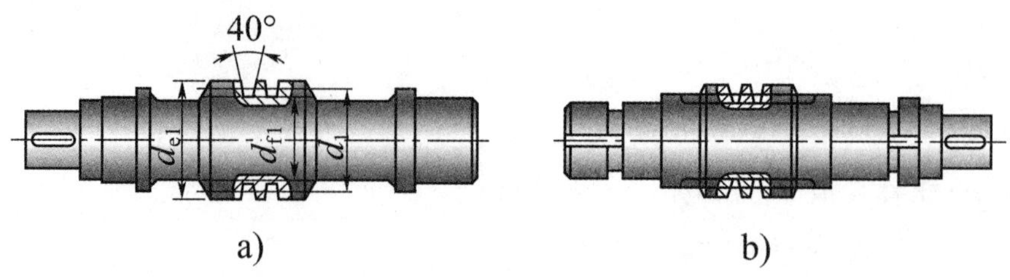

图 7-59　蜗杆的结构

2)蜗轮结构

蜗轮结构分为整体式和组合式。铸铁蜗轮和直径小于 100mm 的青铜蜗轮做成整体式,如图 7-60a)所示。为了节约贵重金属,蜗轮结构常采用组合结构,齿圈用青铜,而轮芯用铸铁或铸钢制造。常用的齿圈与轮芯的连接方式有两种:

(1)压配式:如图 7-60b)所示,齿圈和轮芯用过盈配合(H7/r6)连接,配合处制有定位凸肩,且加装螺钉使连接更加可靠。这种结构常用于尺寸不大或工作温度变化较小的场合。

(2)螺栓连接式:如图 7-60c)所示,蜗轮齿圈与轮芯采用铰制孔用螺栓连接,螺栓数目由剪切强度确定。这种结构常用于尺寸较大或磨损后需要更换齿圈的蜗轮。

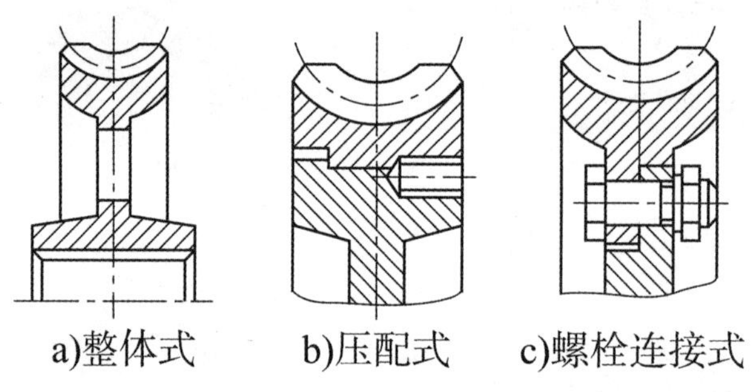

图 7-60　蜗轮结构

2 蜗杆、蜗轮材料

1)蜗杆的材料

蜗杆材料要求有较高的硬度与表面质量。低、中速时采用 45 钢调质,高速时采用 42MnVB、40CrNi、40Cr,调质后表面淬火,或采用 20Cr、20CrMnTi、12CrNi3A、20CrNi 渗碳淬火。

2)蜗轮材料

常用的蜗轮材料是青铜。锡青铜具有良好的耐磨性和抗胶合性能,但抗点蚀能力低,价格高,用于滑动速度 $v_s > 5m/s$ 的重要传动。铝铁青铜、锰黄铜等机械强度高、廉价,但减摩性稍差,抗胶合能力低,适用于 $v_s \leq 5m/s$ 的场合。对于 $v_s \leq 2m/s$ 的低速传动,蜗轮材料一般采用灰铸铁或球墨铸铁。

六、蜗杆传动的维护方法

由于蜗杆传动的滑动速度大，效率低，发热量大，因此润滑对蜗杆传动来说，具有特别重要的意义。若润滑不良，传动效率将显著降低，并且会带来剧烈的磨损和产生胶合破坏的危险。所以往往采用黏度大的矿物油进行良好润滑，在润滑油中还常加入添加剂，使其提高抗胶合能力。

蜗杆传动所采用的润滑油、润滑方法及润滑装置与齿轮传动基本相同。

第五节 轮系与减速器

本节描述

轮系在大多数机械传动中，将主动轴的较快转速变为从动轴的较慢转速，或者将主动轴的一种转速变换为从动轴的多种转速，或者改变从动轴的旋转方向。通过对轮系基本知识的学习，知道轮系的功用，能正确计算定轴轮系的传动比。

减速器装在原动机和工作机之间，用来降低转速和相应地增大转矩。通过对减速器的类型、结构、标准的学习，熟悉减速器的结构，掌握其选用方法，为以后进行机械传动的运动分析、结构分析和正确选用奠定基础。

学习目标

完成本节的学习以后，你应能：

1. 描述轮系的分类及应用；
2. 描述减速器的类型、结构、标准和应用；
3. 知道定轴轮系传动比的计算。

想一想

(1)观察图7-61a)所示的齿轮机构，其传动比与两齿轮的齿数有什么关系？如何提高齿轮机构的传动比？

(2)观察图7-61b)，传动比较大的齿轮机构有什么弊端？

(3)有什么方法可以利用齿轮传动来实现大的传动比，并且齿轮的尺寸差别不大呢？

a)　　　　b)

图 7-61　一对齿轮实现大传动比传动的利弊分析

一、轮系的分类和应用

图 7-62　轮系

在现代机械中,常用一对齿轮传递运动和动力,但如果要用一对齿轮来实现较大的传动比,会增加小齿轮的制造难度和大齿轮的几何尺寸,且小齿轮的使用寿命也会降低。通常可以将一系列相互啮合的齿轮组成轮系(图 7-62),以此实现更多的用途。

1　轮系的分类

想一想

如图 7-63 所示,图 7-63a)所示的轮系与图7-63b)所示的轮系在运转过程中有什么区别?

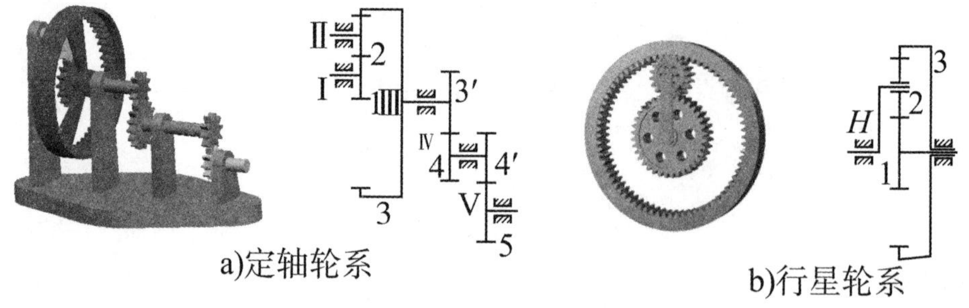

a)定轴轮系　　b)行星轮系

图 7-63　轮系分类

按轮系运动时轴线是否固定,将轮系分为定轴轮系和行星轮系两大类。

1)定轴轮系

轮系运动时,所有齿轮轴线的位置都是固定的轮系,称为定轴轮系,如图 7-63a) 所示。

2)行星轮系

轮系运动时,至少有一个齿轮的轴线可绕另一齿轮的轴线转动的轮系,称为行星轮系,如图 7-63b)所示。齿轮 2 除绕自身轴线回转外,还随同构件 H 一起绕齿轮 1 的固定几何轴线回转。齿轮 2 称为行星轮,H 称为行星架或系杆,齿轮 1、3 称为太阳轮。

2 轮系的应用

(1)实现相距较远的两轴之间的传动。

如图 7-64 所示,用四个小齿轮 a、b、c 和 d 组成的轮系,代替一对大齿轮 1、2 来实现啮合传动,既实现了较远距离两轴间的传动,又节省了材料,方便制造和安装。

(2)实现分路传动。

图 7-65 为滚齿机上实现滚刀与轮坯运动的传动简图。图中由轴 I 来的运动和动力经锥齿轮 1、2 传给单头滚刀,同时又由与锥齿轮 1 同轴的齿轮 3 经齿轮 4、5、6、7 传给蜗杆 8,再传给蜗轮 9 而至轮坯。这样实现了运动和动力的分路传动。

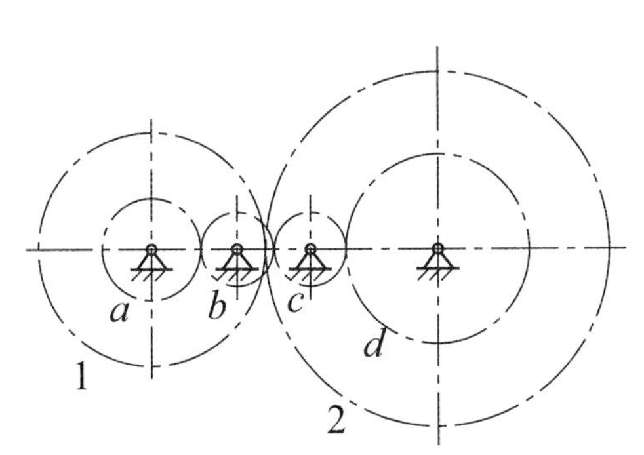

图 7-64 远距离传动

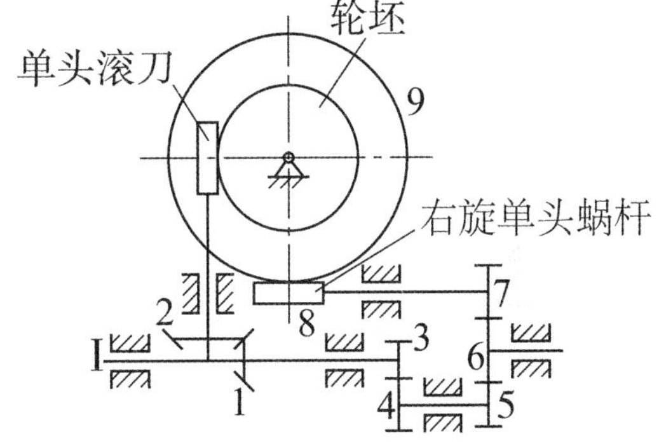

图 7-65 分路传动

(3)实现变速变向传动。

图 7-66 为汽车上常用的三轴四速变速器传动简图。图中轴 I 为输入轴,轴 Ⅲ 为输出轴,轴 Ⅱ 和 Ⅳ 为中间传动轴。当牙嵌离合器的 x 和 y 半轴接合, 滑移齿轮 4、6 空转时,Ⅲ 轴得到与 I 轴同样的高转速;当离合器脱开,运动和动力由齿轮 1、2 传给 Ⅱ 轴,当移动滑移齿轮使 4 与 3 啮合,或 6 与 5 啮合,Ⅲ 轴可得中速或低速挡;当移动齿轮 6 与 Ⅳ 轴上的齿轮 8 啮合,Ⅲ 轴转速反向,可得低速的倒车挡。

(4)实现大速比和大功率传动。

行星轮系可以由很少几个齿轮获得很大的传动比。如图 7-67 中,若 $z_1 = 100$,$z_2 = 101$,$z_{2'} = 100$,$z_3 = 99$,可使从系杆 H 到轮 1 的传动比达 10000。

(5)实现运动的合成和分解。

在图7-68所示的行星轮系中,其系杆H的运动是齿轮1和3运动的合成。行星轮系的这种运动合成特性,广泛应用于机床等机械调整和补偿之中。

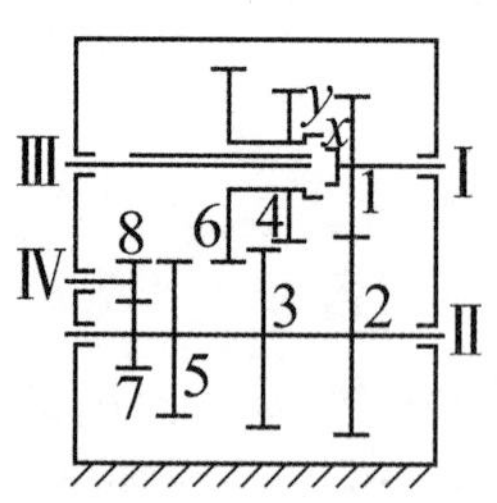

图7-66　变速变向传动

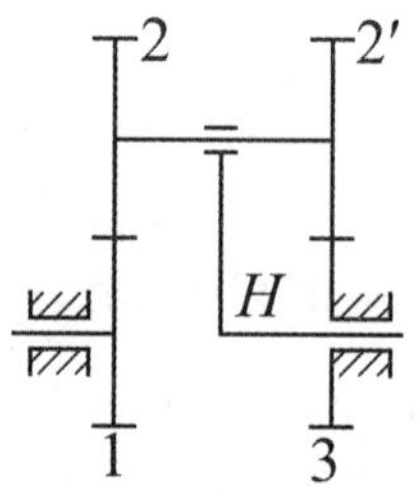

图7-67　大传动比传动

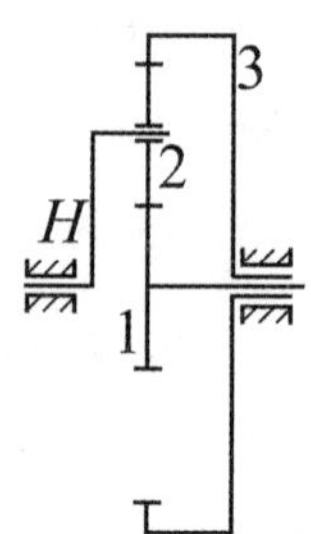

图7-68　运动的合成和分解

二、定轴轮系的传动比

轮系中,输入轴与输出轴的角速度或转速之比,称为轮系传动比。计算传动比时,不仅要计算其大小,还要确定输入轴与输出轴的转向关系。

对于各轴线平行的定轴轮系,依据两圆柱齿轮内啮合时转向相同为“+”、两齿轮外啮合时转向相反为“-”的原则确定轮系各轴的转向关系,“+”表示输入轴与输出轴转向相同,“-”表示输入轴与输出轴转向相反。另外还可以用作图法来确定齿轮的转向:外啮合齿轮传动,用反方向箭头表示;内啮合齿轮传动,用同方向箭头表示。

对于包含锥齿轮或蜗杆蜗轮传动的定轴轮系,一般用作图法来确定齿轮的转向,其中锥齿轮传动,两箭头同时指向或背离啮合处;蜗杆蜗轮传动,则用左、右手定则来确定其转向。

轴线平行的定轴轮系传动比计算方法如下:

(1)写出轮系齿轮啮合顺序线,分清主、从动齿轮。

(2)计算传动比大小:

$$i_{1N}=\frac{n_1}{n_N}=\frac{\text{从动轮齿数积}}{\text{主动轮齿数积}} \tag{7-21}$$

式中,1为首轮,N为末轮。

(3)确定传动比符号。

传动比符号由用$(-1)^m$来确定,m为外啮合齿轮的对数。也可用作图法确定,当首轮转向给定后,依次按外啮合齿轮转向相反、内啮合齿轮转向相同,对各对齿轮逐一标出转向即可。

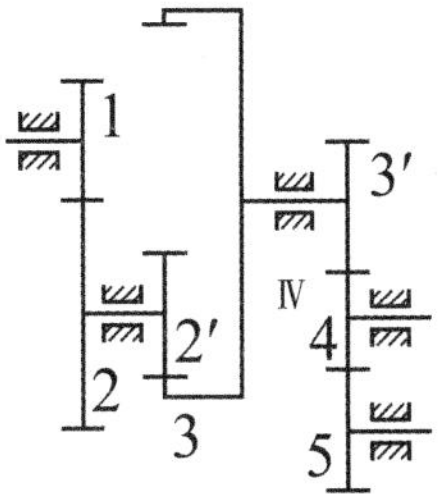

【例 7-2】 图 7-69 所示为各轴线平行的定轴轮系。在这个定轴轮系中，输入轴与主动首轮 1 固联，输出轴与从动末轮 5 固联，所以该轮系传动比，即输入轴与输出轴的转速比，也就是主动首轮 1 与从动末轮 5 的传动比 i_{15}。

图 7-69 定轴轮系

解：(1) 由图 7-69 所示的机构运动简图，可知齿轮啮合顺序线即传动线为：

$$1—2\rightarrow2'—3\rightarrow3'—4—5$$

(2) 传动比大小为：

$$i_{15}=\frac{n_1}{n_5}=(-1)^3\frac{z_2z_3z_4z_5}{z_1z_2z_{3'}z_4}$$

想一想

若定轴轮系中各轮轴线不平行(轮系中有锥齿轮或蜗杆传动)，轮系传动比的计算与轴线平行的定轴轮系有何区别？

三、减速器的类型、结构、标准和应用

减速器又称减速机，是一种用来改变原动机和工作机之间转速、转矩及轴线位置的独立传动装置。

减速器具有结构紧凑、使用维修简单和效率高等特点。为了便于使用单位选用，通常减速器已进行系列化、标准化设计和生产。

1 减速器的类型及应用

减速器按传动零件不同，可分为齿轮减速器、蜗杆减速器、齿轮—蜗杆减速器等，如图 7-70所示。

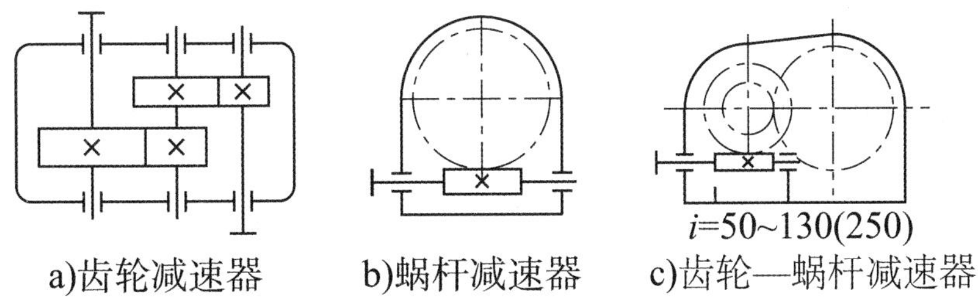

a)齿轮减速器 b)蜗杆减速器 c)齿轮—蜗杆减速器

图 7-70 减速器的类型

1) 齿轮减速器

齿轮减速器按减速齿轮的级数可分为单级、二级、三级减速器；按轴在空间

的相互配置方式可分为立式和卧式减速器。圆锥齿轮减速器和二级圆锥—圆柱齿轮减速器,用于需要输入轴与输出轴成90°配置的传动中。因大尺寸的圆锥齿轮较难精确制造,所以圆锥—圆柱齿轮减速器的高速级总是采用圆锥齿轮传动以减小其尺寸,提高制造精度。齿轮减速器的特点是效率高、寿命长、维护简便,因而应用极为广泛。

2)蜗杆减速器

蜗杆减速器的特点是在外廓尺寸不大的情况下可以获得很大的传动比,同时工作平稳、噪声较小,但缺点是传动效率较低。蜗杆减速器中应用最广的是单级蜗杆减速器。一般尽可能选用下置蜗杆的结构,以便于解决润滑和冷却问题。

3)齿轮—蜗杆减速器

这种减速器通常将蜗杆传动作为高速级,因为高速时蜗杆的传动效率较高。它适用的传动比范围为50~130。

2 减速器的结构

减速器主要由传动零件(齿轮或蜗杆)、轴、轴承、箱体及其附件所组成。图7-71为单级圆柱齿轮减速器的结构图,其基本结构有三大部分:齿轮、轴及轴承组合;箱体;减速器附件。

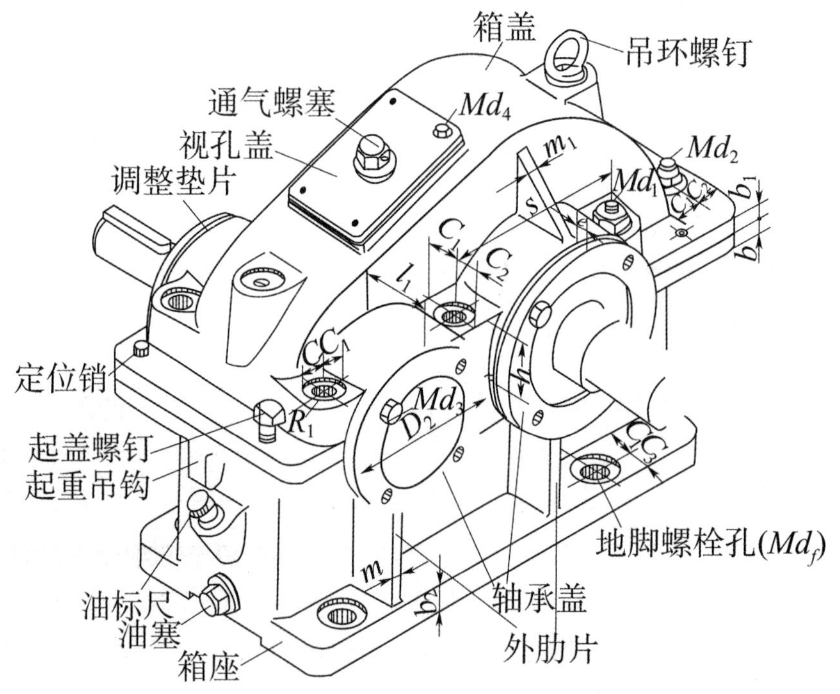

图7-71 单级减速器的结构图

3 减速器的标准

减速器在机械设备上的应用十分广泛。为了缩短设计时间、生产周期和降低成本,我国已制定出减速器标准系列。

标准减速器中规定了主要尺寸、参数值(a、i、z、m、β 等)和适用条件。减速器的型号用字母组合表示,如:ZD 表示单级圆柱齿轮减速器;ZL 表示双级圆柱齿轮减速器等。

实训项目 减速器的拆装与分析

实训描述

通过对减速器的比较、拆装与分析和轴系部件的拆装与分析,熟悉各种设备和工具的操作方法,能正确测量减速器的主要参数,掌握其结构、固定和调整方法,加深对机械零部件结构设计的感性认识,为以后各专业复杂机器拆装分析打下基础。

实训目标

完成本实训项目以后,你应能:

1. 描述减速器的整体结构及功能;

2. 知道减速器上满足功能要求、强度和刚度要求、工艺(加工与装配)要求及润滑与密封要求的结构;

3. 正确使用设备和工具测量减速器的主要参数;

4. 正确进行减速器及其轴系部件拆装;

5. 知道轴上零件的定位方式、轴系与箱体的定位方式、轴承及其间隙调整方法以及密封装置等。

一、实训设备和工具

(1)实训用减速器:单级直齿圆柱齿轮减速器,如图 7-72 所示。

(2)活动扳手、手锤、铜棒、钢直尺铅丝、轴承拆卸器、游标卡尺、百分表及表架。

(3)煤油若干量、油盘若干只。

二、实训步骤

(1)正确摆放减速器,便于拆装。搬动减速器时,必须按规则用箱座上的吊钩缓吊轻放,并注意人身安全。

图 7-72　单级直齿圆柱齿轮减速器

(2)观察减速器外部结构,判断传动级数、输入轴、输出轴及安装方式。

(3)观察减速器的外形与箱体附件,了解附件的功能、结构特点和位置,测出外廓尺寸、中心距及中心高。

外廓尺寸:长 × 宽 × 高 = ____________,中心距:a = ______,中心高:H = ______,地脚螺栓孔距:长 × 宽 = ____________。

(4)测定轴承的轴向间隙。固定好百分表,用手推动轴至一端,然后再推动轴至另一端,百分表所指示出的量值差即是轴承轴向间隙的大小。轴承轴向间隙为______。

(5)拆下箱盖和箱座连接螺栓,拆下端盖螺钉(嵌入式端盖除外),拔出定位销,借助起盖螺钉将盖、座分离,然后利用盖上的吊耳或环首螺钉起吊。拆开的箱盖与箱座应注意保护其结合面,防止碰坏或擦伤。

(6)测定齿轮副的侧隙。将一段铅丝插入齿轮间,转动齿轮碾压铅丝,铅丝变形后的厚度即是齿轮副侧隙的大小,用游标卡尺测量其值。齿轮副侧隙为______。

(7)仔细观察箱体剖分面及内部结构、箱体内轴系零部件间相互位置关系,确定传动方式。

数出齿轮齿数并计算传动比:小齿轮齿数 z_1 = _______,大齿轮齿数 z_2 = _______;传动比 i = _______。

判定轴承型号:轴承 1 代号为______、轴承 2 代号为______、轴承 3 代号为______、轴承 4 代号为______。

判定齿轮、轴承润滑方式:齿轮润滑方式为______;轴承润滑方式为______。

绘制机构传动示意图(图中应标出中心距、输入轴、输出轴、齿轮代号及轴承代号等)。

(8)取出轴系部件,拆零件并观察分析各零件的作用、结构、周向定位、轴向定位、间隙调整、润滑及密封等问题。把各零件编号并分类放置。

注意:拆装轴承时须用专用工具,不得用锤子乱敲;无论是拆卸还是装配,均不得将力施加于外圈上通过滚动体带动内圈,否则将损坏轴承滚道。

(9)分析轴承内圈与轴的配合、轴承外圈与机座的配合情况。

(10)在煤油里清洗各零件。

(11)拆、量、观察分析过程结束后,按拆卸的反顺序装配好减速器。

三、思考题

(1)箱体结合面用什么方法密封?

(2)减速器箱体上有哪些附件?各起什么作用?分别安排在什么位置?

(3)测得的轴承轴向间隙如不符合要求,应如何调整?

(4)轴上安装齿轮的一端总要设计成轴肩(或轴环)结构,为什么此处不用轴套?

(5)扳手空间如何考虑?如何确定正确的扳手空间位置?

自我检测

一、填空题

1. 国产普通V带中,__________型的截面尺寸和传动能力最小,__________型最大。

2. 根据轮系统传动中各齿轮轴线的几何位置是否固定,轮系可分为__________和__________两大类。

3. 渐开线齿轮的模数是以__________为单位的。

4. 直齿圆柱齿轮的啮合条件是__________和__________分别相等。

5. 传动带有__________、__________、__________和__________四种。

6. 链传动由__________、__________、__________和__________组成。

7. 齿轮传动按传动轴空间位置分有__________、__________和__________三类。

8. 按传动零件不同,减速器可分为__________减速器、__________减速器和__________减速器。

9. 蜗轮的结构有__________和__________两类。

10. 带轮的结构形式有__________、__________、__________和__________四种。

二、选择题

1. 轮系传动中,至少有一个齿轮的轴线绕另一齿轮的轴线转动,这种轮系叫做(　　)。

A. 定轴轮系　　B. 行星轮系

C. 混合轮系　　D. 空间定轴轮系

2. 机械传动中,若要获得较大传动比,则应采用(　　)。

A. 带传动　　B. 齿轮传动

C. 蜗杆传动　　D. 链传动

3. 以下传动方式中能够实现自锁的是(　　)。

A. 带传动　　B. 齿轮传动

C. 蜗杆传动　　D. 链传动

三、判断题

1. 轮系传动可以实现变速、换向。(　　)

2. 链传动不仅平均传动比准确,而且瞬时传动比也恒定。(　　)

3. 带传动能保持恒定的传动比。(　　)

4. 带传动必须使用防护罩。(　　)

5. 链传动可在恶劣条件下工作。(　　)

6. 带传动适用于易燃易爆的场合。(　　)

7. 计算轮系传动比时只需要计算出大小就可以了。(　　)

8. 锥齿轮传动时,主、从动轮的转向同时指向啮合点或同时背离啮合点。(　　)

9. 内啮合齿轮传动时,主、从动轮的转向始终相同。(　　)

10. 外啮合圆柱齿轮传动时,主、从动轮的转向始终相反的。(　　)

四、简答题

1. 常用的摩擦带传动有几种类型?

2. 为什么带传动在工作一段时间后需要重新张紧?常用的张紧方法有哪些?

3. 滚子链由哪些部分组成?各部分的配合关系如何?

4. 说明齿轮传动的特点、分类和应用。

5. 齿轮的失效形式有几种?原因是什么?

6. 蜗杆和蜗轮各有哪些结构形式?分别适用于什么场合?

7. 说明减速器的类型、特点和应用。

五、计算题

1. 已知一摩托车小链轮齿数 $Z_1 = 21$、转速 $n_1 = 720\text{r/min}$，链条节距 $p = 19.05\text{mm}$，传动比 $i_{12} = 3$。试计算链条的平均速度 v 和大链轮的齿数 Z_2。

2. 如图 7-73 所示的轮系中，已知各轮齿数分别为 $Z_1 = 24, Z_2 = 28, Z'_2 = 20, Z_3 = 60, Z'_3 = 20, Z_4 = 20, Z_5 = 28$。求传动比 i_{15}。若 n_1 转向如图 7-73 中所示，判定轮 5 的转向。

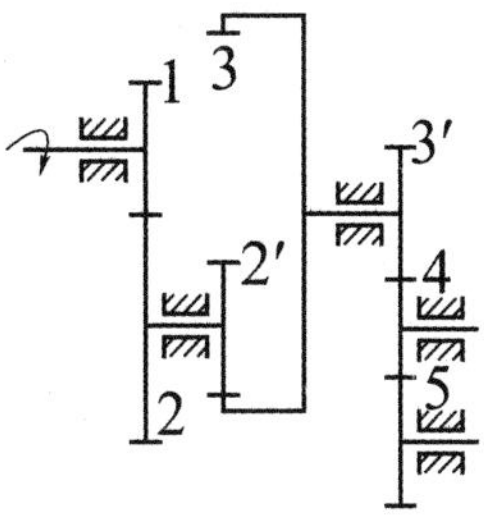

图 7-73　轮系示意图

3. 相啮合的一对标准直齿圆柱齿轮（压力角 $\alpha = 20°$，齿顶高系数 $h_a = 1$，顶隙系数 $c = 0.25$），齿数 $z_1 = 20, z_2 = 32$，模数 $m = 10\text{mm}$。试计算分度圆直径 d，齿顶圆直径 d_a，齿根圆直径 d_f，齿厚 s 和中心矩 a。

第八章

支承零部件

机器由各种零件组合而成,每个零件在机器上都发挥着各自的作用。各种做回转或摆动的零件(如齿轮、带轮等),都必须安装在用轴承正确支承的轴上,才能正常运动及传递动力。

第一节　轴

本节描述

轴是机器中的重要零件,轴的结构不同,功能也不同,如车床的主轴、发动机的曲轴等。本单元的主要任务就是认识轴的类型、结构和材料,掌握轴在机器中发挥的重要作用。

学习目标

完成本节的学习以后,你应能:

1. 认识轴的分类及特点;
2. 叙述轴的结构和应用。

一、轴的分类和应用

想一想

观察电风扇和减速器(图8-1),找一找,这些机器上有轴吗?说一说,轴有什么作用?你还能说出哪些机器上有轴?

轴是机械设备中的重要零件之一。它的主要功能是直接支承回转零件(如齿轮、车轮和带轮),实现回转运动并传递动力。轴要由轴承支承以承受作用在轴上的载荷。这种起支持作用的零部件称为支承零部件。

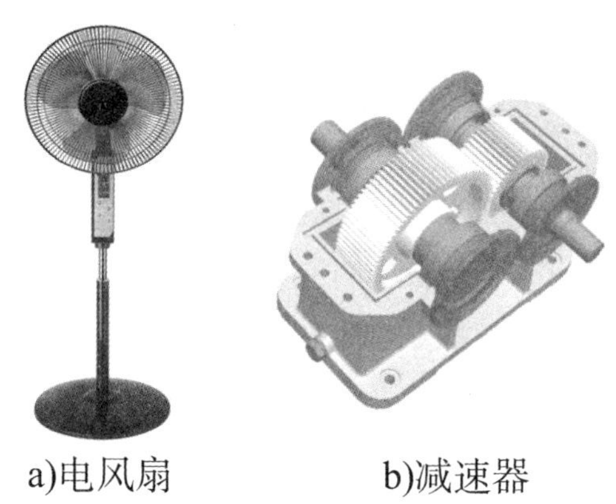

a)电风扇 b)减速器

图 8-1 电风扇和减速器

1 轴的分类

轴的种类及应用

按轴的轴线形状不同,轴可以分为直轴、曲轴和软轴。

(1)直轴:轴上各段的轴心线重合为一根直线的轴(图 8-2)。

(2)曲轴:轴上各段的轴心线不相重合的轴(图 8-3)。曲轴是内燃机、曲柄压力机等机器中用于往复运动和旋转运动相互转换的专用零件。

图 8-2 直轴

图 8-3 曲轴

(3)软轴:轴心线可以弯曲的轴。它可以把回转运动灵活地传到空间任何位置,如图 8-4 所示为汽车里程表软轴。

2 直轴的分类

(1)直轴根据其外形不同,又可以分为光轴(图 8-5)和阶梯轴(图 8-6)两种。为了提高刚度或减轻质量,有时将其制成空心轴(图 8-7)。

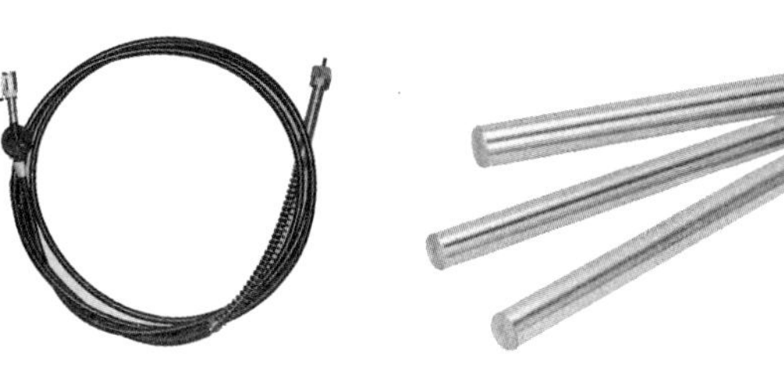

图 8-4 软轴　　图 8-5 光轴

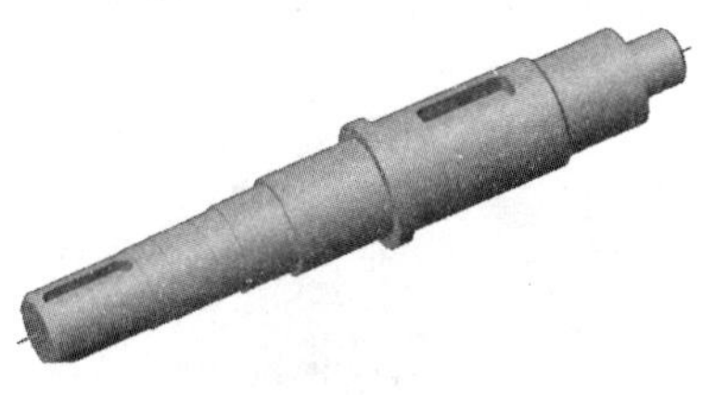

图 8-6　阶梯轴

图 8-7　空心轴

(2)根据直轴所受载荷的不同,直轴又可分为传动轴、心轴和转轴。

①传动轴:用来传递动力,主要承受转矩的轴,如汽车的传动轴(图 8-8)。

②心轴:用来支承回转零件,只承受弯矩作用的轴。心轴是可以转动的,如火车车轮轴(图 8-9)和自行车车轮轴(图 8-10)。

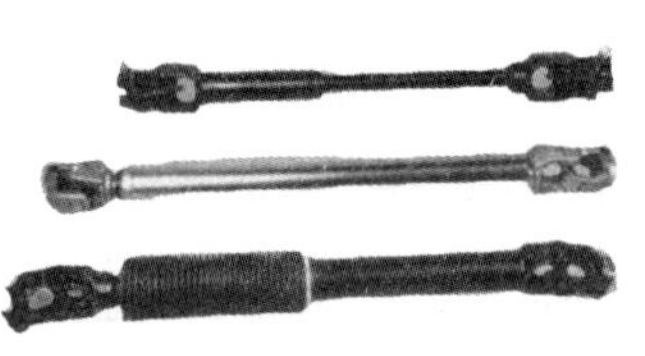

图 8-8　汽车传动轴

图 8-9　火车车轮轴

图8-10　自行车车轮轴

③转轴:既支承回转零件,又传递动力,可同时承受弯曲和扭曲两种作用的轴。机器上大多数轴都属于此类。

 二、轴的材料

想一想

减速器的轴有哪几种类型?它们用什么材料做成的?材料选用不当会有什么后果?

轴的主要失效形式为疲劳破坏。轴的材料应具有较好的强度,对应力集中

敏感性低，还要能满足刚度、耐磨性、耐腐蚀性的要求，并具有良好的加工性能，且价格低廉，易于获得。

轴的常用材料主要是碳素钢和合金钢，其次是球墨铸铁和高强度铸铁。

1 碳素钢

碳素钢比合金钢价格低廉，对应力集中的敏感性低，可通过热处理改善其综合性能，加工工艺性好，故应用最广。一般用途的轴，多用含碳量为 0.25% ~ 0.5% 的优质碳素钢，尤其是45 号钢；对于不重要或受力较小的轴也可用 Q235、Q275 等碳素结构钢。

2 合金钢

合金钢具有比碳素钢更好的机械性能和淬火性能，但对应力集中比较敏感，且价格较贵。合金钢多用于对强度和耐磨性有特殊要求的轴。如 20Cr、20CrMnTi 等低碳合金钢，经渗碳淬火处理后可提高耐磨性；20CrMoV、38CrMoAl 等合金钢，有良好的高温机械性能，常用于在高温、高速和重载条件下工作的轴。

3 球墨铸铁

球墨铸铁吸振性和耐磨性好，对应力集中敏感低，价格低廉，适用于铸制外形复杂的轴，如内燃机中的曲轴等。

三、轴的结构

轴的结构千差万别，但必须符合一定的规律和要求。轴的结构应便于加工和装配。如为了便于切削加工，一根轴上的圆角应尽可能取相同半径；退刀槽或砂轮越程槽尽可能取相同宽度；一根轴各轴段上的键槽应开在同一母线上。为了便于装配，轴端应加工倒角。

影响轴的结构的主要因素有以下几方面：

(1)受力合理，有利于提高轴的强度和刚度；

(2)轴上零件定位准确、固定可靠；

(3)轴上零件装拆、调整方便；

(4)便于加工制造，同时尽量避免应力集中；

(5)节省材料，减轻质量。

轴的结构

当材料在外力作用下不能产生位移时，它的几何形状和尺寸将发生变化，这

种变化称为形变。材料发生形变时,内部产生了大小相等但方向相反的反作用力抵抗外力,把分布内力在一点的集度称为应力。应力集中是指受力构件由于几何形状、外形尺寸发生突变而引起局部范围内应力显著增大的现象。

为了确保轴能支承轴上零件并传递运动和转矩,轴上的零件相对于轴沿轴线方向不能移动,沿圆周方向不能有相对转动,否则会加剧轴和零件的磨损,严重时引起零件的损坏、断裂,所以轴上零件要进行轴向和周向定位。下面通过轴上零件的定位来介绍轴的基本结构。

1 轴上零件的轴向定位

轴上零件的轴向定位目的是保证零件在轴上有确定的轴向位置,承受轴向力,防止零件轴向窜动。常用以下几种方式进行轴向定位。

(1)轴环、轴肩定位:这种定位方式(图 8-11)结构简单,定位可靠,可承受较大的轴向力,主要应用于齿轮、带轮、联轴器、轴承等的轴向定位,但轴肩定位会使轴的直径加大,引起应力集中。

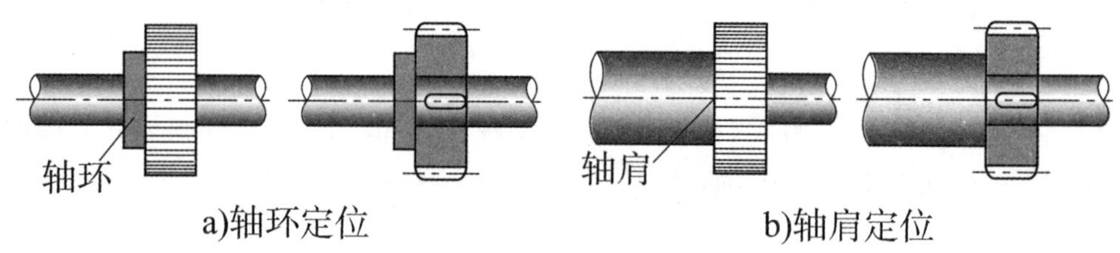

图 8-11 轴环、轴肩定位

(2)套筒定位:这种定位方式(图 8-12)轴上不需开槽、钻孔、车螺纹,结构简单、定位可靠,一般用于两相邻零件沿轴向的双向固定。套筒与轴配合较松,故不宜用于高速的轴上。

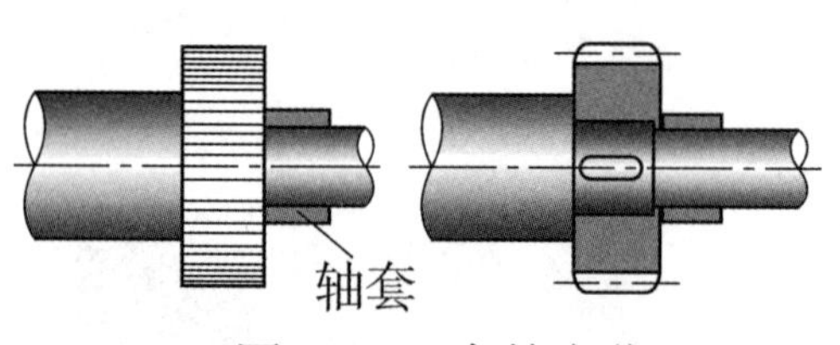

图 8-12 套筒定位

(3)圆螺母定位:其特点是定位可靠,装拆方便,一般与轴肩、轴环等配合使用,可承受较大的轴向力,但由于切制螺纹使轴的疲劳强度下降,常用于轴的中部和端部(图 8-13)。

(4)轴端挡圈和圆锥面定位:常用于轴端,使轴端零件获得轴向定位或双向固定。其结构简单,装拆方便,多用于轴的同心度要求较高或轴受振动的场合(图 8-14)。

(5)其他定位机构:利用紧定螺钉(图 8-15)、弹性挡圈(图 8-16)、轴端挡板(图 8-17)等进行轴向定位,但这些定位方式只适用于承受较小的轴向力之处。

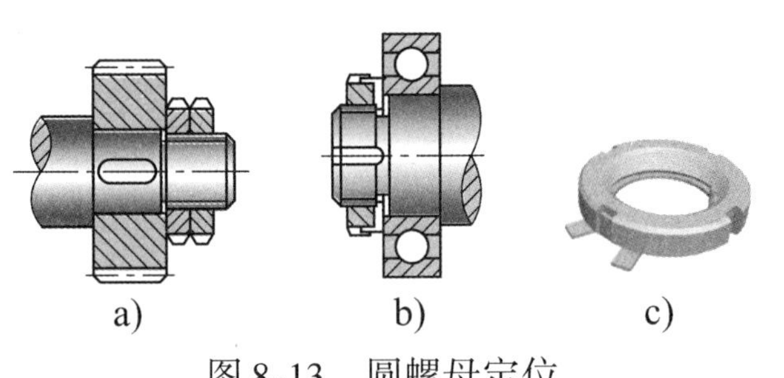

图 8-13　圆螺母定位

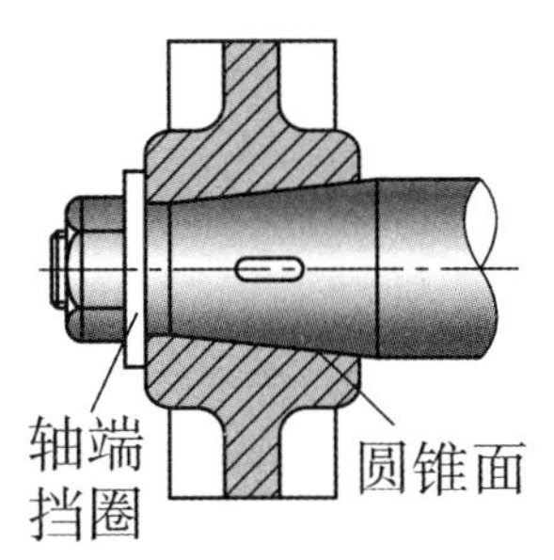

图 8-14　轴端挡圈和圆锥面定位

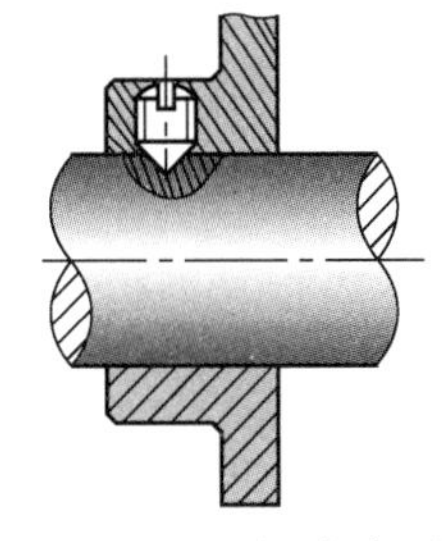
图 8-15　紧定螺钉

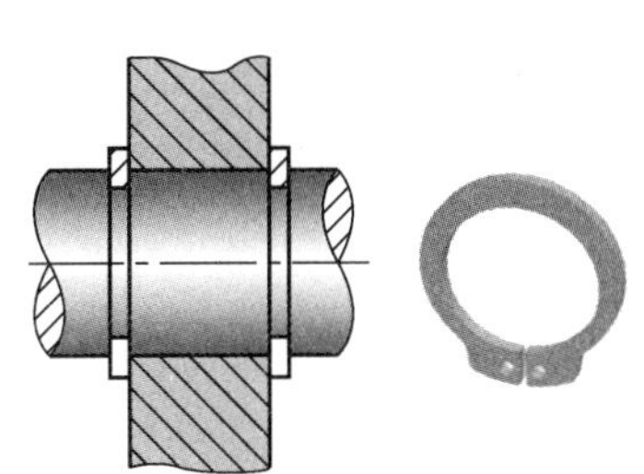
图 8-16　弹性挡圈

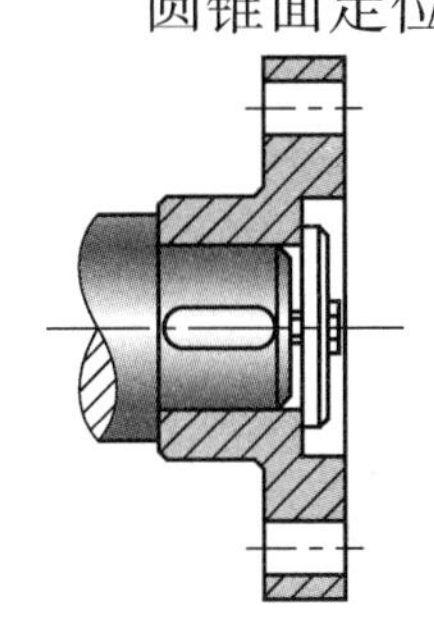
图 8-17　轴端挡板

2 轴上零件的周向定位

轴上零件周向定位的目的是传递转矩,防止零件与轴产生相对转动。常用的办法是键连接和过盈配合。

(1)键连接定位:键是标准零件,除了用来实现轴上零件周向定位外,还能实现轴上零件的轴向固定或轴向移动的导向(图 8-18)。

(2)花键连接定位:花键依靠键齿侧面的挤压传递转矩(图 8-19),由于是多齿传递载荷,所以承载能力强。花键适用于定心精度要求高、载荷大或经常有轴向滑移的定位。

图 8-18　键连接定位

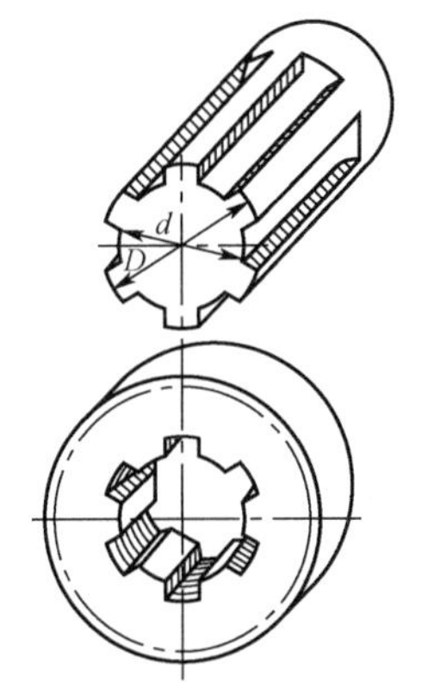

图 8-19　花键连接定位

(3)过盈配合定位:过盈配合连接是利用轴与零件轮毂间的过盈来达到定位或固定的目的。过盈配合连接通常采用圆柱面,常用的装配方式有压入法(过盈量不大时)和温差法(过盈量较大时,加热包围件或冷却被包围件)。过盈配合定位固定可靠,但装配和拆卸困难,适用于不拆卸或不常拆卸零件的连接,如发动机飞轮和起动齿圈的连接(图 8-20)。

(4)其他方法定位:采用圆锥销定位(图 8-21)或紧定螺钉定位,可进行轴向与周向两个方向的固定,但只能传递较小的力。

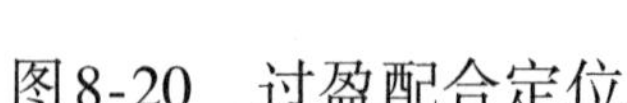

图8-20　过盈配合定位

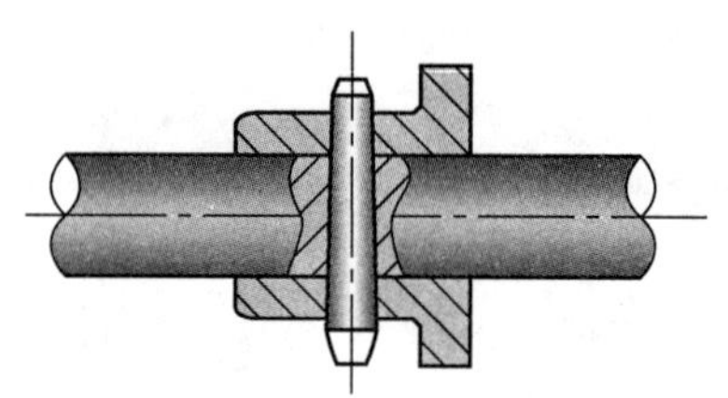

图 8-21　圆锥销定位

做一做

观察和分析一种机器(如减速器),分析其输出轴采用了什么材料?轴的结构如何?轴上零件如何合理的固定?

第二节　滑动轴承

本节描述

轴必须支承在轴承上,没有轴承的轴无法转动。在高速、重载、特殊结构要求的场合,必须采用滑动轴承。本节可以帮你掌握滑动轴承的结构、类型、材料、失效形式等,有助于在生产实际中合理选用滑动轴承。

学习目标

完成本节的学习以后,你应能:

1. 认识滑动轴承的结构;
2. 叙述滑动轴承的特点和应用。

轴承支承轴并与轴之间形成转动副。一般情况下轴承与轴承座都是与机架相连,起固定与支承的作用,轴可以在其上转动。

轴承按摩擦性质不同分为两大类:滚动轴承和滑动轴承。这里先介绍滑动轴承。

想一想

观察发动机活塞连杆组及机座的轴承结构(图 8-22),仔细分析并分组讨论,回答以下问题。

问题 1:滑动轴承的结构如何,由哪几部分组成?

问题 2:滑动轴承可用于什么地方?生活中遇到过哪些?

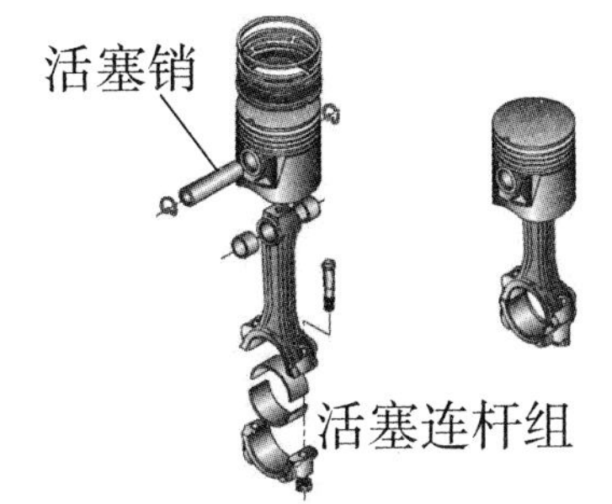

滑动轴承的原理及摩擦状态

图 8-22　滑动轴承

一、滑动轴承的特点

观察图 8-22 可以发现,滑动轴承与轴之间接触面积较大,可承受较大压力和较高转速。在结构上要求剖分的场合,滑动轴承更显其特殊功能(相对于滚动轴承)。滑动轴承与轴之间配合紧密,易于实现液体动力摩擦,转动平稳,无噪声,耐冲击,承载能力大,传动精密,能实现极高的速度,而且径向尺寸小。滑动轴承在汽轮机、内燃机和重型机械中得到了广泛的应用。

根据轴承所承受的载荷方向不同,滑动轴承可分为径向滑动轴承和推力滑动轴承两类。根据轴系和拆装的需要,滑动轴承还可分为整体式和剖分式两类。

二、滑动轴承的结构、类型及应用

滑动轴承主要由轴承盖、轴承座、轴瓦或轴套等组成(图 8-23)。

1　径向滑动轴承

径向滑动轴承用于承受径向载荷。常用的有以下几种形式。

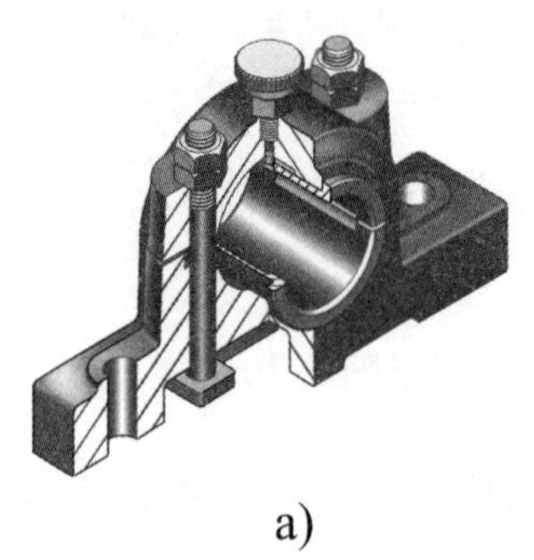

a)

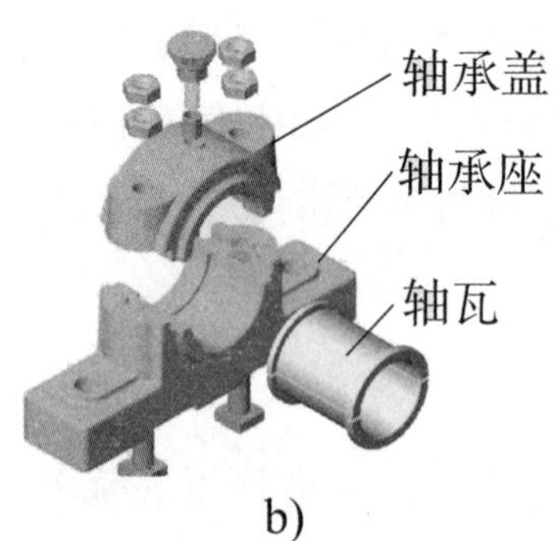

b)

图 8-23　剖分式滑动轴承

1) 整体式滑动轴承

整体式滑动轴承(图 8-24)是在滑动轴承座孔中压入具有减摩特性的材料制成的轴套,并用紧定螺钉固定。这种轴承结构简单,价格低廉,适用于轻载、低速或间歇工作的场合,如汽车连杆小头与活塞销相配(图 8-22),但整体式滑动轴承的装拆不方便,磨损后的轴承径向间隙无法调整,只有更换。为克服这个缺点,可采用剖分式滑动轴承。

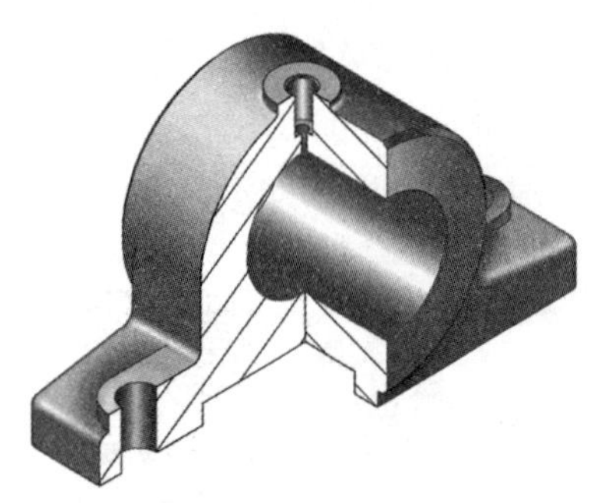

图 8-24　整体式滑动轴承

2) 剖分式滑动轴承

剖分式滑动轴承(图 8-23)由轴瓦、轴承盖、轴承座、螺栓及垫片等组成。轴承的剖分面配置调整垫片,目的是在轴瓦磨损后,可用减少垫片的方法来调整间隙。轴瓦分上、下两个半片,轴承的剖分面上做出定位止口,以防止轴瓦转动。这种轴承不但能调整间隙,而且轴的拆装也比较方便,因此应用很广。例如,汽车的曲轴轴承就是剖分式滑动轴承。

3) 可调间隙式滑动轴承

可调间隙式滑动轴承采用带锥形表面的轴套,有内柱外锥[图 8-25a)]和内锥外柱[图 8-25b)]两种形式,通过轴颈与轴瓦间的轴向移动实现轴承径向间隙的调整。可调间隙式滑动轴承因间隙可调,不影响运动精度,延长了轴瓦的使用寿命。

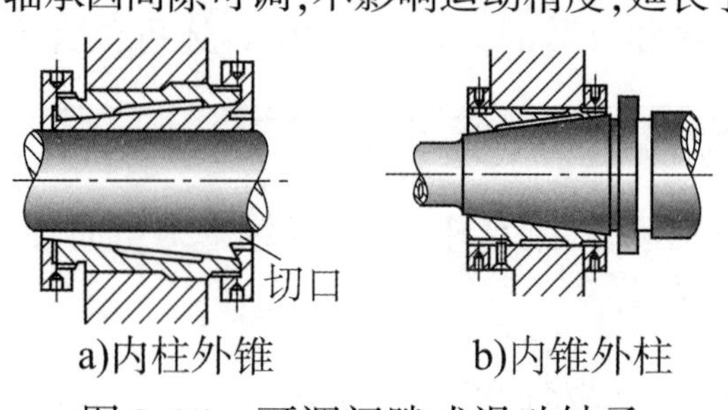

a)内柱外锥　　b)内锥外柱

图 8-25　可调间隙式滑动轴承

4)调心式滑动轴承

调心式滑动轴承(图8-26)是轴瓦与轴承盖、轴承座之间为球面接触,轴瓦可以自动调位,以适应轴弯曲时轴颈产生的倾斜。调心式滑动轴承主要用于轴的挠度较大,或两轴承孔轴线的同轴度误差较大的场合。

2 推力滑动轴承

推力滑动轴承(图8-27)用于承受轴向载荷。它是按轴的端面或轴肩、轴环的端面向推力支撑面传递轴向载荷的。

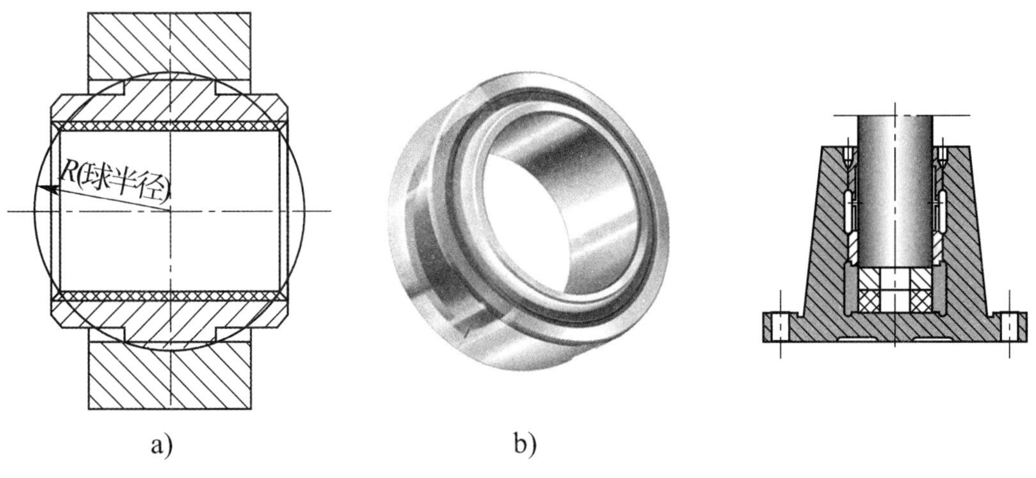

a)　　b)

图8-26　调心式滑动轴承　　图8-27　推力滑动轴承

第三节　滚动轴承

本节描述

滚动轴承用滚动代替滑动,减小了摩擦系数,从而也具有广泛的应用范围。本节主要帮你掌握滚动轴承的类型、材料、代号,分析滚动轴承的失效形式,以便在工程中正确选用。

学习目标

完成本节的学习以后,你应能:

1. 认识滚动轴承的结构;
2. 叙述滚动轴承的类型、代号和应用;
3. 知道滚动轴承的选择原则。

滚动轴承是依靠滚动体与轴承座圈之间的滚动接触来工作的轴承,用于支承旋转零件或摆动零件。

想一想

观察图 8-28,滚动轴承由哪几部分组成?思考在机器上滑动轴承和滚动轴承哪种用得比较多?

一、滚动轴承的结构

滚动轴承用滚动摩擦代替滑动摩擦,摩擦阻力小、旋转精度高、润滑简便且装拆方便,为标准零部件。滚动轴承主要由外圈、保持架、内圈和滚动体组成(图 8-28)。

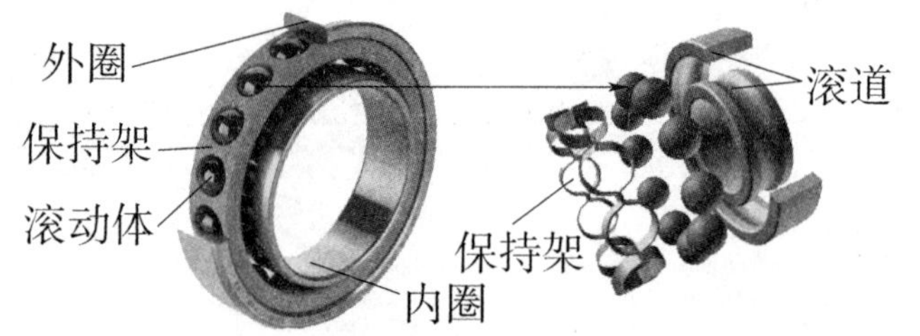

图 8-28　滚动轴承的组成

外圈的内表面与内圈的外表面上制有凹槽,称为滚道。滚道有限制滚动体侧向位移的作用。

保持架的作用是把滚动体均匀地隔开,以避免相邻的两个滚动体直接接触而增加磨损。

内圈常与轴一起旋转,外圈装在轴承座中起支承作用。在实际应用中,也有外圈旋转、内圈固定或内外圈都旋转的。

常用的滚动体有球、圆柱滚子、滚针、圆锥滚子、球面滚子、非对称球面滚子、螺旋滚子七种(图 8-29)。当内、外圈作相对回转时,滚动体沿着内、外圈上的滚道滚动,有的滚道可限制滚动体的轴向位移,能使轴承承受一定的轴向载荷。

二、滚动轴承的类型、代号

1　滚动轴承的类型

1)按滚动轴承所受载荷不同分类

(1)向心轴承:主要承受径向(垂直于回转轴线)载荷的滚动轴承。有的向心轴承也承受较小的单向轴向载荷或较小的双向轴向载荷。常用类型有调心球轴承、圆柱滚子轴承、调心滚子轴承，以及深沟球轴承、滚针轴承等，如图 8-30 所示。

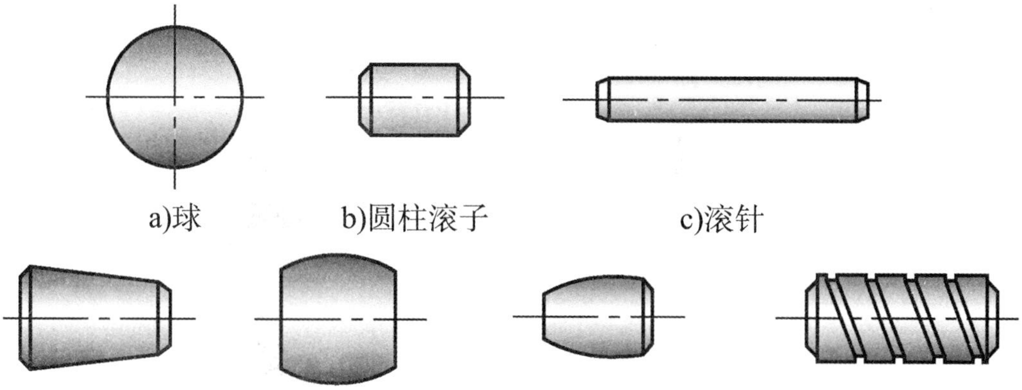

a)球　b)圆柱滚子　c)滚针

d)圆锥滚子　e)球面滚子　f)非对称球面滚子　g)螺旋滚子

图 8-29　滚动体

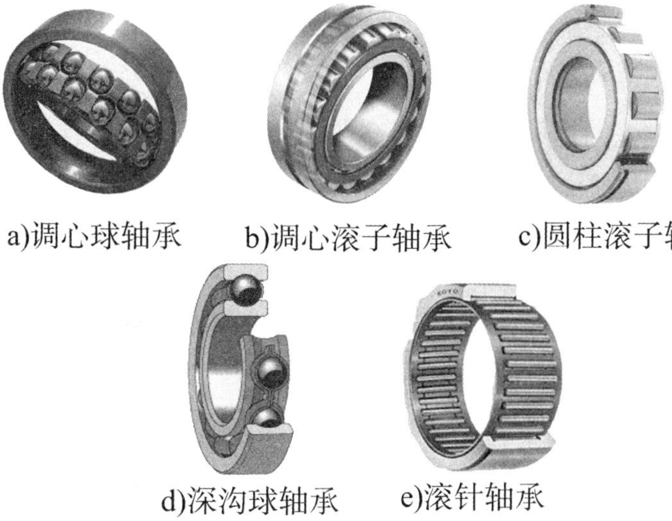

a)调心球轴承　b)调心滚子轴承　c)圆柱滚子轴承

d)深沟球轴承　e)滚针轴承

图 8-30　向心轴承

(2)推力轴承：仅承受轴向(沿着或平行于回转轴线)载荷的滚动轴承，如推力球轴承、推力圆柱滚子轴承、推力滚针轴承(图 8-31)。

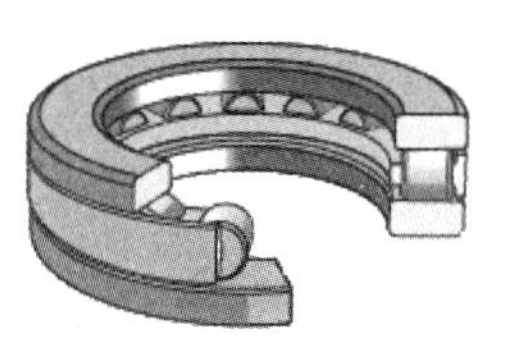

a)推力球轴承　b)推力圆柱滚子轴承　c)推力滚针轴承

图 8-31　推力轴承

(3)向心推力轴承:同时承受径向载荷和轴向载荷的滚动轴承,如角接触球轴承和圆锥滚子轴承等(图8-32)。

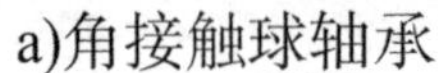

a)角接触球轴承

b)圆锥滚子轴承

图8-32 向心推力轴承

2)按滚动体的形状分类

(1)球轴承:为点接触,制造方便,价格低,运转摩擦损耗少,但承载、抗冲击能力差[图8-30a)];

(2)滚子轴承:为线接触,承载、抗冲击能力较强[图8-30c)]。

2 滚动轴承的代号

为了区别不同类型、结构、尺寸和精度的轴承,国家标准规定了其识别符号(即轴承代号),并把它印在轴承的端面上。

按国家标准《滚动轴承 代号方法》(GB/T 272—2017)规定,轴承代号组成见表8-1。

滚动轴承代号排列规则 表8-1

<table>
<tr><td>前置代号</td><td colspan="5">基 本 代 号</td><td colspan="8">后 置 代 号</td></tr>
<tr><td rowspan="3">轴承分部件代号</td><td>5</td><td>4</td><td>3</td><td>2</td><td>1</td><td rowspan="3">内部结构代号</td><td rowspan="3">密封与防尘结构代号</td><td rowspan="3">保持架及其材料代号</td><td rowspan="3">特殊轴承材料代号</td><td rowspan="3">公差等级代号</td><td rowspan="3">游隙代号</td><td rowspan="3">多轴承配置代号</td><td rowspan="3">其他代号</td></tr>
<tr><td rowspan="2">类型代号</td><td colspan="2">尺寸系列代号</td><td colspan="2" rowspan="2">内径代号</td></tr>
<tr><td>宽度系列代号</td><td>直径系列代号</td></tr>
</table>

注:1.基本代号——表示轴承的类型与尺寸等主要特征;

2.后置代号——表示轴承的结构、公差与材料的特征;

3.前置代号——表示轴承的分部件。

基本代号排列顺序有如下规则：

(1)内径代号——右起第一、二位，表示轴承的内径尺寸(表8-2)。

轴承的内径代号　　表8-2

<table>
<tr><th colspan="2">轴承公称内径(mm)</th><th>内径代号</th><th>示　例</th></tr>
<tr><td colspan="2">0.6～10(非整数)</td><td>用公称内径毫米数直接表示，在其与尺寸系列代号之间用“/”分开</td><td>深沟球轴承617/0.6　$d=0.6$mm
深沟球轴承618/2.5　$d=2.5$mm</td></tr>
<tr><td colspan="2">1～9(整数)</td><td>用公称内径毫米数直接表示，对深沟及角接触球轴承直径系列7、8、9，内径与尺寸系列代号之间用“/”分开</td><td>深沟球轴承625　$d=5$mm
深沟球轴承618/5　$d=5$mm
角接触球轴承707　$d=7$mm
角接触球轴承719/7　$d=7$mm</td></tr>
<tr><td rowspan="4">10～17</td><td>10</td><td>00</td><td>深沟球轴承6200　$d=10$mm</td></tr>
<tr><td>12</td><td>01</td><td>调心球轴承1201　$d=12$mm</td></tr>
<tr><td>15</td><td>02</td><td>圆柱滚子轴承NU 202　$d=15$mm</td></tr>
<tr><td>17</td><td>03</td><td>推力球轴承51103　$d=17$mm</td></tr>
<tr><td colspan="2">20～480(22、28、32除外)</td><td>公称内径除以5的商数，商数为个位数，需在商数左边加“0”如08</td><td>调心滚子轴承22308　$d=40$mm
圆柱滚子轴承NU 1096 $d=480$mm</td></tr>
<tr><td colspan="2">≥500以及22、28、32</td><td>用公称内径毫米数直接表示，但在与尺寸系列之间用“/”分开</td><td>调心滚子轴承230/500　$d=500$mm
深沟球轴承62/22　$d=22$mm</td></tr>
</table>

(2)尺寸代号——右起第三、四位，表示内径相同、外径和宽度不同的轴承的变化系列，右起第三位为直径(外径)系列，右起第四位为宽(高)度系列，当宽(高)度系列值为0时，可省略标注。如向心及向心推力轴承，0、1表示特轻系列，2表示轻系列，3表示中系列，4表示重系列(表8-3)。推力轴承除了用1表示特轻系列之外，其余与向心轴承及向心推力轴承的表示一致。

轴承宽(高)度系列和直径系列代号 表8-3

直径系列代号	向心轴承								推力轴承			
	宽度系列代号								高度系列代号			
	8	0	1	2	3	4	5	6	7	9	1	2
	尺寸系列代号											
7	—	—	17	—	37	—	—	—	—	—	—	—
8	—	08	18	28	37	48	58	68	—	—	—	—
9	—	09	19	29	39	49	59	69	—	—	—	—
0	—	00	10	20	30	40	50	60	70	90	10	—
1	—	01	11	21	31	41	51	61	71	91	11	—
2	82	02	12	22	32	42	52	62	72	92	12	22
3	83	03	13	23	33	—	—	—	73	93	13	23
4	—	04	—	24	—	—	—	—	74	94	14	24
5	—	—	—	—	—	—	—	—	—	95	—	—

(3)类型代号——右起第五位,表示轴承类型。滚动轴承的主要类型见表8-4。

轴承类型代号 表8-4

代号	轴承类型	代号	轴承类型
0	双列角接触球轴承	7	角接触球轴承
1	调心球轴承	8	推力圆柱滚子轴承
2	调心滚子轴承和推力调心滚子轴承	N	圆柱滚子轴承
3	圆锥滚子轴承*		双列或多列用字母 NN 表示
4	双列深沟球轴承	U	外球面球轴承
5	推力球轴承	QJ	四点接触球轴承
6	深沟球轴承	C	长弧面滚子轴承(圆环轴承)

注:在代号后或前加字母或数字表示该类轴承中的不同结构。

*符合 GB/T 273.1 的圆锥滚子轴承代号按附录 A 的规定。

例如:23224 表示调心滚子轴承、尺寸系列代号 32、内径代号 24,内径 $d = 120\text{mm}$。

想一想

结合各表思考下列滚动轴承的代号含义:6308、30316。

三、滚动轴承的失效形式和材料

1 失效形式

滚动轴承的失效形式主要有疲劳点蚀、塑性变形和磨损等(图 8-33)。

(1)疲劳点蚀:轴承在径向载荷的作用下,内圈、外圈与滚动体接触处产生应力和弹性变形,其大小随接触点位置不同而变化循环。循环接触应力作用到达一定次数时,就会在零件工作表面形成疲劳点蚀,使滚动轴承产生振动和噪声,旋转精度降低,从而失去工作能力。

(2)塑性变形:在冲击或重载的作用下,可能使滚动体和内外圈滚道表面接触处的局部应力超过材料的屈服强度,产生永久性凹坑。此时滚动轴承的摩擦力矩、振动和噪声加大,旋转精度降低,轴承失效。

(3)磨损:轴承使用时润滑不良、密封不严或在多尘环境中,容易导致严重磨损而失效。

a)疲劳点蚀

b)塑性变形

c)磨损

图 8-33　滚动轴承的失效形式

2 轴承材料

滚动轴承的内、外圈和滚动体应具有较高的硬度和接触疲劳强度、良好的耐磨性和冲击韧性,一般用特殊轴承钢制造,如 GCrl5、GCrl5SiMn 等,经热处理后硬度可达 HRC 60 ~ 65;保持架多用低碳钢板通过冲压成形方法制造,也可采用有色金属或塑料等材料。

实训项目　认识轴系的结构

实训描述

通过拆装轴系零件,结合所学内容,观察轴和轴承的结构,判断轴和轴承的类型,识别轴系结构的材料,掌握正确的拆装轴系结构的方法。

实训目标

完成本实训项目以后,你应能:

1. 认识轴和轴承的结构,判断其类型;
2. 通过查阅相关资料,结合拆装实物,识别轴和轴承的材料;
3. 正确地拆卸、安装轴承,塑造劳动精神。

一、实训设备与器材

发动机一台,轴系总成常用拆装工具一套,拆装工作台、零件摆放架等。下面我们以丰田卡罗拉发动机曲轴飞轮组(图8-34)为例作介绍。

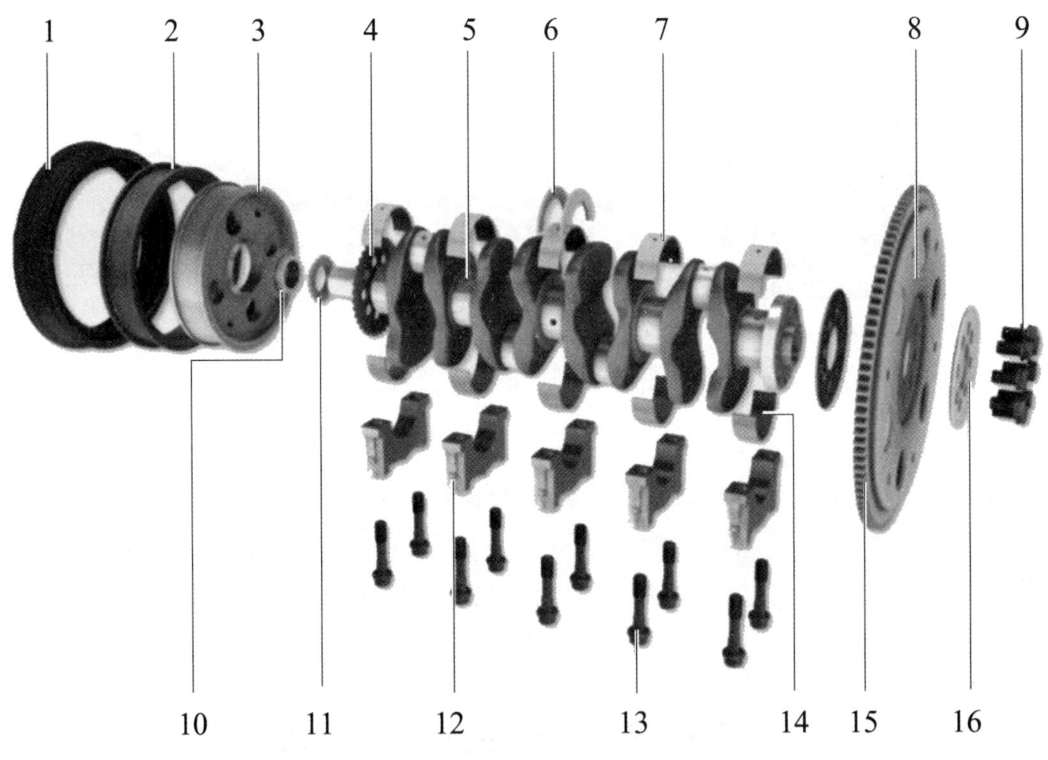

图8-34 发动机曲轴飞轮组分解图

1-曲轴传动带轮;2-橡胶环;3-摩擦盘;4-曲轴位置传感器信号转子;5-曲轴;6-推力垫片;7-主轴轴承上轴瓦;8-飞轮;9-螺栓;10-曲轴正时齿轮;11-机油泵驱动链轮;12-主轴承盖;13-主轴承盖螺栓;14-主轴轴承下轴瓦;15-齿圈;16-飞轮挡圈

二、拆装方法及步骤

1 曲轴飞轮组的拆卸

(1)将汽缸体倒置在工作台上,拆卸中间轴密封凸缘。

(2)拆卸缸体前端中间轴密封凸缘中的油封,装配时必须更换。

(3)拆卸中间轴,拆卸传动带盘端曲轴油封,拆卸前油封凸缘及衬垫。

(4)旋出飞轮固定螺栓,从曲轴凸缘上拆下飞轮。

(5)拆下曲轴主轴承盖紧固螺栓,不能一次全部拧松,必须分次从两端到中间逐步拧松(图8-35)。

(6)抬下曲轴,再将轴承盖及垫片按原位装回,并将固定螺栓拧入少许。

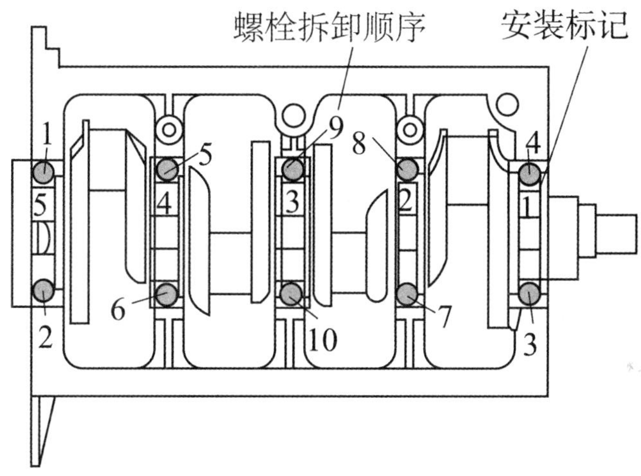

图8-35　曲轴主轴承盖螺栓拧松顺序

注意:推力轴承的定位及开口的安装方向,轴瓦不能互换。

2 观察与分析

(1)拆下的曲轴飞轮组零件中,哪些是轴?哪些是轴承?

(2)它们分别是轴和轴承中的哪个类别?

(3)它们在结构上有什么特点?是怎么定位的?

(4)查阅资料,判断轴和轴承的材料,并分析其失效形式。

3 曲轴飞轮组的装配

(1)将经过清洗和擦拭干净的曲轴、飞轮、选配及修配好的轴承、轴承盖等零件依次摆放整齐,准备装配。

(2)将曲轴安装在缸体上。在第3道主轴颈两侧安装半圆推力垫片,其开口必须朝向曲轴。定位半圆推力垫片装于轴承盖上(注意:轴承盖按 1 ~ 5 序号安装,不得装错和装反。1、2、4、5 道曲轴瓦,只有装在缸体上的轴瓦有油槽,装在瓦盖上的无油槽;但第 3 道轴瓦两片均有油槽);从中间轴承盖向左右对称紧固螺栓,按规定力矩拧紧。

(3)安装曲轴前后油封和油封座,安装飞轮和滚针轴承(曲轴后端滚针轴承有标记的一面应朝外),新换飞轮时,还应在飞轮“o”标记(1、4 缸上止点记号)附近打印上点火正时记号。变速器输入端外端的滚针轴承安装时标记朝外(朝后),外端距曲轴后端面 1.5mm。

注意:安装飞轮时,齿圈上的标记与 1 缸连杆轴颈在同一个方向上。

(4)检验曲轴的轴向间隙。检验时,先用撬棍将曲轴挤向一端,再用厚薄规在推力轴承处测量曲柄与推力垫片之间的间隙。新装配时间隙值为 0.04 ~ 0.14mm,磨损极限为0.18mm。如曲轴轴向间隙过大,应更换推力轴承。

三、考核要求

(1)能用正确的方法拆卸、装配曲轴飞轮组的轴及轴承等零件;

(2)能分析曲轴飞轮组中轴的作用;

(3)会判别轴和轴承的类型。

自我检测

一、填空题

1. 各种作回转或摆动的零件(如齿轮、带轮等),都必须安装在用________正确支撑的________上,才能正常运动及传递动力。

2. 按轴的轴线形状不同,轴可以分为________、________和________三种。

3. 根据外形不同,直轴可以分为________和________两种。

4. 根据直轴所受载荷的不同,直轴又可分为________、________和________三种。

5. 轴的常用材料主要是________和________,其次是球墨铸铁和高强度铸铁。

6. 为了确保轴能支承轴上零件传递运动和转矩并正常工作,轴上的零件相对于轴沿轴线方向________,沿圆周方向________。

7. 根据轴承所承受的载荷方向不同,滑动轴承可分为________和________两类。

8. 滚动轴承主要由________、________、________和________组成。

9. 滚动轴承30316的代号含义是________________________________。

二、选择题

1. 内燃机中的曲轴使用的材料是(　　)。

A. 球墨铸铁　　B. 碳素钢

C. 合金钢　　D. 铝合金

2. 承受较大的轴向力的齿轮、带轮、联轴器、轴承等的轴向定位方式是(　　)定位。

A. 轴环、轴肩　　B. 套筒

C. 轴端挡圈和圆锥面　　D. 紧定螺钉

3. 发动机飞轮和起动齿圈的连接是(　　)。

A. 键连接定位　　B. 过盈配合定位

C. 花键连接定位　　D. 轴肩定位

4. 当轴的挠度较大,或两轴承孔轴线的同轴度误差较大时,应选用(　　)。

A. 整体式滑动轴承　　B. 剖分式滑动轴承

C. 可调式间隙式轴承　　D. 调心式滑动轴承

5. 可同时承受径向载荷和轴向载荷的滚动轴承是(　　)。

A. 向心推力轴承　　B. 推力轴承

C. 向心轴承　　D. 球轴承

三、简答题

1. 影响轴的结构主要因素有哪几方面?

2. 滑动轴承与滚动轴承有什么区别? 各用在什么地方?

第九章

机械的节能环保与安全防护

合理润滑和可靠密封,能够提高机械的工作效率和使用寿命,并有效防止环境污染和资源浪费。为防止机械在运行时产生各种对人员的接触伤害,必须给机械的危险部位安装可靠的防护装置或作出警示标记。

第一节　机械润滑

本节描述

加强机械设备润滑,对提高摩擦副的耐磨性和机械设备的可靠性、延长关键零部件的使用寿命、降低机械设备使用维修费用、减少机械设备故障,都有着重大意义。

学习目标

完成本节的学习以后,你应能:

1. 认识润滑剂的种类、性能,并知道润滑油的基本选用原则;
2. 知道机械常用润滑方式和润滑装置;
3. 知道典型零部件的润滑方法。

一、润滑剂的种类、性能及选用

1 润滑剂的种类

凡能起降低摩擦阻力作用的介质都可作为润滑剂。润滑剂主要有固体润滑剂、润滑脂、液体润滑剂和气体润滑剂四类,其中液体润滑剂(润滑油)与润滑脂比较常用,如图 9-1 所示。

想一想

结合图 9-1,分析常见润滑油与润滑脂的物理状态有什么区别?

a)润滑油

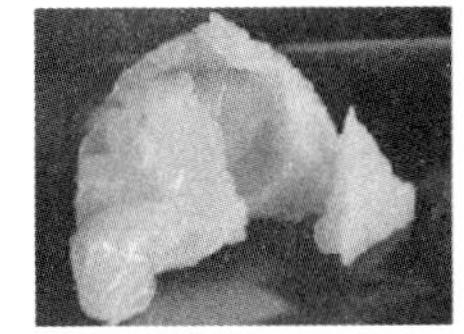
b)微型电动机润滑脂

c)极压锂基润滑脂

图 9-1 润滑油和润滑脂

2 润滑剂的性能及选用

1)润滑油

选用润滑油时主要考虑其黏度。黏度表示液体流动时内摩擦阻力的大小，它对机械润滑的好坏起着决定性的作用。润滑油黏度大，流动性差，承压大，不易从摩擦面挤出而保持一定厚度的油膜。一般轻载、高速、低温应选用黏度小的润滑油；反之，重载、低速、高温时选用黏度较大的润滑油。润滑油的适用范围广泛，具体选用时可参阅表 9-1。

2)润滑脂

润滑脂主要适用于不易经常加油、不易安装复杂密封件，以及灰尘屑末很多的地方。选用润滑脂时主要考虑其锥入度和工作温度。锥入度是润滑脂的一项重要指标，用以表示润滑脂的"软度"，以反映润滑脂使用中流动性的好坏。锥入度的数值大表示润滑脂软、流动性好。一般载荷越大、转速越低时，应选锥入度较小（号数大）的润滑脂；反之，应选锥入度较大的润滑脂。具体选用时可参阅表 9-2。

常用润滑油的主要质量指标和用途 表 9-1

名称	代号	主要质量指标 运动黏度 $(\times 10^{-6} m^2/s)$	性能及应用
L-AN 全损耗系统用油（GB 443—1989）	L-AN5	4.14 ~ 5.06	适用于润滑油无特殊要求的轴承、齿轮和其他低负荷机械部件的润滑
	L-AN7	6.12 ~ 7.48	
	L-AN10	9.00 ~ 11.00	
	L-AN15	13.5 ~ 16.5	
	L-AN22	19.8 ~ 24.2	
	L-AN32	28.8 ~ 35.2	

续上表

名　　称	代号	主要质量指标 运动黏度 ($\times 10^{-6} m^2/s$)	性能及应用
L-AN全损耗系统用油 (GB 443—1989)	L-AN46	41.4～50.6	适用于润滑油无特殊要求的轴承、齿轮和其他低负荷机械部件的润滑
	L-AN68	61.2～74.8	
	L-AN100	90.0～110	
	L-AN150	135～165	
工业闭式齿轮油 (GB 5903—2011)	L-CKC32	28.8～35.2	以矿物油为主,加入抗氧、防锈和抗磨等添加剂。适用于煤炭、水泥和冶金等工业部门的大型封闭式齿轮传动装置的润滑
	L-CKC46	41.4～50.6	
	L-CKC68	61.2～74.8	
	L-CKC100	90.0～110	
	L-CKC150	135～165	
	L-CKC220	198～242	
	L-CKC320	288～352	
	L-CKC460	414～506	
	L-CKC680	612～748	
	L-CKC1000	900～1100	
	L-CKC1500	1350～1650	

常用润滑脂的主要质量指标和用途　　表 9-2

名　称	代号	主要质量指标		主要用途
		锥入度(1/10mm,25℃,150g)	使用温度(℃)	
钙基润滑脂(GB/T 491—2008)	1 号	310～340	-10～60	适用于汽车、拖拉机、冶金、纺织等机械设备的润滑与防护
	2 号	265～295		
	3 号	220～250		
	4 号	175～205		
钠基润滑脂(GB 492—1989)	L-XACMGA2	265～295	-10～110	适用于各种中等负荷机械设备的润滑,不适用与水相接触的润滑部位
	L-XACMGA3	225～250		
通用锂基润滑脂(GB/T 7324—2010)	L-XBCHA1	310～340	-20～120	它是一种长寿命多用途润滑脂,适用于各种机械设备的滚动和滑动摩擦部位
	L-XBCHA2	265～295		
	L-XBCHA3	220～250		
复合钙基润滑脂(SH/T 0370—1995)	L-XADGA1	310～340	-10～150	适用于较高温度及潮湿条件下机械设备的润滑
	L-XADGA2	265～295		
	L-XADGA3	220～250		

续上表

名　　称	代号	主要质量指标		主 要 用 途
		锥入度 (1/10mm,25℃,150g)	使用温度 (℃)	
极压锂基润滑脂 (GB/T 7323—2019)	00 号	400～430	－20～120	它有良好的机械安定性、抗水性、防锈性、极压抗磨性,适用于压延机、锻造机、减速器等有冲击负荷的重载机械设备及齿轮、轴承润滑,0 号、1 号脂可集中润滑系统
	0 号	355～385		
	1 号	310～340		
	2 号	265～295		
	3 号	220～250		

二、润滑方式和润滑装置

想一想

我们是如何对自行车和摩托车链条进行润滑的?

1 间歇润滑

靠手工或油泵定时加油、加脂的润滑方式,称为间歇润滑。

1)手工间歇润滑

手工定时加油、加脂的润滑装置结构简单,但不可靠,用于轻载、低速和不重要部位。手工加油壶如图 9-2 所示,常用油杯的结构如图 9-3 所示。

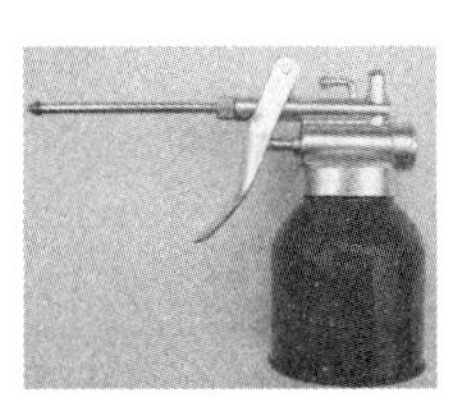

图 9-2　手工加油壶

a)旋套式注油杯

b)压配式油杯

c)旋盖式油杯

图 9-3　油杯

图 9-3a)所示为旋套式注油杯,加油时将杯体和旋套的注油孔旋到同一位置,用手工加油壶加油。

图 9-3b)所示为压配式油杯,加油时将钢球向下压,用手工加油壶加油。

图 9-3c)所示为旋盖式油杯,加油时将旋盖旋下,用手工加油壶加油。

2)油泵间歇润滑

油泵定时加油的润滑装置结构较复杂,润滑比较可靠,主要用于润滑油无法循环利用,同时对润滑要求较高的场合,如数控车床(图 9-4)导轨的润滑。

图 9-4　数控车床

2　连续润滑

连续供油,供油比较可靠,有的还可以调节。常用的连续供油方式有以下几种。

1)滴油润滑

依靠油的自重通过润滑装置向润滑部位进行润滑。图 9-5 为针阀油杯,当手柄卧倒时(图示位置),阀口封闭;当手柄直立时,阀口开启,润滑油即流入润滑部位。图 9-6 为弹簧盖油杯,由油芯把杯体中的润滑油不断地滴入润滑部位。

图 9-5　针阀油杯

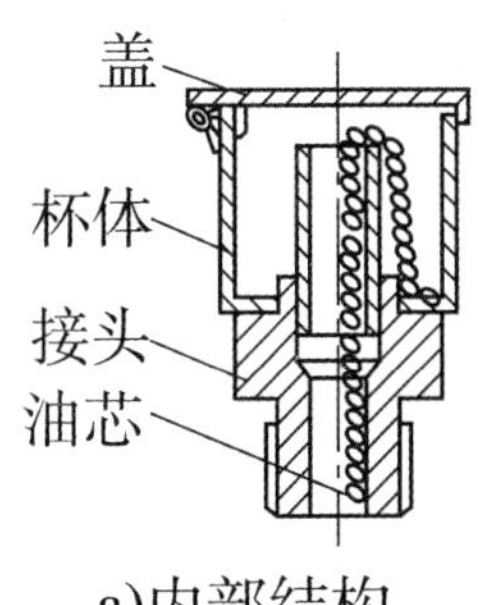

a)内部结构

b)实物

图 9-6　弹簧盖油杯

滴油润滑使用方便,但给油量不易控制,振动、温度变化以及油面的高低,都会影响给油量。因此,滴油润滑主要用于载荷、速度不大的场合。

2)油浴、飞溅润滑

如图9-7所示,齿轮变速器的大齿轮1或带油轮2(用于多级齿轮传动)下部浸在油中,齿轮转动时将油液带入啮合部位,进行润滑,这种润滑方式称为油浴润滑。齿轮转动时使润滑油飞溅雾化散布到其他零件上进行润滑,称为飞溅润滑。油浴、飞溅润滑的方法简单可靠,适用于闭式传动且浸油零件的圆周速度 $v < 12\text{m/s}$ 的场合。

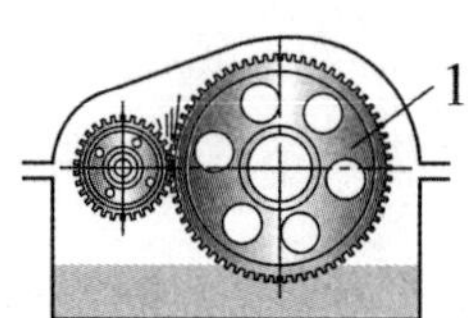

a)单级齿轮传动

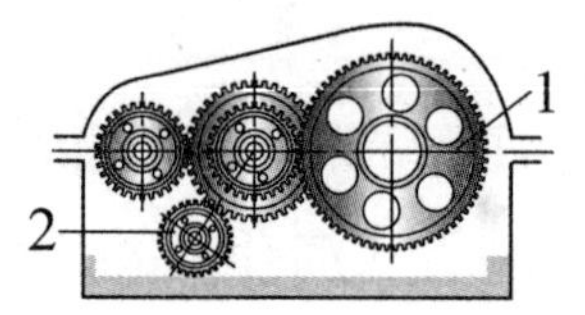

b)多级齿轮传动

图9-7 油浴、飞溅润滑

1-大齿轮;2-带油轮

想一想

为什么当 $v > 12\text{m/s}$ 时,不宜采用油浴、飞溅润滑?

3)油雾润滑

用压缩空气将润滑油从喷嘴喷出,使润滑油雾化后随压缩空气弥散至摩擦表面起润滑作用。油雾能带走摩擦热和冲洗掉磨屑,常用于高速滚动轴承、齿轮传动以及滑板、导轨的润滑。

4)喷油润滑

喷油润滑是利用油泵以一定的工作压力将油通过油管送到各润滑部位。其供油量可调节,能保证连续供油,工作安全可靠且具有冷却作用,但结构复杂,广泛用于大型、重型、高速、精密和自动化机械设备上,如发动机的润滑(图9-8)。

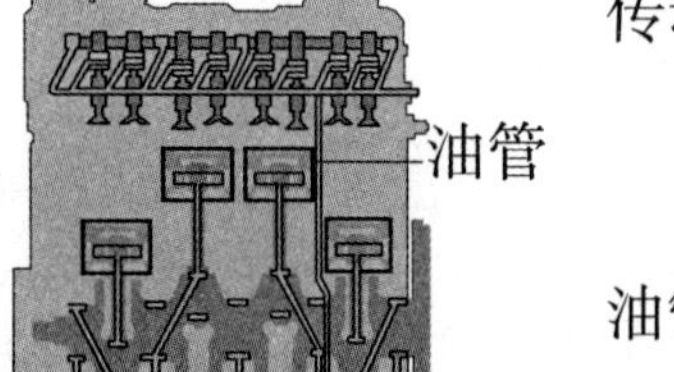

图9-8 发动机的润滑

三、典型机械零件的润滑

任何机械设备工作时都需要有良好的润滑。润滑的目的是:减小摩擦阻力,提高效率;减少磨损,延长寿命;冷却工作表面和均匀散热等。典型机械零件的润滑方法见表9-3。

典型机械零件适用的润滑方法　　表9-3

零件类型		脂润滑	油润滑				
			油浴、飞溅	滴油润滑	循环油(喷油)润滑	油雾润滑	手工加油润滑
闭式传动	渐开线齿轮		√		√	√	
	圆弧齿轮		√		√		
	双曲线齿轮		√		√		
	蜗轮蜗杆		√		√		
开式齿轮和蜗杆传动		√		√		√	√
滑动轴承			√	√	√		√
滚动轴承		√	√	√	√	√	√

做一做

观察车床变速器内齿轮采用的是何种润滑方式,并更换其润滑油。

第二节　机械密封

本节描述

可靠的密封能够防止因漏油、漏水、漏气引起的环境污染和资源浪费,也是保证机械设备正常工作的必备条件。

学习目标

完成本节的学习以后,你应能:

1. 知道常用密封装置的类型、特点和应用;
2. 正确安装和更换密封元件,严密防控环境风险。

设备的泄漏是一个不可忽视的质量问题,漏油、漏水、漏气会严重影响设备的正常运转、外观、工作效率及使用寿命,并会引起环境污染及资源浪费。因此,为保证机械设备能正常工作,必须采用可靠的密封。密封是防止流体或固体微粒从相邻结合面间泄漏以及防止外界杂质(如灰尘与水分等)侵入机器设备内部而采取的措施。

一、密封的分类

按密封的零件表面之间有无相对运动,密封可分为静密封和动密封两大类。静密封有密封垫、密封胶、直接接触三种密封方式。动密封按密封件与其作相对运动的零部件是否接触,可分为接触式密封和非接触式密封。

二、静密封

静密封通常是指两个静止面之间的密封,如管道连接(图9-9)、压力容器以及传动装置等的接合面间的密封。常用的静密封类型见表9-4。

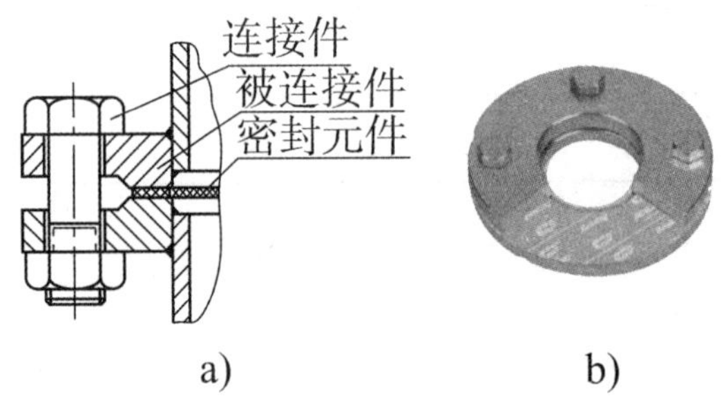

图9-9 管道连接处平垫密封

常用的静密封类型 表9-4

类型	密 封 元 件	特点及应用
垫密封	非金属密封垫密封	非金属密封垫适用广泛,可根据不同的应用场合选择不同材料,常用材料有橡胶、皮革、石棉、软木、聚四氟乙烯等
	金属密封垫(圈)密封	金属密封垫由钢、铁、铜和不锈钢等金属材料制成,具有高温、高压、耐腐蚀等优点,但加工精度要求较高。适用于高温、高压等要求较高的场合,如压力容器

续上表

类型	密封元件	特点及应用
垫密封	组合密封垫密封	组合密封垫是由非金属垫片和金属垫片整体黏合而成,密封性良好,寿命长,耐高压,而且拆装方便。主要供螺纹管接头及螺塞密封用
胶密封		胶密封是将密封胶填充在需要密封的部位,有良好的密封性和耐老化性,但不易拆卸。主要用于形状复杂且不利施工的间隙,如管接头密封

想一想

在日常生活中哪些地方用到了垫密封?用的是何种密封垫?

三、动密封

动密封是指有相对运动的两个零部件之间的密封,如内燃机中活塞与缸体之间的密封。动密封装置的种类很多,常用的类型见表9-5。

常用的动密封类型　　表9-5

类型	密封元件		特点及应用
接触式动密封	毛毡圈式密封		将矩形剖面的毛毡圈安装在轴承盖上梯形槽中,与轴直接接触。其结构简单,成本低廉,但磨损较大,密封不太可靠,不能防止稀油的渗漏。主要用于 $v<5\mathrm{m/s}$ 的脂润滑场合。当与其他密封组合使用时,也可用于油润滑的场合

续上表

类型	密封元件		特点及应用
接触式动密封	皮碗式密封		将皮碗安装在轴承盖槽中并直接压在轴上,环形螺旋弹簧压在皮碗的唇部用来增强密封效果。唇朝内可防漏油,唇朝外可防尘,要求高时可成对使用。其结构简单,尺寸紧凑,使用可靠,适用于润滑脂或润滑油润滑的场合
非接触式动密封	油沟式密封		在轴与轴承盖的通孔壁间留0.1~0.3mm的窄缝隙,并在轴承盖上车出沟槽,在槽内充满油脂,防止油的流出和灰尘的侵入。其结构简单,但密封效果较差,用于 $v<6\text{m/s}$ 的场合,也适用于润滑脂润滑的场合
	迷宫式密封		在轴承盖的外端面上车削出与旋转密封件端面上油沟相配合的油沟,安装好后它们之间的间隙形成迷宫,在缝隙间填满润滑脂以加强密封,间隙越小,层数越多,密封效果越好。它适用于润滑脂和润滑油润滑的场合。 注意:轴的轴向窜动不应超出迷宫轴向间隙

做一做

观察变速器,判断各轴承的密封类型,并试着对其拆装。

第三节　机械环保与安全防护

本节描述

机械的危险部分是否装有防护装置和是否有机械噪声，是评价机械产品质量的重要指标。它们反映产品的设计和制造水平，影响产品的经济价值，而且机械噪声也是环境噪声的一个组成部分。

学习目标

完成本节的学习以后，你应能：

1. 认识机械噪声的形成和基本防护措施；
2. 知道机械传动装置中的危险零部件；
3. 认识机械安全防护，并能够对常见机械安全防护装置进行安装和更换。

一、机械噪声和防护措施

机械噪声是由于固体的机械部件振动产生的。冲床的冲压声、锻锤的锻打声、车床的切削声、齿轮啮合声等都属于机械噪声。机械噪声也是环境噪声的一个组成部分。

1　机械噪声的类型

机械噪声一般分为三类：撞击噪声、摩擦噪声和周期作用力激发噪声。

1）撞击噪声

利用冲击力做功的机械，如图9-10所示的锻床，在工作时会产生由撞击引起的脉冲噪声，称之为撞击噪声。

2）摩擦噪声

摩擦能激发物体振动并发出声音，称之为摩擦噪声。如图9-11所示的砂轮机工作时会产生强烈的磨削声。

3）周期作用力激发噪声

在旋转机械中由周期性作用力激发机械振动形成的噪声，称为周期作用力激发噪声。

图 9-10　锻床

图 9-11　砂轮机

2 机械噪声的防护

机械噪声防护的基本措施首先是控制噪声源,其次是控制噪声传播和噪声接收。

1)噪声源的控制

一般措施包括减小冲击力;对旋转质量做动平衡;提高加工和安装精度;保证相对运动件结合面的良好润滑;采取减振和隔振措施等。

2)噪声传播的控制

主要措施包括对噪声源采用隔声罩;设置隔声障壁;在车间的四壁、顶板上加附吸声材料,在空间装设吸声板;针对某些设备安装消声器等。

3)噪声接收部分的控制

长期在噪声中工作的操作者,可使用耳塞、耳罩和头盔等个人防护装置。

二、机械传动装置的危险零部件

在机械设备中,传动装置是必不可少的,其主要作用是将动力部分的运动和动力传递给执行部分,常用传动装置如图 9-12 所示。所有这些机构在工作时都是高速转动的,属于危险零部件。人身体上的一部分被绞带进去,都会造成不同程度的伤害。

三、机械伤害的成因及防护措施

机械伤害是指机械设备运动(静止)部件、工具、加工件直接与人体接触引起的挤压、碰撞、冲击、剪切等人身伤害。

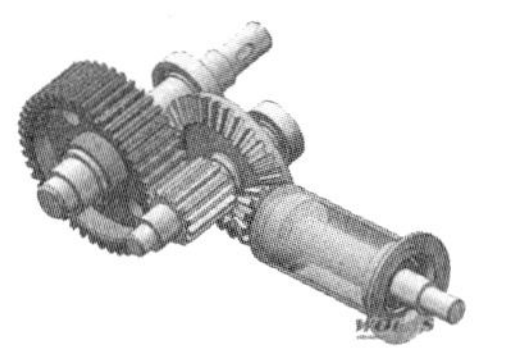
a)齿轮传动机构

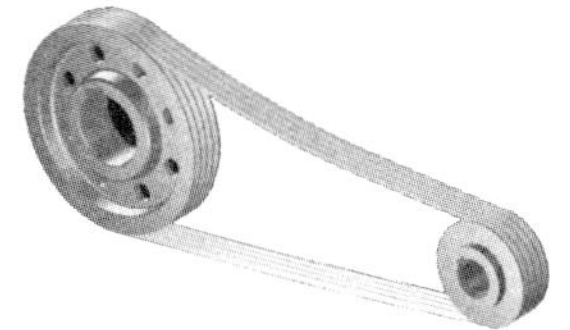
b)带传动机构

c)丝杠螺母传动机构

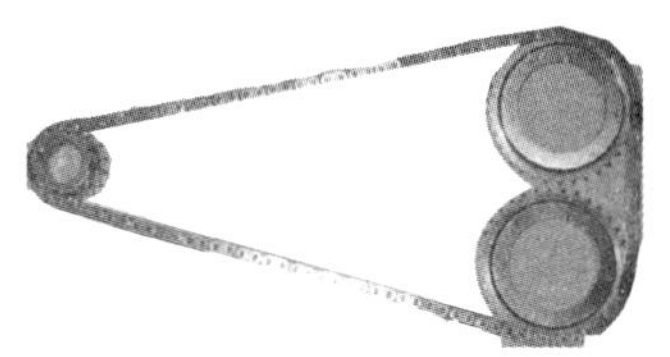
d)链传动机构

e)联轴器

图 9-12　机械传动装置的危险零部件

1　机械伤害的成因

造成机械伤害的主要成因有:安全操作规程不健全或管理不善;缺乏安全装置,如有的机械传动带、接近地面的联轴器、飞轮等易伤害人体的部位没有完好的防护装置;操作人员违规操作,任意进入机械运行危险作业区;不具备操作机械素质的人员上岗或其他人员乱动机械等。

2　防护措施

防止机械伤害的发生,应加强管理,要求操作人员必须持证上岗;严格按照机械设备的操作安全守则进行操作;不得违章作业;必须给机械的危险部分(如机械的传动部分、操作区、高处作业区、机械的其他运动部分)安装可靠的防护装置(图 9-13)或做出警示标记,以防机器在运行时对人员造成机械伤害。

a)齿轮传动

b)带传动

图 9-13　安全防护装置

做一做：

观察摩托车、自行车的链条防护装置，看看它们是怎么起到防护作用的？

自我检测

一、填空题

1. 靠手工或油泵定时加油、加脂的润滑方式，称为________。

2. 常用的连续供油方式有________润滑、________润滑、________润滑和________润滑。

3. 按密封的零件表面之间有没有相对运动，密封可分为________密封和________密封两大类。

4. 静密封有________、________和直接接触三种密封方式。

5. 按密封件与其作相对运动的零部件是否接触，动密封可分为________密封和________密封。

6. 机械噪声一般分为三类：________噪声、________噪声和________噪声。

二、判断题

1. 清水也可以作润滑剂。 (　　)

2. 大型载货车的变速器齿轮润滑应选用黏度小的润滑油。 (　　)

3. 车床变速器齿轮应选油脂润滑。 (　　)

4. 润滑脂主要用于不易经常加油、不易安装复杂密封件以及灰尘屑末很多的地方。 (　　)

5. 润滑脂锥入度小，表示润滑脂软、流动性好，宜用于载荷越大、转速越低的场合。 (　　)

6. 手工定时加油用于刨床导轨的润滑，油泵定时加油用于数控车床导轨的润滑。 (　　)

7. 水管的密封属于静密封。 (　　)

8. 茶杯盖与杯体的密封属于动密封。 (　　)

9. 机械噪声是由于固体的机械部件振动产生的。 (　　)

10. 铣床工作时的铣削声是撞击噪声。 (　　)

三、简答题

1. 机械传动装置中有哪些危险零部件？

2. 机械伤害的防护措施有哪些？

3. 机械噪声的防护措施有哪些？

4. 常用的动密封装置有哪些？它们各自有什么特点？分别适用于哪些场合？

5. 分别说明机械密封和机械润滑的目的。

第十章

气压传动与液压传动

气压传动是以压缩空气为工作介质，而液压传动是以液体（通常是油液）为工作介质，来传递动力或控制信号，驱动或控制各种机械设备，以实现生产过程机械化、自动化的一门技术。

随着工业机械化、自动化的发展，气压和液压传动与机械、电气、电子技术一起，互相补充，已发展成为实现生产过程自动化的一个重要手段，越来越广泛地应用于汽车工业、轻纺、食品工业、化工、航空航天等领域。

第一节　认识气压传动与液压传动

本节描述

气压传动和液压传动系统由若干个元件组成，它们分别有不同的基本参数和传动特点。每一个组成元件，都起着非常重要的作用，而且对应不同的图形符号。

学习目标

完成本节的学习以后，你应能：

1. 了解气压传动与液压传动的工作原理、基本参数和传动特点；
2. 理解气压传动与液压传动系统的组成及元件符号。

气压传动和液压传动有相似之处：需要工作介质参与系统工作，才能实现动力或信息传递。在现代传动技术领域中，气压传动与液压传动都被广泛应用。下面先来认识气压传动与液压传动。

一、气压传动与液压传动的工作原理

1　气压传动的工作原理

工作介质通过空气压缩机产生压力能，通过压缩气体压力能的变化来传递

能量,通过各类控制阀和管路将压缩气体的压力能传输给执行元件,控制执行元件(气缸或气马达)完成直线运动或旋转运动。在图 10-1 中,气体被空气压缩机 1 压缩,经冷却器 2、除油器 3、干燥器 4 后到达储气罐 5,储气罐储存压缩空气并保持压力稳定。然后经过滤器 6、调压器(减压器)7 形成清洁稳压的压缩气体。经过处理的压缩空气,再经气压控制元件进入气压执行元件气缸 13,推动活塞带动负载工作。

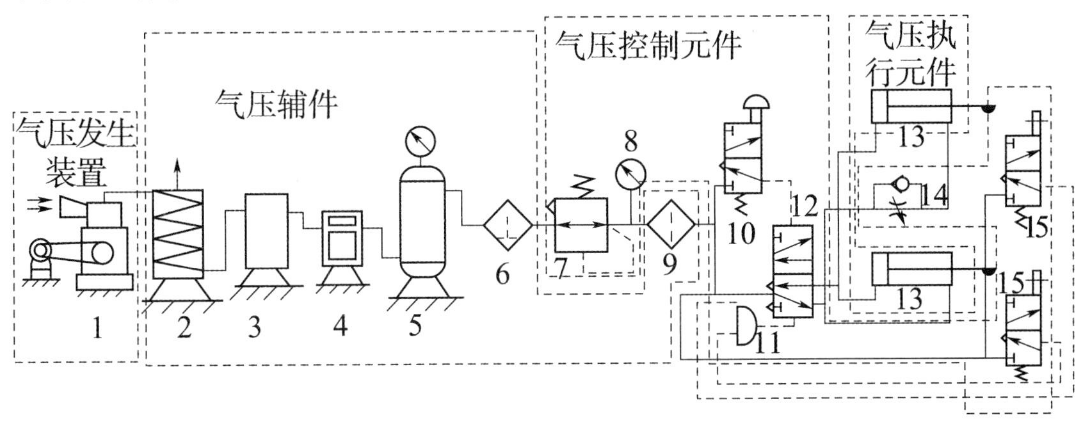

图 10-1　气压传动的工作原理图

1-空气压缩机;2-冷却器;3-除油器;4-干燥器;5-储气罐;6-过滤器;7-调压器(减压器);8-气压表;9-油雾器;10、11、12、14、15-控制阀;13-气缸

想一想

你遇到过哪些气压传动装置?它们是如何工作的?

2 液压传动的工作原理

液压传动系统是利用液压泵将原动机的机械能转换为液体的压力能,通过液体压力能的变化来传递能量,经过各种控制阀和管路的传递,借助于液压执行元件(液压缸或液压马达) 把液体压力能转换为机械能,驱动工作机构实现直线往复运动和回转运动。其中液体工作介质,一般为矿物油。图 10-2 所示为液压千斤顶的组成及工作原理示意图。

在图 10-2 中,液压缸 2、12 中分别装有活塞 3、11,并形成密封腔 4 和 10。当提升杠杆 1 时,活塞 3 上移,密封腔 4 容积增大,腔内压力下降,形成局部真空。这时,止回阀 5 打开,油箱 6 中的油液在大气压力作用下,通过吸油管进入 4 腔,实现吸油。当压下杠杆 1 时,活塞 3 下移,密封腔 4 容积减小,腔内压力升高,止回阀 5 关闭,止回阀 7 开启,油液进入腔 10,推动活塞 11 上移,将重物顶出一段距离。如果反复提升和压下杠杆1,就能使油液不断地被压入液压缸12,使重物不断升高,达到起重的目的。如打开放油阀8使腔10与油箱接通时,腔10内的油液流回油箱,活塞11在外力作用下向下运动。

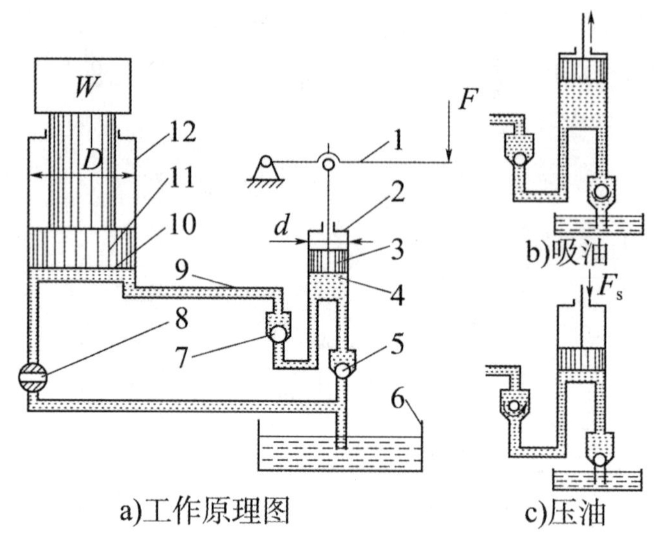

图10-2　液压千斤顶的组成和工作原理示意图

1-杠杆;2、12-液压缸;3、11-活塞;4、10-油腔;5、7-止回阀;6-油箱;8-放油阀;9-油管

从液压千斤顶的工作原理可知,它是通过密封腔4容积的变化把机械能转换为液体的压力能,再经密封腔10容积的变化,把液体的压力能转换为机械能输出,也就是依靠液体在密封容积变化中的压力能来实现能量传递。

二、气压传动与液压传动的组成

从图10-1和图10-2中可以看出,气压传动系统和液压传动系统由动力元件、执行元件、控制调节元件、辅助元件和工作介质五部分组成,各部分的功能和主要元件见表10-1。

气压传动和液压传动组成元件名称和功能　　表10-1

组成部分	气压传动系统		液压传动系统	
	功能	元件	功能	元件
动力元件	将原动机的机械能转换成空气的压力能,并提供洁净的压缩空气	空气压缩机	将原动机的机械能转换成油液的压力能,并输出高压油液	液压泵

续上表

组成部分	气压传动系统		液压传动系统	
	功能	元件	功能	元件
执行元件	将压缩空气的压力能转换成工作部分运动的机械能	气缸	将液压泵输出油液的压力能转换成工作部分运动的机械能	液压缸、液压马达
控制调节元件	控制和调节气压系统中压缩空气的压力、流量和流动方向	压力阀、流量阀、方向阀等	控制和调节液压系统中油液的压力、流量和流动方向	溢流阀、节流阀、换向阀等
辅助元件	输送、净化、润滑、消声和密封压缩空气，保证气压系统正常、可靠、稳定和持久地工作	气管、过滤器、油雾器、消声器、密封件、压力表等	储存、输送、净化、散热和密封油液，保证液压系统正常、可靠、稳定和持久地工作	油箱、油管、过滤器、冷却器、密封件、压力表等
工作介质	传递能量	压缩空气	传递能量	液压油

三、气压传动和液压传动的特点

气压传动与机械、电气、液压传动相比，有以下优点：

(1)以空气为工作介质，工作介质获得比较容易，用后的空气排到大气中，处理方便，与液压传动相比不必设置回收用的油箱和管道。

(2)因空气的黏度很小(约为液压油动力黏度的万分之一)，其损失也很小，所以便于集中供气、远距离输送。如果气体泄漏，也不会像液压传动那样严重污染环境。

(3)与液压传动相比，气压传动动作迅速、反应快、维护简单、工作介质清洁，不存在介质变质等问题。

(4)工作环境适应性好,特别在易燃、易爆、多尘埃、强磁、辐射、振动等恶劣工作环境中,比液压、电子、电气控制优越。

(5)成本低,过载能自动保护。

与液压传动相比,气压传动也有如下缺点:

(1)由于空气具有可压缩性,因此,工作速度稳定性稍差。如果采用气液联动装置会得到较满意的效果。

(2)因工作压力低,且结构尺寸不宜过大,所以总输出力较小。

(3)噪声较大,在高速排气时要加消声器。

(4)气动装置中的气信号传递速度在声速以内比电子及光速慢,因此,气动控制系统不宜用于元件级数过多的复杂回路。

液压传动在应用上与机械传动相比有以下优点:

(1)速度、转矩、功率均可无级调节,而且能迅速换向和改变速度。

(2)能传递较大的功率。在传递相同功率的情况下,液压传动装置的体积小、质量轻、结构紧凑、布局灵活。

(3)易于实现过载保护,安全可靠。

(4)液压元件已系列化、标准化,便于液压系统的设计、制造、使用和维修。

(5)易于控制和调节,便于与电气控制、计算机控制等新技术相结合,构成"机-电-液-光"一体化,实现数字控制。

液压传动的缺点:

(1)油液流动过程存在着能量损失,因此,传动效率低。

(2)对油温变化比较敏感,不易在温度很高或很低的条件下工作。

(3)液压元件结构精密,制造精度较高,给使用和维修带来一定困难。

(4)相对运动表面不可避免地存在泄漏,因此,液压系统不能保证精确的传动比。

四、气压传动和液压传动的基本参数

气压传动的基本参数主要是系统工作压力,液压传动的基本参数是油液压力和流量,这里重点介绍液压传动的基本参数。

1 压力

1)压力的概念

液体在单位面积上所受的法向力称为液体的压力,一般用 p 表示,简称压强,习惯上称压力。

$$p = \frac{F}{A} \tag{10-1}$$

式中:p——工作压力;

F——作用在活塞上的作用力(负载);

A——活塞有效面积。

在国际单位制中,压力的单位是 Pa($1\text{Pa} = 1\text{N/m}^2$)。由于 Pa 单位太小,在工程上常用 kPa、MPa。

$$1\text{MPa} = 10^3\text{kPa} = 10^6\text{Pa}$$

2)压力的传递

如图 10-3 所示为相互连通的两个液压缸,两个活塞的面积分别为A_1、A_2,两个活塞所受到的作用力分别是 F、G,根据帕斯卡原理,在密闭容器内,静止液体中任一点的压力处处相等,可得到等式如下

$$p = \frac{F}{A_1} = \frac{G}{A_2} \tag{10-2}$$

得出

$$F = \frac{A_1}{A_2}G \tag{10-3}$$

因为$A_1 < A_2$,所以 $F < G$。

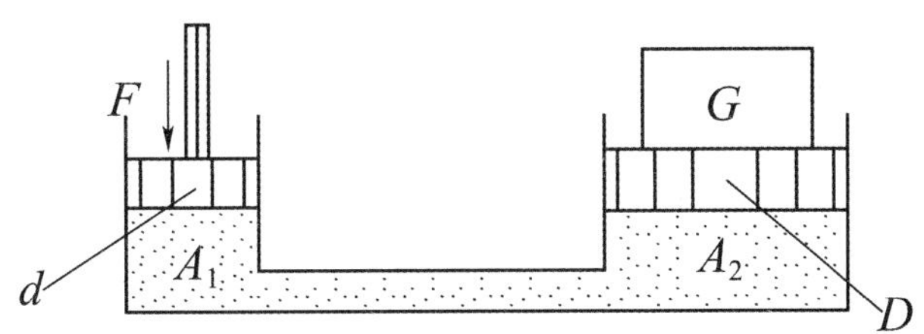

图 10-3　作用力与活塞有效作用面积的关系

如果 $G = 0$,则压力 $p = 0$,表示液压缸内压力建立不起来。G 越大,则液压缸的压力也越大,由此得出一个重要的概念:系统的压力大小取决于负载。

由式(10-3)也可知,当作用力 F 一定时,两个活塞面积的比值 A_1/A_2 越小,能克服的负载 G 就越大。所以当在小活塞上施加一个较小的力时,就可以通过大活塞顶起负载较大的物体。

帕斯卡原理:在密闭容器内,施加于静止液体上的压力,能等值地传递到液体中的各点,这也是液体压力传递原理。

2 流量

1)流量的概念

流量是指单位时间内流过某一通流截面的液体体积。一般用符号 q 来表示,即 $q=V/t$。在国际单位制中,流量的单位为m^3/s,工程上常用 L/min,两者的换算关系为:

$$1m^3/s=6\times10^4 L/min$$

如图 10-4 所示,若在时间 t 内流过的液体体积为 V,S 为活塞单位时间内在液压缸内的移动距离,则流量为:

$$q=\frac{V}{t}=AS \tag{10-4}$$

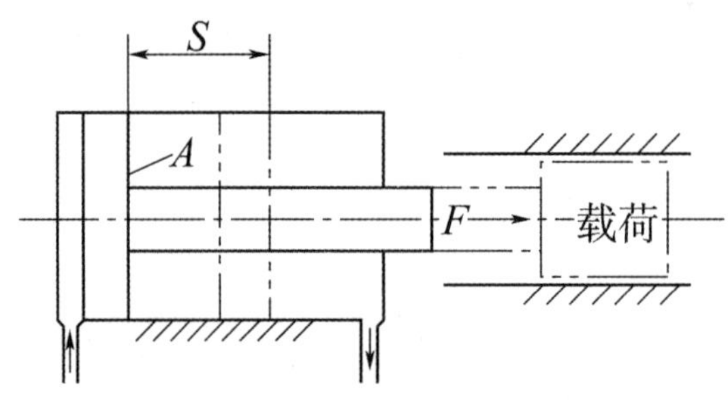

图 10-4　通过液压缸的流量

2)平均流速

假设通流截面上各点的流速均匀分布,称为平均流速,用 v 表示。平均流速等于通过通流截面的流量与通流截面的面积 A 之比。即

$$v=\frac{q}{A} \tag{10-5}$$

液压缸工作时,活塞的运动速度就等于液压缸内液体的平均流速。当液压缸有效面积一定时,活塞运动速度取决于输入液压缸的流量。

在液压传动中,压力和流量是两个重要的参数。系统的压力取决于作用在液压缸或液压马达上的负载大小,负载大,压力就大;执行元件的运动速度取决于进入液压缸的流量或输入液压马达的流量,流量大,速度就大。

五、气压传动与液压传动元件的图形符号

为了分析和使用方便,气压传动和液压传动各类元件都有对应的图形符号,结合国家标准(GB/T 786.1—2009),表 10-2 列出了常用气压和液压传动元件的图形符号。

常用气压和液压传动元件图形符号　　表 10-2

元件名称	符号	元件名称	符号	元件名称	符号	元件名称	符号
定量泵	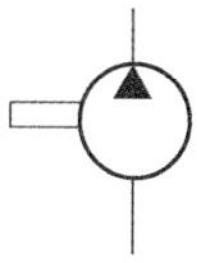	单杆活塞缸	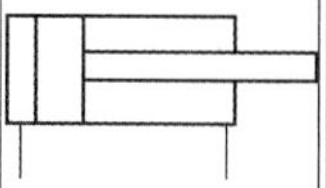	直动式减压阀	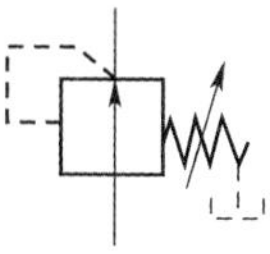	电磁阀	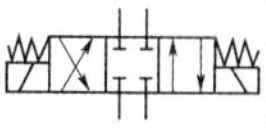
单向变量泵	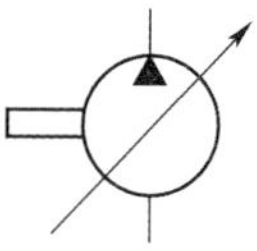	双杆活塞缸	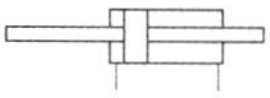	先导式减压阀	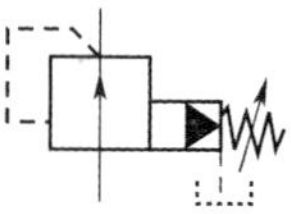	电液阀	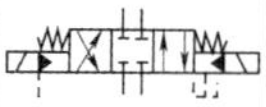
双向流动单向旋转变量泵	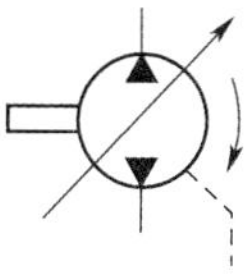	单作用单杆缸	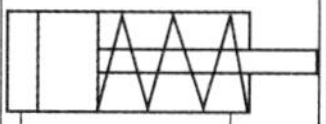	直动式顺序阀	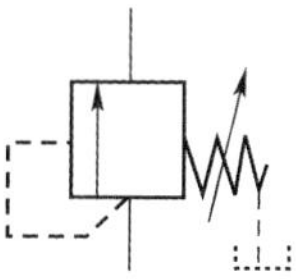	液动阀	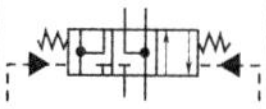
双作用马达	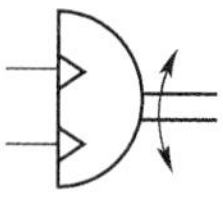	液控止回阀		溢流调压阀	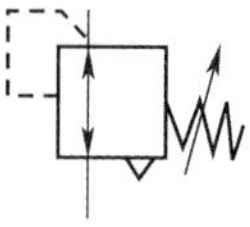	不带止回阀的快换接头	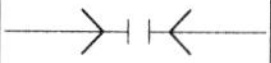
单向定量马达	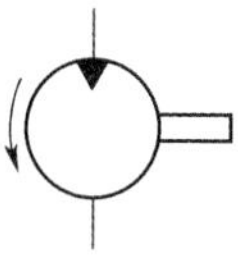	双止回阀(液压锁)	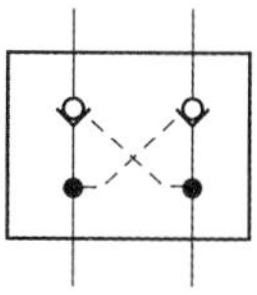	直动式电液比例阀	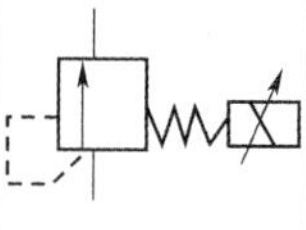	带止回阀的快换接头	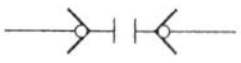
双向变量马达	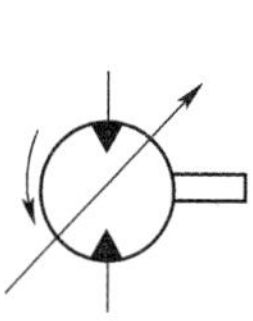	单向调速阀	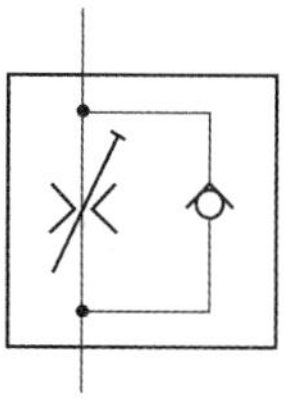	压力继电器		弹簧	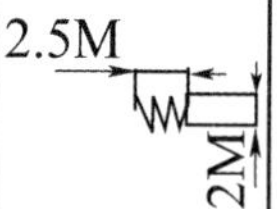 2.5M 2M

续上表

元件名称	符号	元件名称	符号	元件名称	符号	元件名称	符号
直动式溢流阀	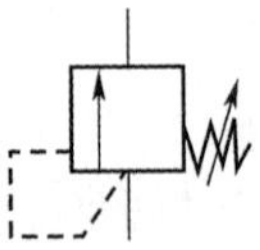	分流阀	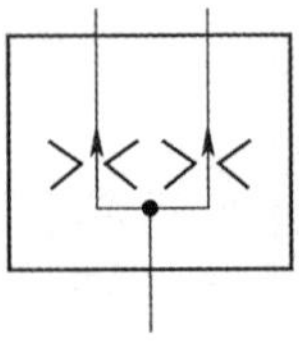	先导式溢流阀	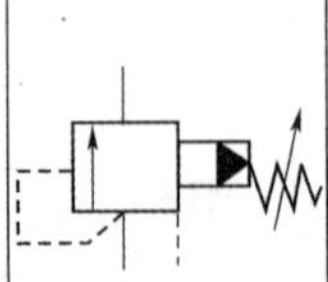	调速阀	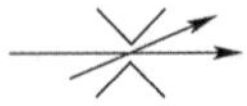
空气压缩机	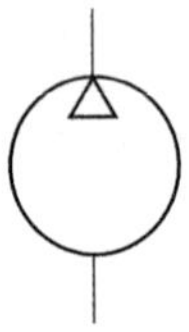	双向马达	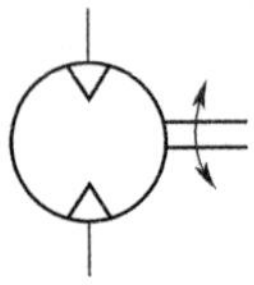	摆动马达	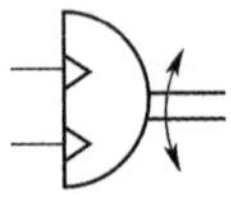	节流阀	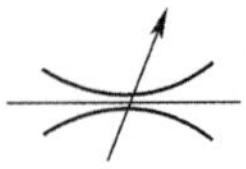

做一做

分别找一辆应用气压传动和液压传动原理的汽车,观察它们的组成及安装位置。

第二节　气压传动

本节描述

气压传动系统由若干个独立元件组成。熟悉气压传动的各种元件,了解气压传动各种基本回路的特点,是学习和应用气压传动的基础。

学习目标

完成本节的学习以后,你应能:

1. 知道气源装置及辅助元件的结构及其图形符号;
2. 叙述气动控制元件与基本回路的组成、特点和应用。

想一想

观察图 10-5 所示的空气压缩机外观结构,简单描述各部分可见结构的作用。

一、气压传动系统的动力元件

气压传动系统的动力元件是压缩机。它的作用是把大气压状态下的空气升压提供给气压传动系统。常见的低压、容积式空气压缩机按其结构分为活塞式、叶片式和螺杆式等,其中最常用的是活塞式,如图10-6所示。工作时,压缩机在电动机或汽车发动机驱动下,曲柄作回转运动,通过连杆推动活塞作往复运动。当活塞下移时,体积增大,气缸压力小于大气压,空气从进气阀进入气缸,即实现了吸气。当活塞上移时,气体受到压缩,气压增大,进气阀关闭。随着活塞不断上移,当压力高于打开排气阀所遇到的阻力时,排气阀打开,空气压缩机就连续输出高压气体。目前,汽车气压制动系统采用的空气压缩机就是这种形式。

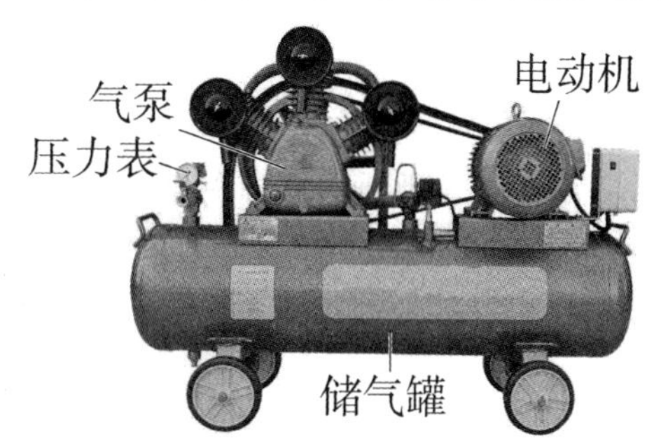

图10-5　空气压缩机

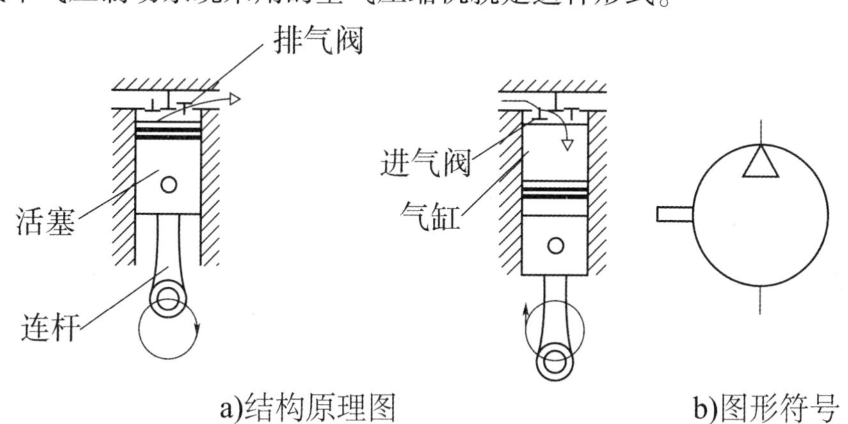

图10-6　活塞式空气压缩机结构原理图及图形符号

二、气压传动系统的执行元件

气压传动执行元件在气压传动系统中,是将压缩空气的压力能转变成机械能的元件,包括气缸和气马达。气缸用于实现直线往复或摆动,气马达用于实现连续的回转运动。图10-7所示为汽车中常用的活塞式气缸(又称为活塞式制动气室)。该缸主要靠压缩空气作用在膜片上,推动推杆来控制制动器起制动作用。工作过程为:当踩下制动踏板时,压缩空气自储气罐经制动控制阀通过气缸通气口充入气缸工作腔(即膜片与盖之间的密封腔),使膜片向右拱曲,使推杆右移,带动制动器内制动凸轮转动,张开制动蹄实现制动作用。当松开制动踏板时,气缸工作腔中压缩空气经制动控制阀的排气口通入大气,膜片与推杆在复位弹簧的作用下复位,收拢制动蹄,解除制动作用。

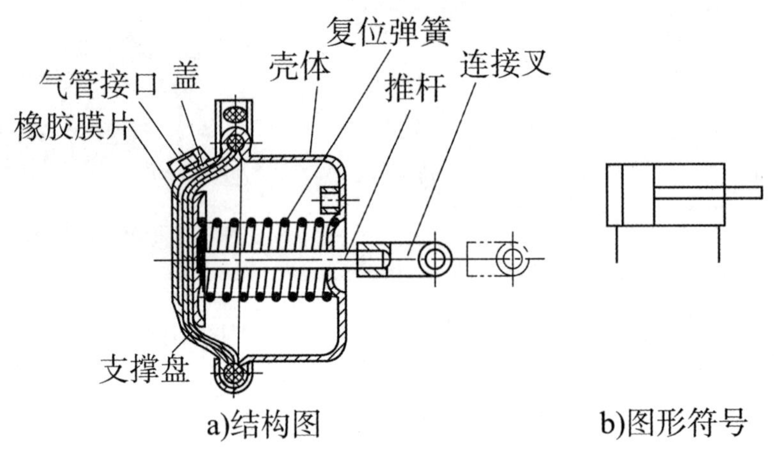

图 10-7　活塞式气缸及图形符号

三、气压传动系统的辅助元件

1　冷却器

冷却器的作用是降低来自于压缩机被压缩的空气温度,这样就可使压缩空气中的油雾和水汽迅速达到饱和,使其大部分析出并凝结成油滴和水滴,以便经除油器排出,如图 10-8 所示。

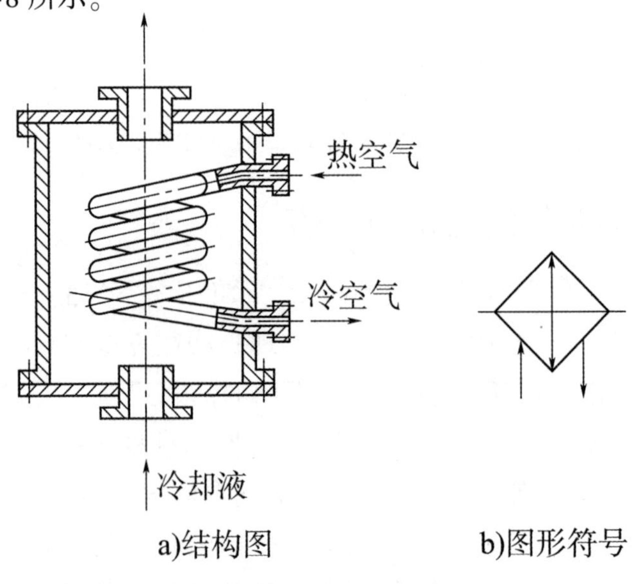

图 10-8　冷却器及图形符号

2 除油器

除油器的作用是除去压缩空气中的杂质油,如图 10-9 所示。当压缩空气由入口进入分离器壳体后,气流先受到隔板阻挡而被撞击折回向下(见图 10-9 中箭头所示流向);之后又上升产生环形回转,这样凝聚在压缩空气中的油滴、水滴等杂质受惯性力作用而分离析出,沉降于壳体底部,由放油口定期排出。

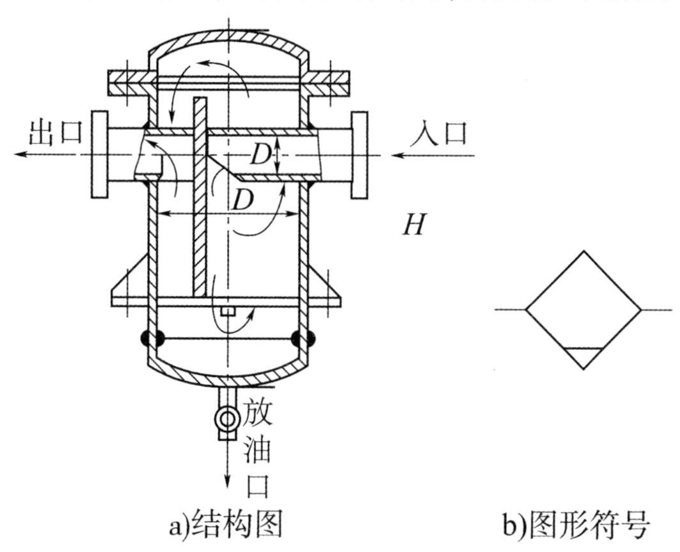

图 10-9 除油器及图形符号

3 储气罐

储气罐一般采用焊接结构,以立式居多(图 10-10)。储气罐的主要作用是:

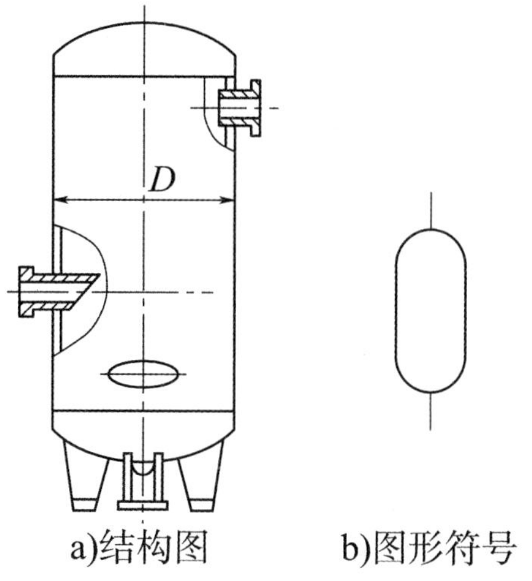

图 10-10 储气罐及图形符号

①储存一定数量的压缩空气,以备发生故障或临时需要应急使用;

②消除由于空气压缩机断续排气而对系统引起的压力脉动,保证输出气流的连续性和平稳性;

③进一步分离压缩空气中的油、水等杂质。

4 空气过滤器

空气过滤器又称分水滤气器、空气滤清器,它是气动系统中最常用的一种空气净化装置(图10-11)。其作用是滤除压缩空气中的水分、油滴及杂质,以达到气动系统所要求的净化程度。它属于二次过滤器,大多与减压阀、油雾器一起构成气动三联件,安装在使用压缩空气的设备气动系统的气源入口处。

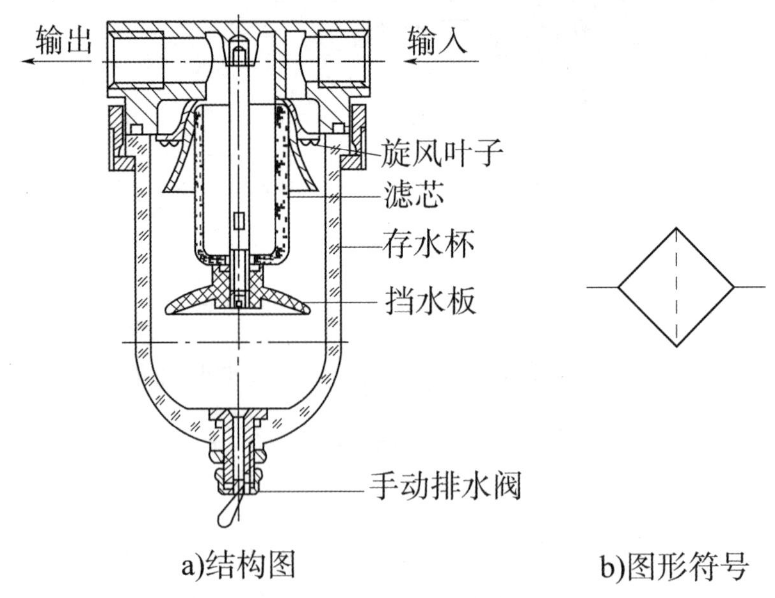

图10-11 空气过滤器及图形符号

5 油雾器

油雾器是一种特殊的注油装置(图10-12),它以压缩空气为动力,将润滑油喷射成雾状并混合于压缩空气中,使压缩空气具有润滑气动元件的能力。目前气动控制阀、气缸和气马达主要是靠这种带有油雾的压缩空气来实现润滑的,其优点是方便、干净、润滑质量高。

6 消声器

消声器(图10-13)的作用是降低气动系统的噪声。消声器通过阻尼或增加排气面积来降低排气速度和排气功率,从而达到降低噪声的目的。

四、气压传动系统控制元件

在气压传动系统中,通过控制压缩空气的压力,来控制执行元件的输出推力、转矩以及动作顺序的阀,称为压力控制阀,包含减压阀、顺序阀和安全阀。

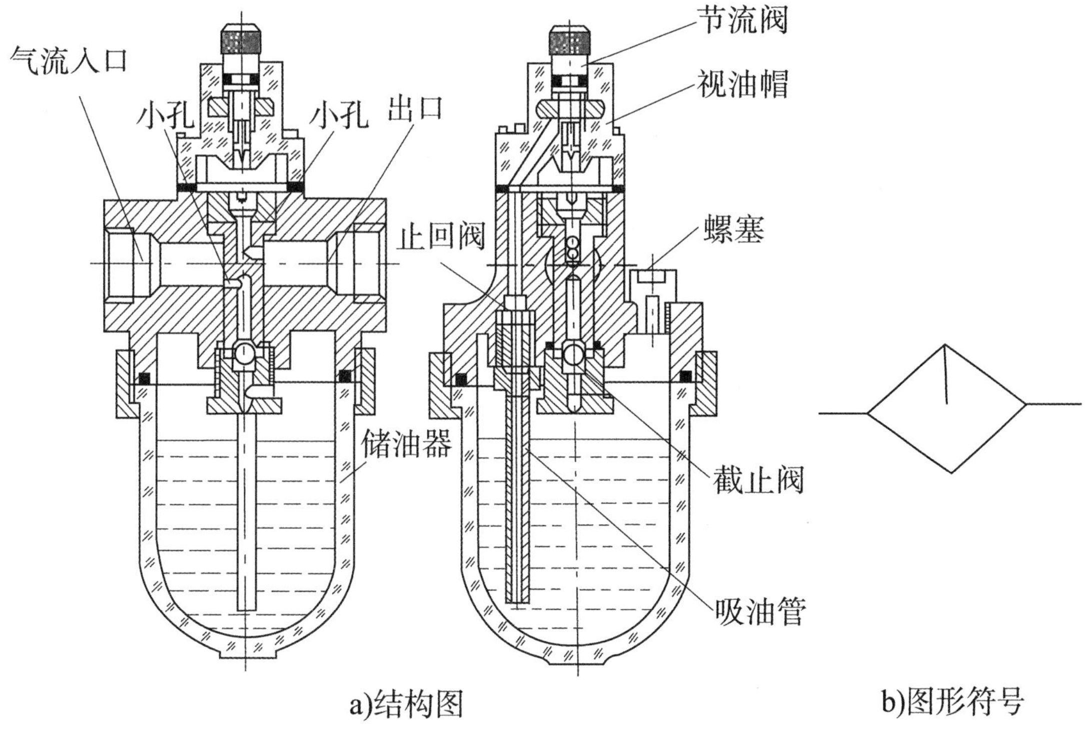

a)结构图　　b)图形符号

图 10-12　油雾器及图形符号

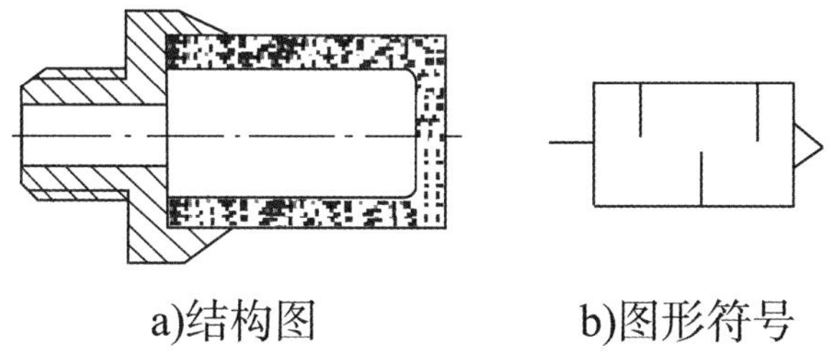

a)结构图　　b)图形符号

图 10-13　消声器及图形符号

减压阀又叫调压阀,如图 10-14 所示,其作用是将储气罐的空气压力减到每台装置所需的压力,并使减压后的压力稳定在所需压力值上。其工作原理是:当阀处于工作状态时,调节手柄、调压弹簧及膜片,通过阀杆使阀芯下移,溢流口被打开,有压气流从左端输入,经溢流口节流减压后从右端输出。输出气流的一部分由阻尼孔进入膜片气室,在膜片的下方产生一个向上的推力,这个推力总是企图把溢流口开度关小,使其输出压力下降。当作用于膜片上的推力与弹簧力相平衡后,减压阀的输出压力便保持一定。

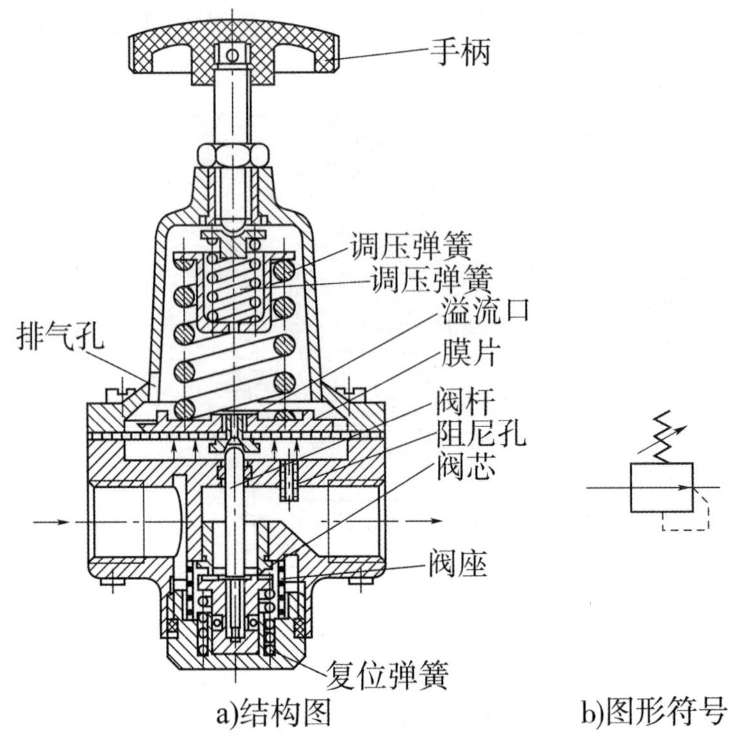

a)结构图

b)图形符号

图 10-14　QTY 型减压阀

当输入压力发生波动时,如输入压力瞬时升高,输出压力也随之升高,作用于膜片上的气体推力也随之增大,破坏了原来力的平衡,使膜片向上移动,有少量气体经溢流口、排气孔排出。在膜片上移的同时,因复位弹簧的作用,使输出压力下降,直到新的平衡为止。重新平衡后的输出压力又基本恢复至原值。反之,输出压力瞬时下降,膜片下移,溢流口开度增大,节流作用减小,输出压力又基本回升至原值。

调节手柄使调压弹簧恢复自由状态,输出压力降至零,阀芯在复位弹簧的作用下,关闭溢流口,这样,减压阀便处于截止状态,无气流输出。

顺序阀如图 10-15 所示,其作用是控制执行元件的顺序动作。顺序阀是依靠气路中压力的大小来控制执行元件先后顺序动作的压力控制阀,它根据弹簧的预压缩量来控制其开启压力。当输入压力达到或超过开启压力时,顶开弹簧,于是 *A* 口才有输出;反之 *A* 口无输出。

安全阀又叫溢流阀,其作用是防止系统内压力超过最大许用压力,以保护回路或气动装置的安全,如图 10-16 所示。当系统中气体压力在调定范围内时,作用在活塞上的压力小于弹簧的力,活塞处于关闭状态。当系统压力升高,作用在活塞上的压力大于弹簧的预定压力时,活塞向上移动,阀门开启排气。直到系统压力降到调定范围以下,活塞又重新关闭。开启压力的大小与弹簧的预压量有关。

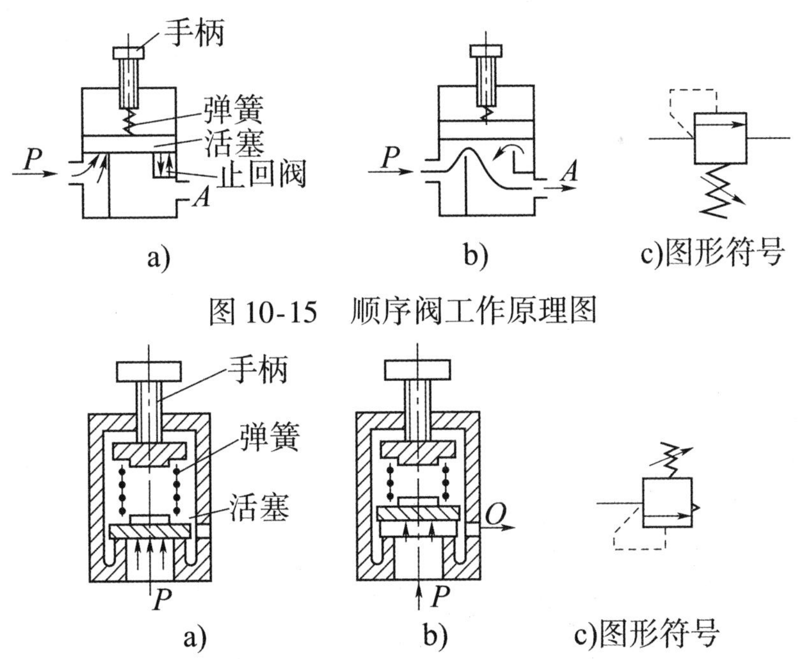

图 10-15　顺序阀工作原理图

图 10-16　安全阀工作原理图

五、气压传动系统基本控制回路的组成、特点和应用

1　压力控制回路

压力控制回路的作用是使回路中的压力保持在一定范围以内,或使回路得到高、低不同的两种压力。压力控制回路包括一次压力控制回路、二次压力控制回路、高低压转换回路。一次压力控制回路主要用于控制储气罐送出的气体压力不超过规定压力,如图 10-17a)所示。二次压力控制回路主要是为保证气动控制系统的气源压力的稳定,通过溢流式减压阀实现定压控制,如图 10-17b)所示。高低压转换回路的作用是利用两个调压阀和一个换向阀来实现或输出低压或高压气源,如图 10-17c)所示。

2　速度控制回路

速度控制回路用来调节气缸的运动速度或实现气缸的缓冲等。由于目前使用的气压传动系统的功率小,故调速方法主要是节流调速。图 10-18a)所示的是采用节流阀的调速回路,图 10-18b)所示的是采用止回节流阀的调速回路,前者不稳定。

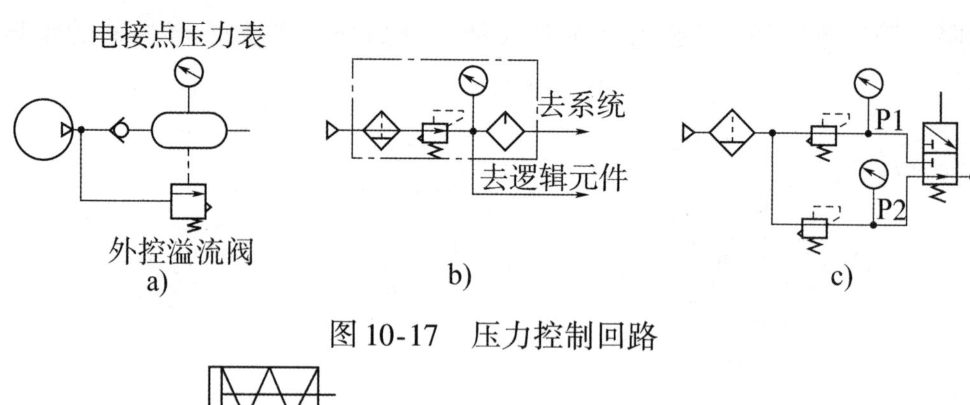

图 10-17　压力控制回路

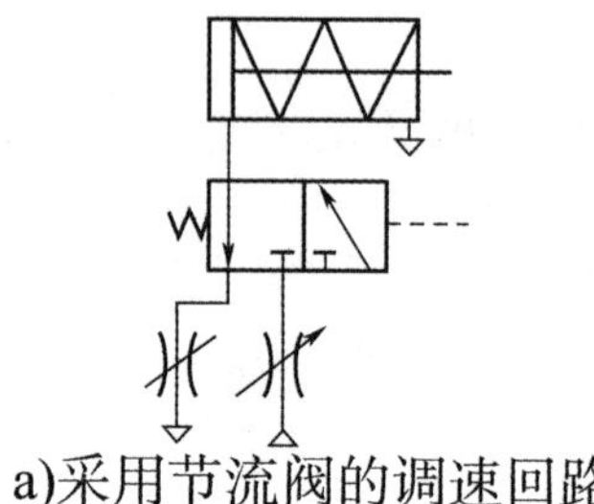

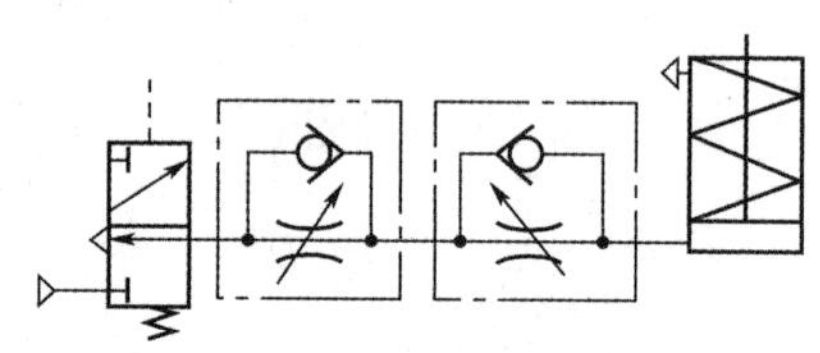

a)采用节流阀的调速回路　　b)采用止回节流阀的调速回路

图 10-18　速度控制回路

3 换向控制回路

在气压传动系统中,执行元件的起动、停止或改变运动方向,是利用控制进入执行元件的压缩空气的通、断或变向来实现的,这类控制回路就是换向控制回路。按阀的工作位数及通路数可分为二位二通、二位三通、二位五通、三位五通等。下面以二位四通阀为例作介绍。

图 10-19 所示为二位四通换向阀,其中 P 为进气口,T 为回气口,而 A 口和 B 口则通气压缸两腔。当阀芯处于图 10-19a)位置时,P 与 B、A 与 T 相通,活塞向左运动。当阀芯向右移动至图 10-19b) 位置时,P 与 A、B 与 T 相通,活塞向右运动。

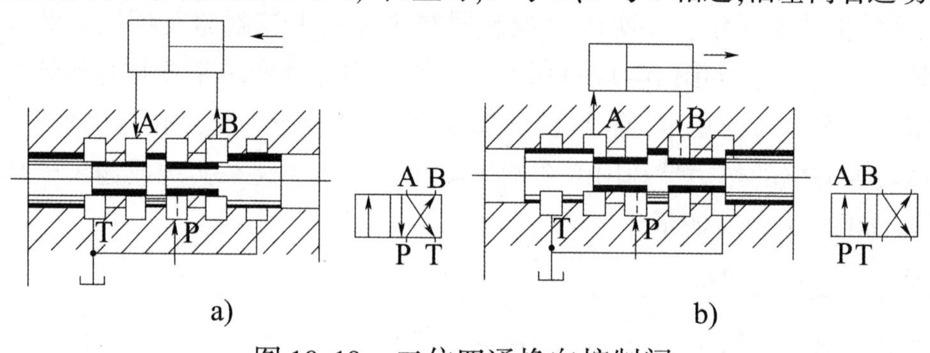

图 10-19　二位四通换向控制阀

相关链接

目前,世界各国都把气压传动作为一种低成本的工业自动化手段进行发展。

自20世纪60年代以来，气压传动发展得十分迅速，目前气压传动元件的发展速度已经超过了液压传动元件，气压传动已成为一个独立的专门技术领域。

做一做

图10-20所示为双回路气压制动示意图，观察其结构组成，并描述其工作过程。

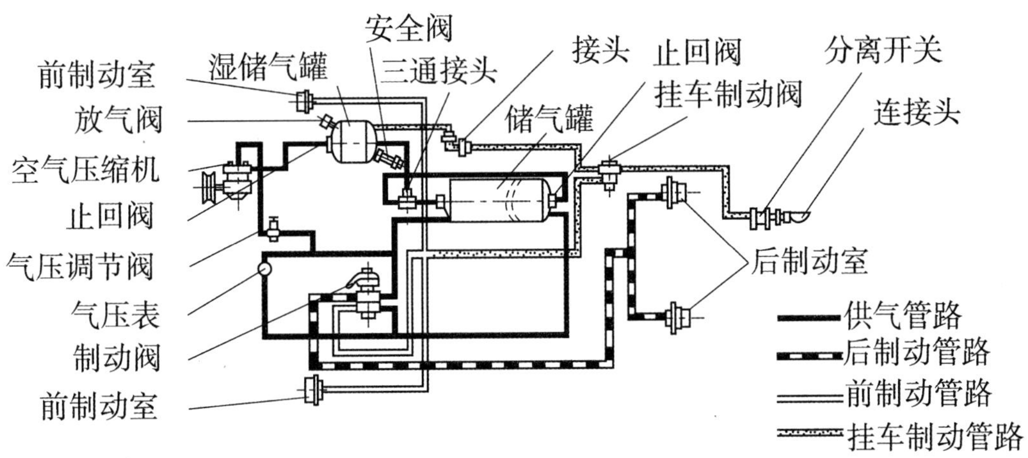

图10-20　双回路气压制动示意图

第三节　液压传动

本节描述

液压传动系统在实际生产中应用得非常广泛，与气压传动系统相比，其元件结构、工作原理有相似之处。液压元件主要包括动力元件、执行元件、控制调节元件、辅助元件等。了解液压传动基本回路的组成、特点、应用及传动系统图，有助于在实际应用中正确选用。

学习目标

完成本节的学习以后，你应能：

1. 识液压传动各组成元件的结构，理解其工作原理；
2. 知道液压传动基本回路的组成、特点和应用；
3. 识读一般气压传动与液压传动系统图，坚持系统观念，不断提高系统思维。

想一想

观察汽车用液压制动装置,想一想它的工作特点。

一、液压传动系统中的动力元件

1 液压泵

液压传动系统中的动力元件就是液压泵,它是将原动机输入的机械能转换成液压能输出给能量转换元件。液压泵是通过密封容积的变化来实现吸油和压油的。其排油量的大小取决于密封腔的变化量,因而液压泵又称为容积泵。

液压泵的工作原理和医用注射器工作相似,注射器吸入液体相当于泵吸油,注射器向外推相当于泵的压油过程。

2 液压泵正常工作的必要条件

(1)具有密封容积。

(2)密封容积能交替变化。

(3)应有配油装置。

(4)吸油时油箱表面与大气相通。

液压原理

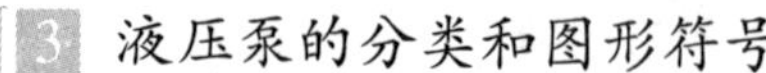

3 液压泵的分类和图形符号

液压泵按输出流量是否可调分为定量泵和变量泵两类;按结构形式分为齿轮泵、叶片泵、柱塞泵三大类;按供油方向是否改变分为单向泵和双向泵;按额定压力高低分为低压泵、中压泵、中高压泵、高压泵。图10-21为常用液压泵的图形符号。

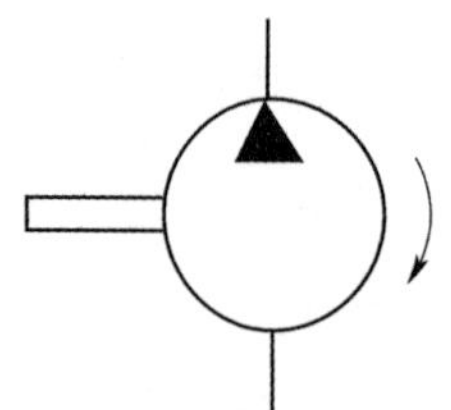

a)单向定量液压泵

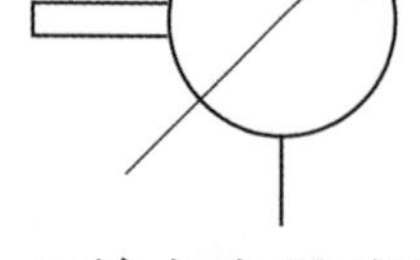

b)单向变量液压泵

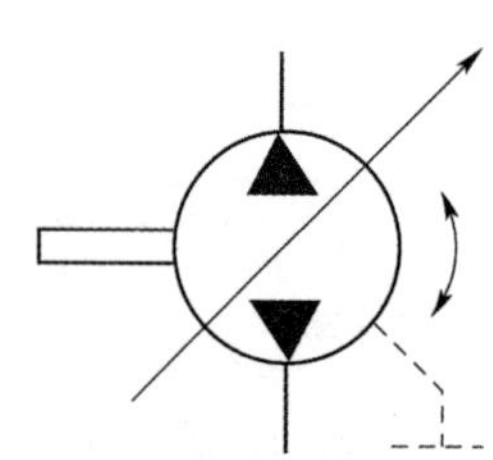

c)双向变量液压泵

图10-21　常用液压泵的图形符号

4 齿轮泵、叶片泵、柱塞泵三类泵工作原理和结构介绍

三类泵的工作原理和结构特点见表10-3。

齿轮泵、叶片泵、柱塞泵三类泵的工作原理和结构特点　表10-3

液压泵种类	实　物　图	结构、分类	特　　点
齿轮泵	齿轮泵	主要由主、从动齿轮，驱动轴，泵体及端盖等零件构成。按啮合形式不同，可分为外啮合齿轮泵和内啮合齿轮泵，外啮合齿轮泵应用最广	优点是结构简单，制造方便，价格低廉，自吸能力强，对油液污染不敏感；缺点是要承受不平衡径向力，泄漏大，噪声大，不能变量
叶片泵	叶片泵	主要由定子、转子、叶片和配油盘等组成。叶片泵既可做成定量泵也可制成变量泵。根据各密封工作容积在转子旋转一周吸、排油液次数的不同，完成一次吸、排油液的为单作用叶片泵，完成两次吸、排油液的为双作用叶片泵	优点是结构紧凑，流量均匀，噪声小；缺点是结构复杂，抗污染能力差，对油液的质量要求较高。双作用叶片泵不能变量，可用于中高压场合，单作用叶片泵仅用于低中压场合，可变量
柱塞泵	柱塞泵	主要由斜盘、柱塞、缸体、配油盘等零件构成。根据柱塞的排列和运动方向的不同，柱塞泵可分为轴向柱塞泵和径向柱塞泵两大类	优点是流量大、工作压力高，容积率高，可变量，一般用于高压系统中，但结构比较复杂，成本高

齿轮泵、柱塞泵、叶片泵的工作原理图如图 10-22、图 10-23、图 10-24 所示。

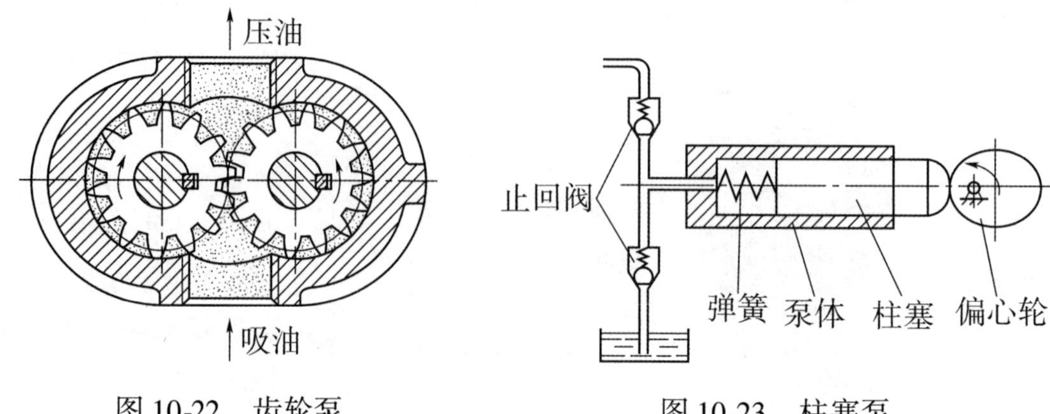

图 10-22　齿轮泵　　　　图 10-23　柱塞泵

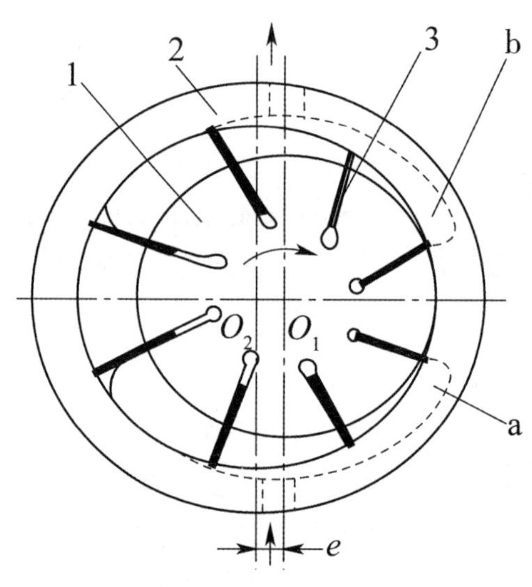

图 10-24　叶片泵

O_1-定子圆心;O_2-转子圆心;1-转子;2-定子;3-叶片;a-进油腔;b-出油腔;*e*-偏心距

二、液压传动系统的执行元件

1　液压马达

液压马达是将液压能转换为机械能,并以转矩和转速的形式输出,要求能正反转,其结构具有对称性(图 10-25)。其与液压泵在原理上有可逆性,结构上有相似性,但不能和液压泵通用。常用液压马达按结构可分为齿轮式、叶片式、柱塞式。图 10-26 为液压马达的图形符号。

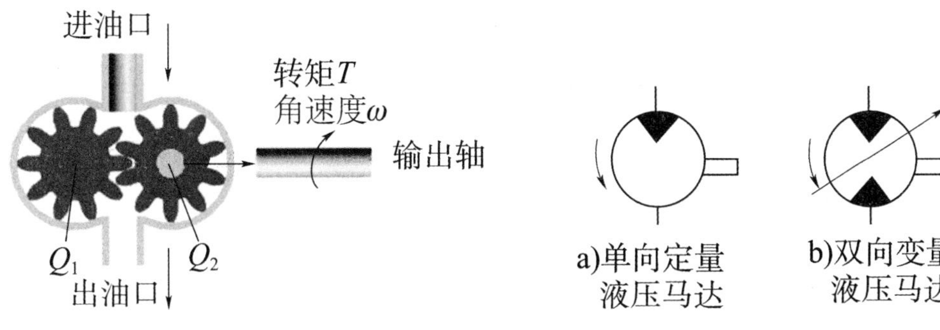

图 10-25　液压马达　　图 10-26　液压马达的图形符号

2 液压缸

液压缸是将液压能转化成机械能，实现执行元件的直线往复运动或摆动运动。液压缸的图形符号如图 10-27 所示。

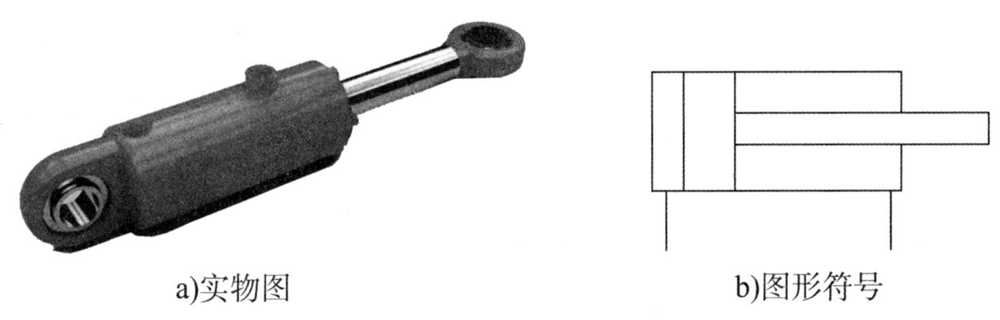

a)实物图　　b)图形符号

图 10-27　液压缸

(1)液压缸的分类及工作原理。

液压缸工作原理

液压缸按结构特点不同可分为活塞缸、柱塞缸、摆动缸三类；按运动形式不同可分为直线运动和摆动；按作用方式不同分为单作用式和双作用式两种。

单作用式液压缸中的液压力只能使活塞向一个方向运动，反方向运动需要依靠外力实现，如重力或弹簧力等；双作用式液压缸中的液压力可以实现两个方向的运动。

(2)液压缸典型结构。

液压缸通常由缸体组件(缸筒、缸盖、导向套)、活塞组件(活塞、活塞杆)、密封装置、缓冲与排气装置组成，如图 10-28 所示。

三、液压传动系统的控制调节元件

液压控制阀(简称液压阀)是液压传动系统中控制油液流动方向、压力及流量的元件。液压控制阀利用阀芯在阀体内的相对运动来控制阀口的通断及开口大小,以实现压力、流量和方向的控制。液压阀具有以下共同结构特点:

(1)基本结构由阀体、阀芯和阀芯驱动装置组成。

(2)阀体上有阀体孔或阀座孔和外接油管的进出油口。

(3)阀芯有三种结构:滑阀、锥阀和球阀。

(4)驱动装置的形式有:手动、弹簧、电磁或液压力。

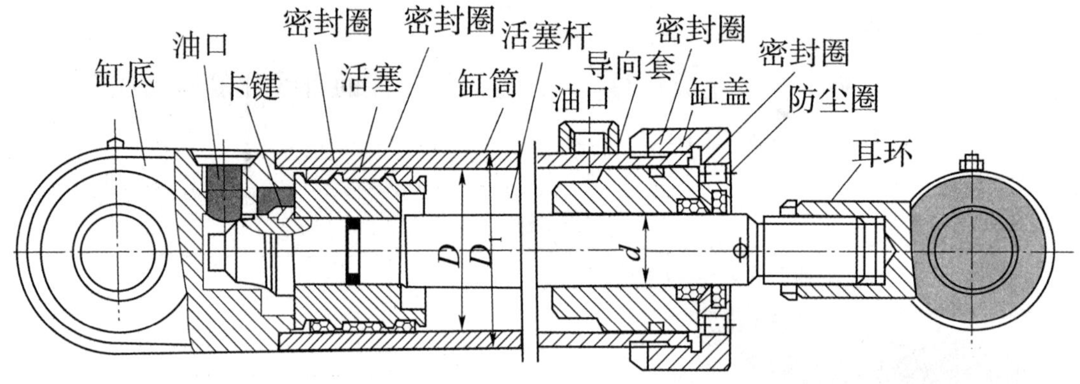

图 10-28　双作用单活塞液压缸结构图

根据用途和工作特点不同,控制阀主要分为三大类:

(1)方向控制阀:止回阀、换向阀等。

(2)压力控制阀:溢流阀、减压阀、顺序阀等。

(3)流量控制阀:节流阀、调速阀等。

止回阀

1　止回阀

(1)普通止回阀。

普通止回阀控制油液只能按单一方向流动,不允许倒流,简称止回阀。止回阀结构如图 10-29 所示,它由阀体、阀芯、弹簧等组成,当压力油从P_1进入时,油液克服弹簧力,推动阀芯右移,打开阀口,从P_2流出。当压力油从反向进入时,油液压力和弹簧力将阀芯压紧在阀座上,阀口关闭,油液不能通过。

(2)液控止回阀。

液控止回阀结构图和图形符号如图 10-30 所示。液控止回阀比普通止回阀多1 个控制口,当控制油口不通过压力油时,其工作情况和普通止回阀一样,正向通过,反向截止;当控制油口通过压力油时,控制活塞便顶开锥阀芯,使油液在正反方向上均可流动。

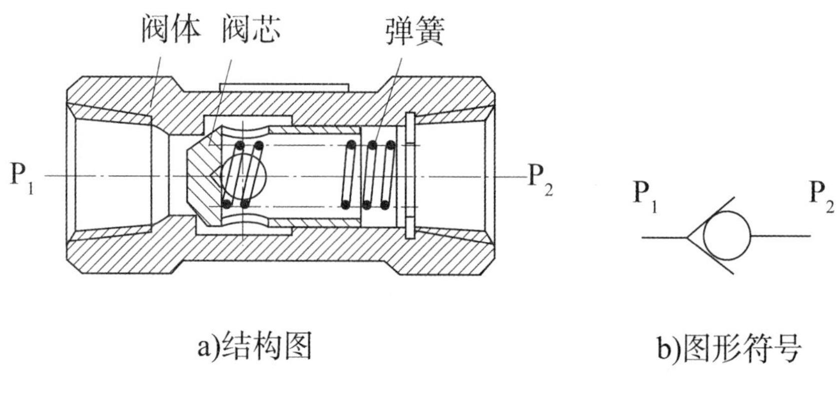

a)结构图　　b)图形符号

图 10-29　止回阀

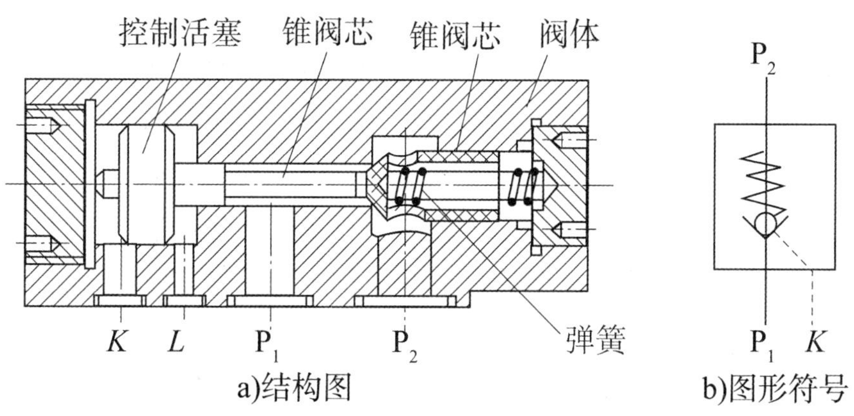

a)结构图　　b)图形符号

图 10-30　液控止回阀

普通止回阀阀口是靠进油口的压力打开的,当阀口打开时,液压油只能从进油口流入,从出油口流出,反向不能流动。

当控制油口不通压力油时,液控止回阀与普通止回阀工作完全相同;当控制油口通压力油时,阀口是控制活塞打开的,此时油液可在两个方向流动。液控止回阀具有良好的单向密封性,常用于液压系统的保压、锁紧和平衡回路,又称为液压锁。

2　换向阀

换向阀是利用改变阀芯和阀体的相对位置,控制相应油路接通、切断或变换油液的方向,从而实现对执行元件运动方向的控制。

(1)换向阀的分类。

换向阀的种类很多,其分类见表 10-4。

换向阀

换 向 阀 的 分 类　　　　表 10-4

分类方式	类　　型
按阀芯结构及运动方式	滑阀、转阀、锥阀、球阀
按阀的工作位置和通路数	二位二通、二位三通、二位四通、二位五通、三位四通、三位五通
按阀的操作方式	手动、机动、电磁动、液动、点液动
按阀的安装方式	管式、板式、法兰式

(2)换向阀的工作原理及图形符号。

下面以滑阀式换向阀为例进行介绍,滑阀式换向阀是利用阀芯在阀体内作轴向滑动来实现换向作用的。图 10-31 所示为滑阀式换向阀,它是一个具有多段环形槽的圆柱体(图示阀芯有 3 个台肩),而阀体孔内有若干个沉割槽(图示阀体为 5 槽),每个沉割槽都通过相应的孔道与外部相通,其中 P 为进油口,T 为回油口,而 A 口和 B 口则通液压缸两腔。当阀芯处于图 10-31a)位置时,P 与 B、A 与 T 相通,活塞向左运动。当阀芯向右移动至图 10-31b)位置时,P 与 A、B 与 T 相通,活塞向右运动。

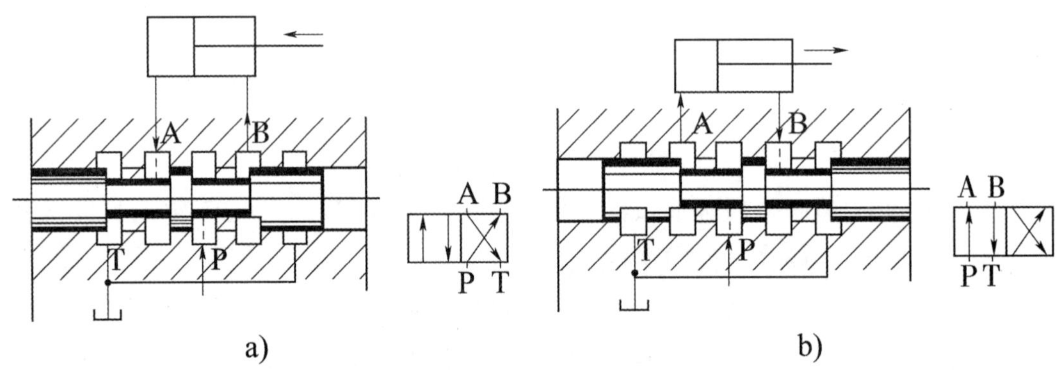

图 10-31　换向阀换向原理图及图形符号

(3)换向阀图形符号的含义。

①方格表示滑阀的工作位置,二位用二格,三位用三格。

②箭头表示两油口连通,但不表示流向。"⊥"或"⊤"表示油口不通流,在一个方格箭头或"⊥"符号与方格的交点数为油口的通路数,即"通"数。

③P 表示进油口,T 表示通油箱的回油口,A 和 B 表示连接其他两个工作油路的油口。

④三位阀的中格、二位阀画有弹簧的一格为常态位。常态位应画出外部连接油口。

⑤控制方式和复位弹簧的符号画在方格的两端。

换向阀的结构原理及图形符号见表10-5。

换向阀的结构原理及图形符号 表10-5

名　称	结构示意图	图形符号
二位二通阀	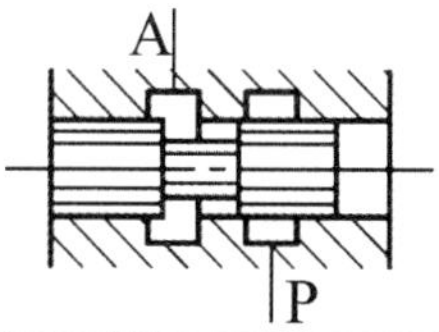 A P	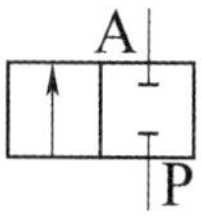 A P
二位三通阀	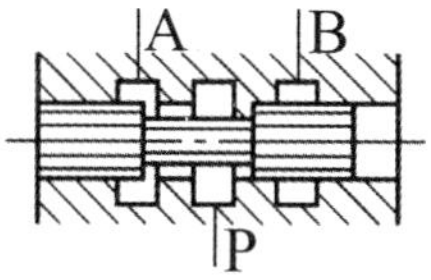 A B P	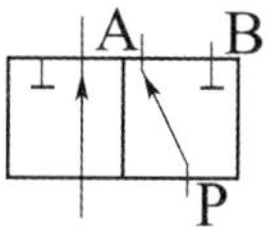 A B P
二位四通阀	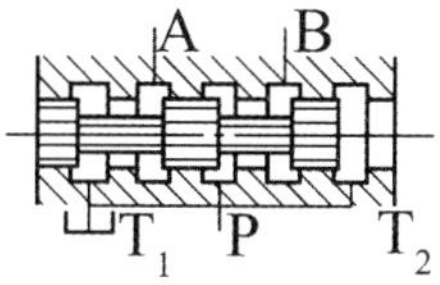 A B T_1 P T_2	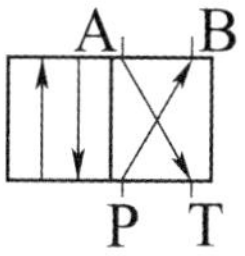 A B P T
二位五通阀	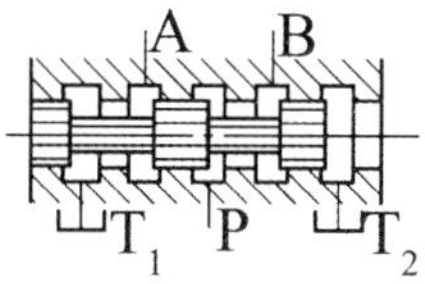 A B T_1 P T_2	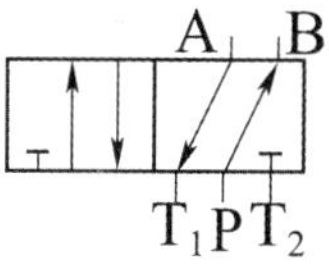 A B T_1 P T_2
三位四通阀	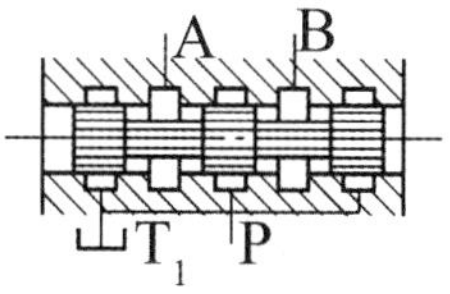 A B T_1 P	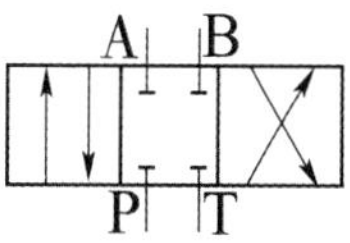 A B P T
三位五通阀	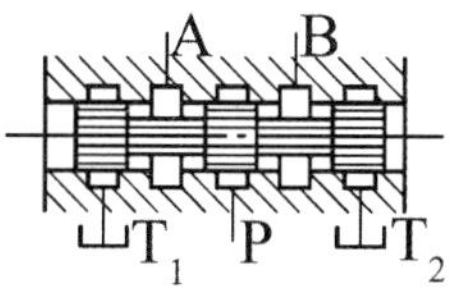 A B T_1 P T_2	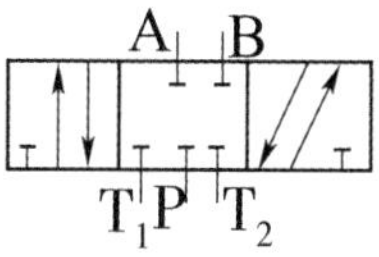 A B T_1 P T_2

(4)三位换向阀的中位机能

三位换向阀在中位时各油口的连通方式称为中位机能。不同机能的阀,阀体通用,仅阀芯台肩结构、尺寸及内部通孔情况有所区别。表10-6列出了5种常用中位机能的结构原理、机能代号、图形符号及机能特点和作用。

三位换向阀中位机能　　表 10-6

机能代号	结构原理图	中间位置图形符号		机能特点和作用
		三位四通	三位五通	
O	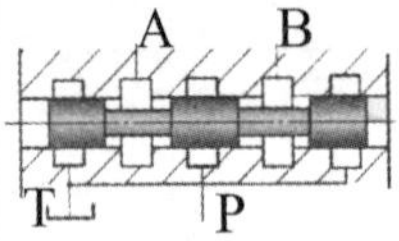 A B T P	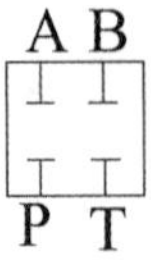 A B P T	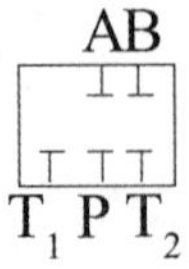 AB T_1 P T_2	各油口部封闭,缸两腔闭锁,泵不卸荷,液压缸充满油,从静止到起动平稳;制动时运动惯性引起液压冲击较大;换向位置精度高
H	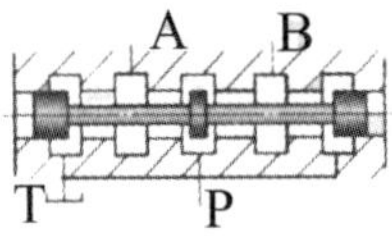 A B T P	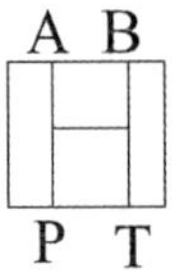 A B P T	 AB T_1 P T_2	各油口连通,泵卸荷,缸成浮动状态,缸两腔接通油箱,从静止到起动有冲击;制动时油口互通,换向平稳;但换向位置变动大
Y	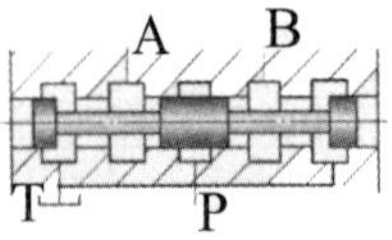 A B T P	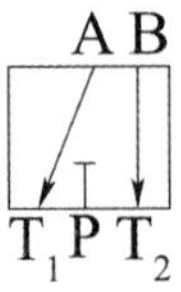 A B T_1 P T_2	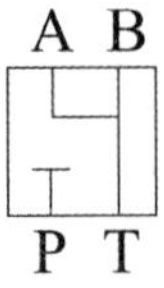 A B P T	泵不卸荷,缸两腔通回油箱,缸成浮动状态,从静止到起动有冲击。制动性能介于 O 型与 H 型之间
P	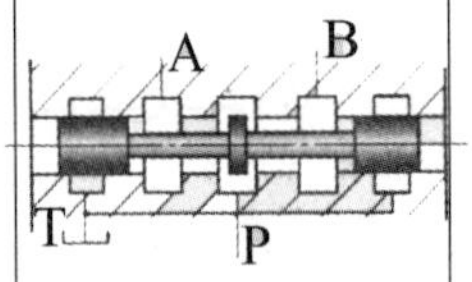 A B T P	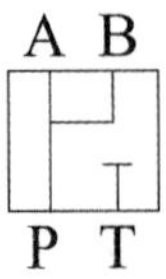 A B P T	 A B T_1 P T_2	压力油口 P 与缸两腔连通,可实现差动回路,从静止到起动较平稳;制动时缸两腔均通压力油,故制动平稳;换向位置变动比 H 型的小
M	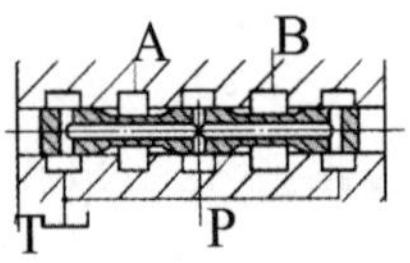 A B T P	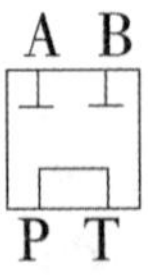 A B P T	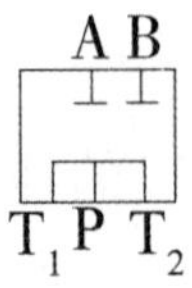 A B T_1 P T_2	泵卸荷,缸两腔封闭,从静止到起动较平稳;换向时与 O 型相同,可用于泵卸荷液压缸锁紧的液压回路

压力控制阀是用来控制和调节液压系统油液压力或利用液压力作为信号控制其他元件动作的阀,常见的有溢流阀、减压阀和顺序阀等,都是利用作用在阀芯上的液压力与弹簧力相平衡来控制阀口开闭,从而实现溢流、稳压等功能。

3 溢流阀

溢流阀在定量系统中起溢流稳压作用或在变量系统中起限压安全保护作用,即稳压溢流、安全保护。常用的溢流阀有直动式和先导式两种。现以直动式溢流阀为例来介绍溢流阀的工作原理,如图 10-32 为溢流阀的结构图和图形符号。

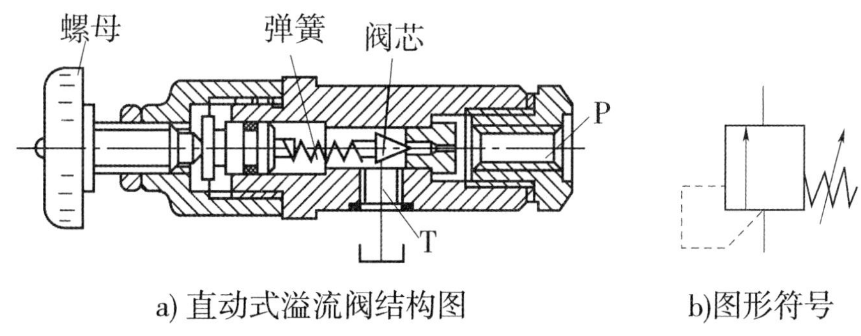

a) 直动式溢流阀结构图　　b)图形符号

图 10-32　溢流阀

溢流阀的工作原理:当进油口 P 压力小于调压弹簧的压力时,阀芯被弹簧紧压在阀座上,阀口关闭。当进油口压力升高到大于调压弹簧的压力时,阀芯左移使阀口打开,液压泵输出多余的油经回油口 T 流回油箱,使系统的压力保持恒定,起安全保护作用。同时调节调压弹簧的弹力,可调整系统的压力值。

4 减压阀

减压阀的作用是降低液压系统中的某一支路的油液压力,使一个油源能同时提供两个或多个不同压力的输出。减压阀是以出口压力为控制信号,利用液流通过缝隙式阀口产生压力损失的原理,使出口压力低于进口压力的压力控制阀。减压阀在各种液压设备的夹紧系统、润滑系统和控制系统中应用较多。

根据所控制的压力不同,减压阀可分为定值减压阀、定差减压阀和定比减压阀。定值减压阀能使出油口压力维持在一个定值;定差减压阀是使进、出油口之间的压力差不变或近似不变;定比减压阀是使进、出油口压力的比值维持恒定。

定值减压阀应用最为广泛,简称减压阀,根据结构不同可分为直动式和先导式,其中又以先导式减压阀应用较广,如图 10-33 所示。

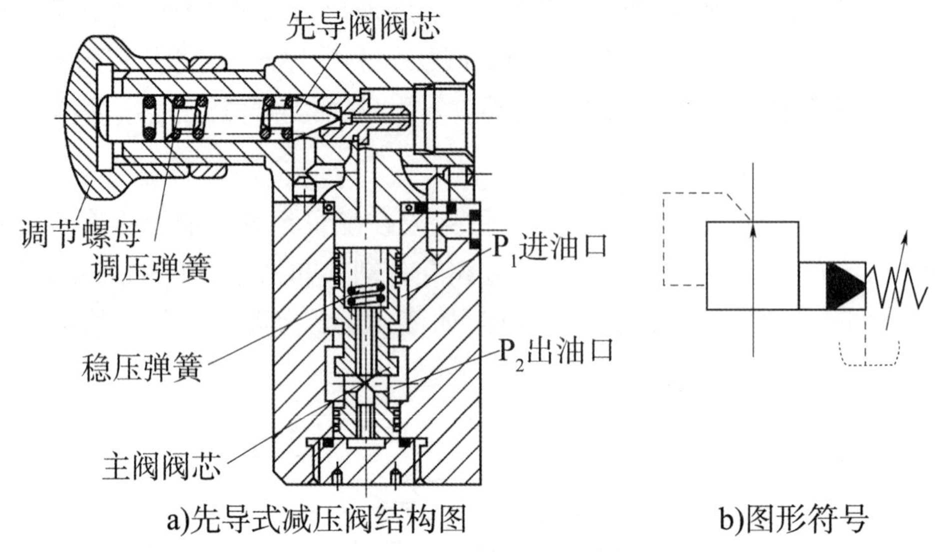

a)先导式减压阀结构图　　b)图形符号

图 10-33　减压阀

压力油从进油口P_1流入，经减压阀阀口从出油口P_2流出，当出口压力p_2低于调压弹簧的调定压力时，先导阀关闭，主阀阀芯上、下腔油压相等，在稳压弹簧作用下，主阀阀芯处于最下端位置。这时减压阀节流口开度最大，不起减压作用，其进口油压p_1与出口油压p_2基本相等。当油压p_2达到先导阀调压弹簧调定的压力时，先导阀开启，使主阀阀芯两端产生压力差，当此压力差对阀芯产生的作用力克服主阀阀芯的弹簧而使阀芯上移时，节流口开度减小，节流口压降增加，阀起减压作用。若出口压力受外界干扰而变动时，减压阀将会自动调整减压阀节流口开度来保持调定的出口压力值基本不变。

由此可以看出，与溢流阀比较，减压阀的主要特点是：阀口常开，从出口引压力油去控制阀口开度，使出口压力恒定，泄油单独接入油箱。

5　顺序阀

顺序阀是以压力为控制信号，自动接通或断开某一支路的压力阀，可以实现各执行元件动作的先后顺序。当顺序阀的进油口压力低于顺序阀调定压力时，阀口关闭；当进油口压力超过调定压力时，阀口开启，顺序阀输出压力油使其连接的执行元件动作。按控制方式不同，顺序阀可以分为内控式和外控式；按结构不同可以分为直动式和先导式。常见的顺序阀如图 10-34 所示。

顺序阀的工作原理与溢流阀类似，其主要区别在于：溢流阀的出口接油箱，而顺序阀的出口接执行元件。顺序阀的内泄漏油不能用通道与出油口相连，而必须和专用的泄油口接通油箱。

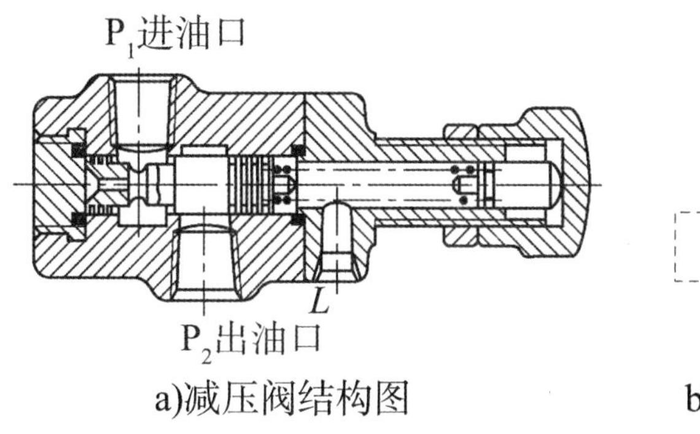

a)减压阀结构图

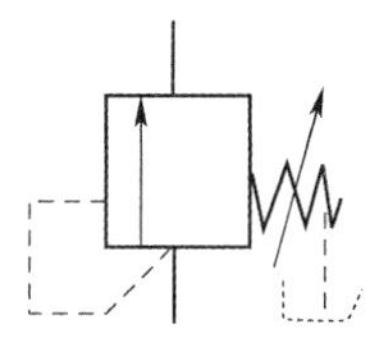

b)图形符号

图 10-34　顺序阀

6 节流阀

流量控制阀是通过改变节流口通流面积的大小或通流通道的长短来改变局部阻力的大小，从而实现对流量的控制。常用的流量控制阀有节流阀和调速阀。

图 10-35 所示为一种普通节流阀的结构图和图形符号。这种节流阀的节流口为轴向三角槽式。压力油从进油口 P_1 流入，经阀芯左端的三角槽后，再从出油口 P_2 流出。调节手轮，可通过推杆使阀芯作轴向移动，以改变节流口的通流截面积来调节流量。阀芯在弹簧的作用下始终贴紧在推杆上，这种节流阀的进出油口可互换，节流阀能正常工作的最小流量限定值称为节流阀的最小稳定流量。

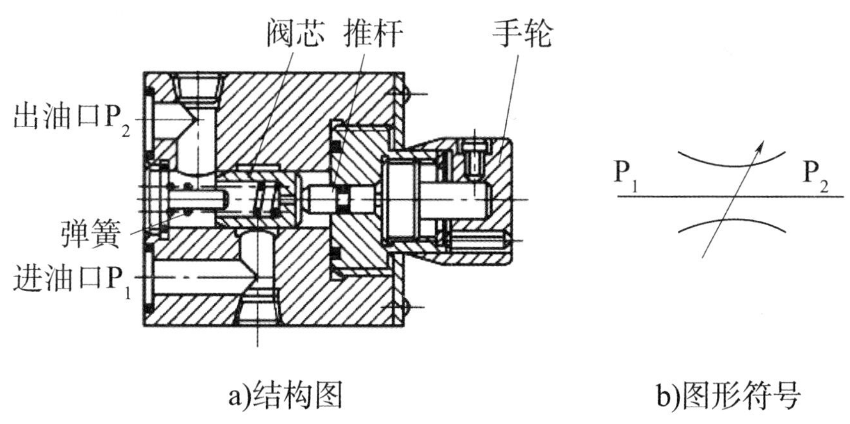

a)结构图　　b)图形符号

图 10-35　节流阀

节流阀结构简单，制造容易，体积小，使用方便，造价低。但负载和温度的变化对流量稳定性的影响较大，因此，只适用于负载不大、温度不高或速度稳定性要求不高的液压系统。

流量阀

7 调速阀

调速阀是由定差减压阀与节流阀串联而成的组合阀，节流阀调节通过的流量,定差减压阀能自动保持节流阀前后的压力差为定值,使通过节流阀的流量不受负载变化的影响。

图 10-36 所示为调速阀的结构图和图形符号,调速阀的进口压力p_1由溢流阀调节,工作时基本保持恒定。压力油进入调速阀后,先经过定差减压阀的阀口后压力降为p_2,然后经节流阀流出,其压力为p_3。

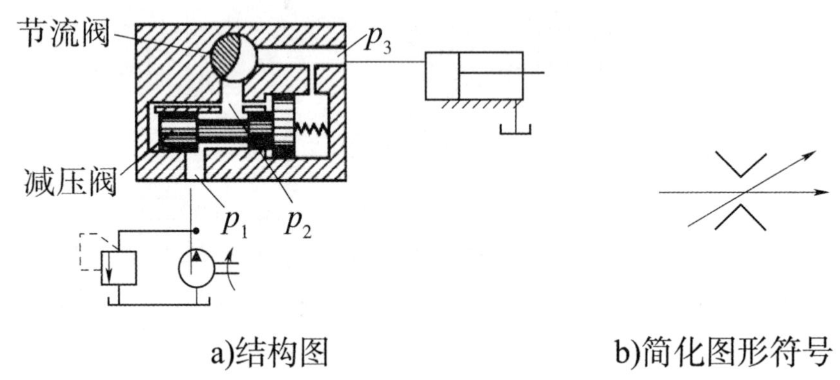

a)结构图　　b)简化图形符号

图 10-36　调速阀

节流阀与调速阀在结构上有区别,在调试的性能上调速阀的速度稳定性优于节流阀,但调速的原理相同,都是通过改变节流阀的通流面积来调节流量大小。

四、液压传动系统的辅助元件

液压系统中辅助元件包括:蓄能器、过滤器、油箱、热交换器、油管、管接头和密封装置等,这些元件结构简单,但对于液压系统的工作性能、噪声、温度、可靠性等,有直接的影响。

1 蓄能器

蓄能器的功用主要用来储存和释放油液的压力能。它的基本作用是:当系统的压力高于蓄能器内液体的压力时,系统中的液体充进蓄能器内,直到蓄能器内外压力相等;反之,当蓄能器内液体的压力高于系统的压力时,蓄能器内的液体流到系统中去,直到蓄能器内外压力平衡。因此,蓄能器可以在短时间内向系统提供压力液体,也可以吸收系统的压力脉动和减小压力冲击等。

蓄能器的结构形式主要有重力式、弹簧式、充气式和薄膜式。充气式蓄能器又包括气瓶式、活塞式、气囊式,以气囊式蓄能器最为常用。

蓄能器在液压系统中的用途很多,主要用作辅助动力源、液体漏损补偿、应急动力源、系统保压、脉冲阻尼器及液压冲击吸收器等。蓄能器的实物图和图形符号如图 10-37 所示。

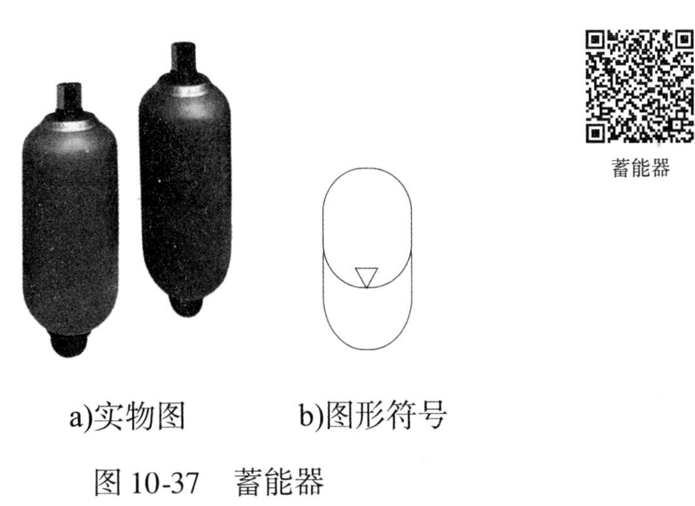

a)实物图　　b)图形符号

图 10-37　蓄能器

2 过滤器

过滤器的功用是过滤油液中的各种杂质，以免其划伤、磨损、甚至卡死有相对运动的元件，或堵塞零件上的小孔及缝隙，影响系统的正常工作，降低液压元件的寿命。

不同的液压系统对油液的过滤精度要求不同，按滤芯材料和结构形式不同，可分为网式、线隙式、纸芯式、烧结式及磁性过滤器等。按过滤器的安装位置不同，可分为吸油路过滤器、压油路过滤器、回油路过滤器。过滤器如图 10-38 所示。

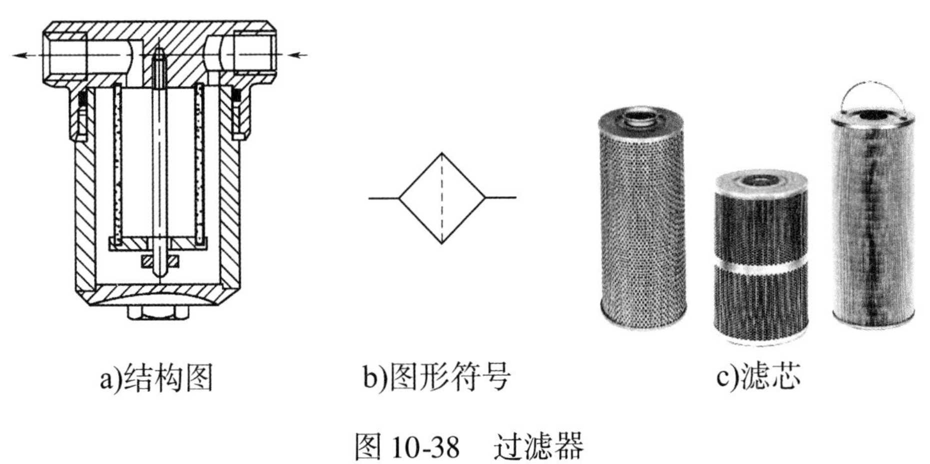

a)结构图　　b)图形符号　　c)滤芯

图 10-38　过滤器

3 油箱

油箱的用途是存储、散热、分离油中的空气和沉淀油中的杂质。在液压系统中，油箱有总体式和分离式两种。整体式油箱通常是利用主机的底座作为油箱，

其特点是结构紧凑、液压油的泄露容易回收,但散热性能差,维修不方便。分离式油箱单独构成一个供油泵站,与主机分离,散热性、维护性要好于总体式。

4 热交换器

在液压系统中,热交换器包括冷却器和加热器,作用在于控制液压系统的正常工作温度,保证液压系统的正常工作。

液压油对油温的变化非常敏感,不宜在很高或很低的温度下工作,而液压系统工作时,动力元件和执行元件的容积损失和机械损失、控制调节元件和管路的压力损失以及液体摩擦损失等消耗的能量几乎全部转化为热量。这些热量将使液压系统油温升高。如果油液温度过高,将严重影响系统的正常工作。因此,需用冷却器对油液进行降温。

液压系统工作前,如果油液温度低于10℃,油液黏度较大,使液压泵吸油困难。为保证系统正常工作,必须设置加热器以提高油液温度。

5 油管

油管用于在液压系统中输送油液。常用的油管有钢管、铜管、橡胶软管、尼龙管、塑料管等多种类型。油管根据安装位置和工作压力的不同来选用。

6 管接头

管接头用于油管与油管、油管与元件之间的连接,管接头的常用类型有扩口式、焊接式、卡套式和扣压式。对于需要经常拆装的地方,常使用快速接头,快速接头的结构如图10-39所示。

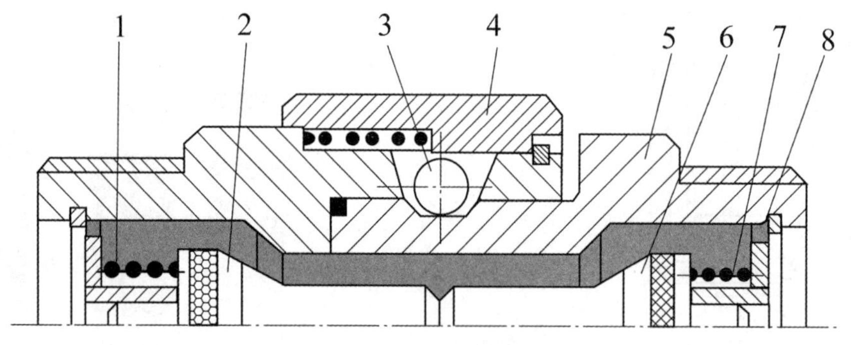

图10-39 快速接头

1、7-弹簧;2、6-阀芯;3-钢球;4-外套;5-接头体;8-弹簧座

7 密封装置

密封装置用来防止系统油液的内外泄露以及外界灰尘和异物的侵入,保证系统建立必要压力,常用的密封方法有间隙密封和用橡胶密封圈密封。

五、液压传动基本回路的组成、特点和应用

按完成的功能不同,液压回路可分为方向控制回路、压力控制回路、速度控制回路、多缸工作控制回路等。

1 方向控制回路

方向控制回路的作用是:利用各种方向控制阀来控制液流的通断和变向,从而使执行元件启动、停止(包括锁紧)或换向。方向控制回路又包括换向回路和锁紧回路。图10-40是采用止回阀的锁紧回路,换向阀左位工作时,压力油经左液控止回阀进入缸左腔,同时将右液控止回阀打开,使缸右腔油能流回油箱,液压缸活塞向右运动;反之,当换向阀右位工作时,压力油进入缸右腔并将左液控止回阀打开,缸左腔回油,活塞向左运动;而当换向阀处于中位或液压泵停止供油时,两个液控止回阀立即关闭,活塞停止运动。由于液控止回阀的密封性能很好,从而能使执行元件长期锁紧。这种锁紧回路主要用于汽车起重机的支腿油路和矿山机械中液压支架的油路中。

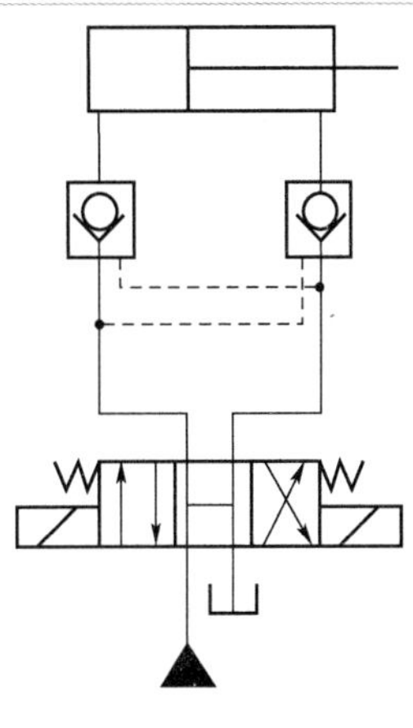
图10-40 锁紧回路

2 压力控制回路

压力控制回路有以下几种应用。

(1)使系统压力保持恒定。如图10-41a)所示,在工作过程中溢流阀是常开的,液压泵的工作压力决定于溢流阀的调整压力且基本保持恒定。因此,这种情况下溢流阀的作用即为调压溢流。

(2)防止系统过载。如图10-41b)所示,在正常情况下,溢流阀阀口关闭。当系统超载时,系统压力达到溢流阀调定的压力,阀口打开,油液经阀口流回油箱,系统压力不再增高。这种溢流阀常称为安全阀。

(3)卸荷回路。如图10-41c)所示,用换向阀将先导式溢流阀的控制口(卸荷口)和油箱连接,可使油路卸荷,以减少能量损耗。当电磁阀通电时,系统处于卸荷状态。

3 速度控制回路

速度控制回路是用来调节执行元件工作行程速度的回路,包括节流调速回路、容积调速回路和容积节流调速回路。

节流调速——采用定量泵供油,由流量阀改变进入执行元件的流量来实现调速的方法。

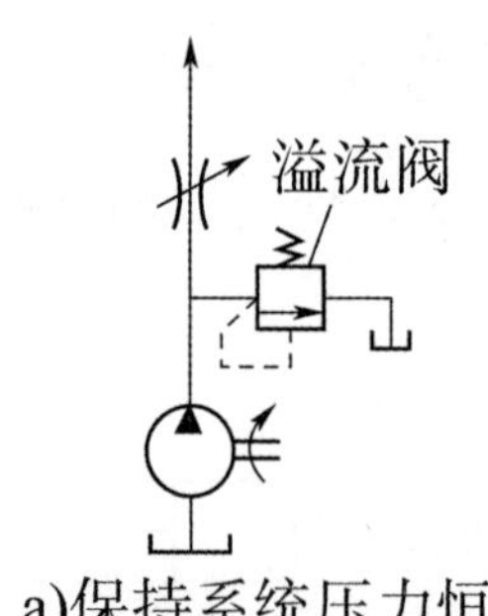

a)保持系统压力恒定

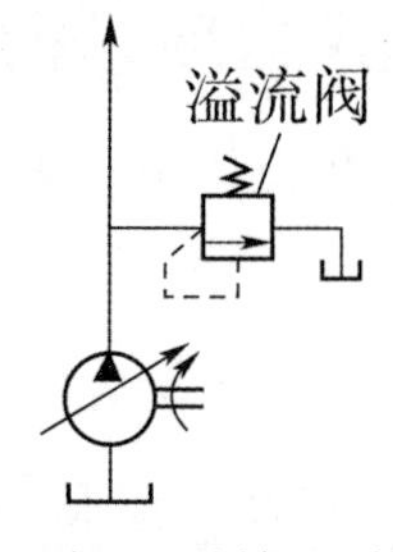

b)防止系统过载

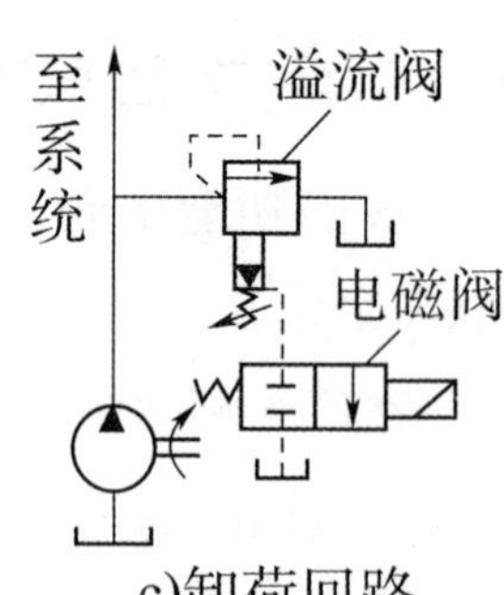

c)卸荷回路

图 10-41　溢流阀的应用

容积调速——采用变量泵或变量马达实现调速的方法。

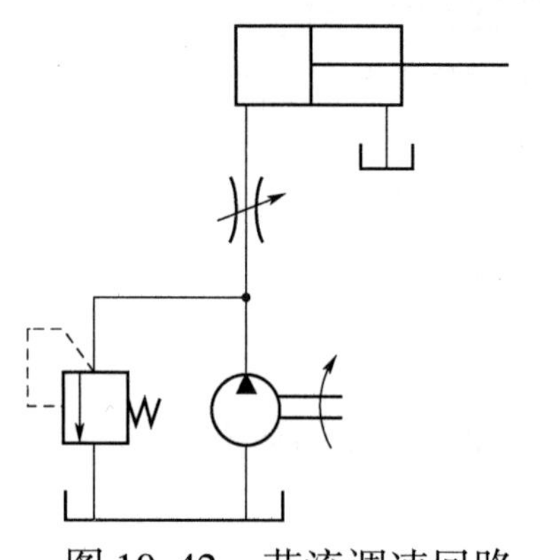
图 10-42　节流调速回路

容积节流调速——采用变量泵和流量阀相配合的调速方法。

1）节流调速回路

节流调速回路由定量泵、流量控制阀、溢流阀和执行元件等组成，如图 10-42 所示。该回路通过改变流量控制阀口的开度来控制流入或流出执行元件的流量，以调节其运动速度。该回路具有结构简单、成本低、使用维修方便等优点，但能量损失大、效率低、发热大，仅适用于小功率液压系统。

2）容积调速回路

容积调速回路采用变量泵或变量马达，因无溢流损失和节流损失，故效率高，发热小，适用于大功率系统，如图 10-43 所示。

3）容积节流调速回路

容积节流调速回路的特点是效率高，发热小，速度刚性比容积调速回路好，如图 10-44 所示。

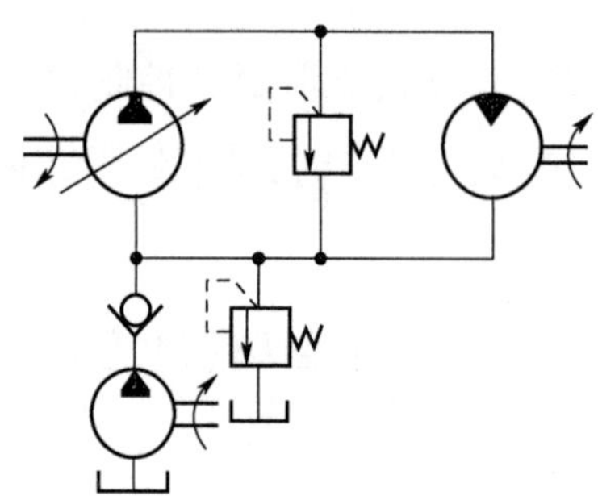
图 10-43　容积调速回路

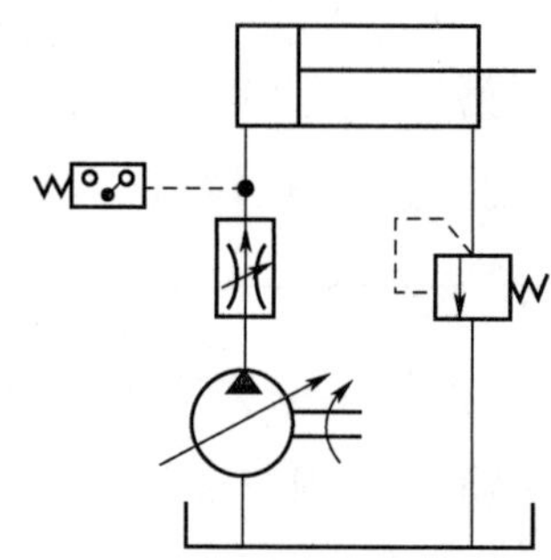
图 10-44　容积节流调速回路

六、识读和分析液压与气压传动系统图

1　识读和分析液压与气压传动系统图的步骤和方法

(1)了解设备的用途及对液压或气压传动系统的要求。

(2)初步浏览各执行元件的工作循环过程,所含元件的类型、规格、性能、功用和各元件之间的关系。

(3)对与每一执行元件有关的泵、阀所组成的子系统进行分析,搞清楚其中包含哪些基本回路,然后针对各执行元件的动作要求,参照动作顺序表读懂子系统。

(4)根据液压或气压传动系统中各执行元件的互锁、同步和防干扰等要求,分析各子系统之间的联系,并进一步读懂在系统中是如何实现这些要求的。

(5)在全面读懂系统的基础上,归纳总结整个系统有哪些特点,以便加深对系统的理解。

识读和分析系统图的能力必须在实践中多学习、多读、多看和多练的基础上才能提高。

2　典型液压系统应用实例

下面以 YT4543 型液压动力滑台的液压系统图为例进行分析。动力滑台是组合机床用来实现进给运动的通用部件,根据加工工艺要求,可以在滑台台面上装置动力箱、多轴箱及各种专用切削头等动力部件,以完成钻、扩、铰、铣、镗和攻丝等加工工序和复杂进给工作循环。

图 10-45 所示为 YT4543 型液压动力滑台的液压系统图。该滑台能完成的典型工作循环为:快进→一工进→二工进→死铁停留→快退→原位停止。

(1)快进。

按下起动按钮,电磁铁 1YA 通电,电液换向阀的先导阀 4 处于左位工作,使主阀在左位工作,其主油路行程如下。

进油路:泵 1→止回阀 2→电液换向阀 3→行程阀 11→缸左腔。

回油路:缸右腔→电液换向阀 3→止回阀 7→行程阀 11→缸左腔。

这时形成油液缸差动连接快进。

(2)第一次工进。

在快进终了时,挡块压下行程阀 11,切断了快进的进油路。压力油只能通过调速阀 8 进入液压缸左腔,系统压力升高,液压控制阀 6 开启,止回阀 7 关闭,泵的流量也自动减少。其主油路行程如下。

进油路:泵 1→止回阀 2→电液换向阀 3→调速阀 8→电磁阀 10→缸左腔。

回油路:缸右腔→电液换向阀 3→液压控制阀 6→背压阀 5→油箱。

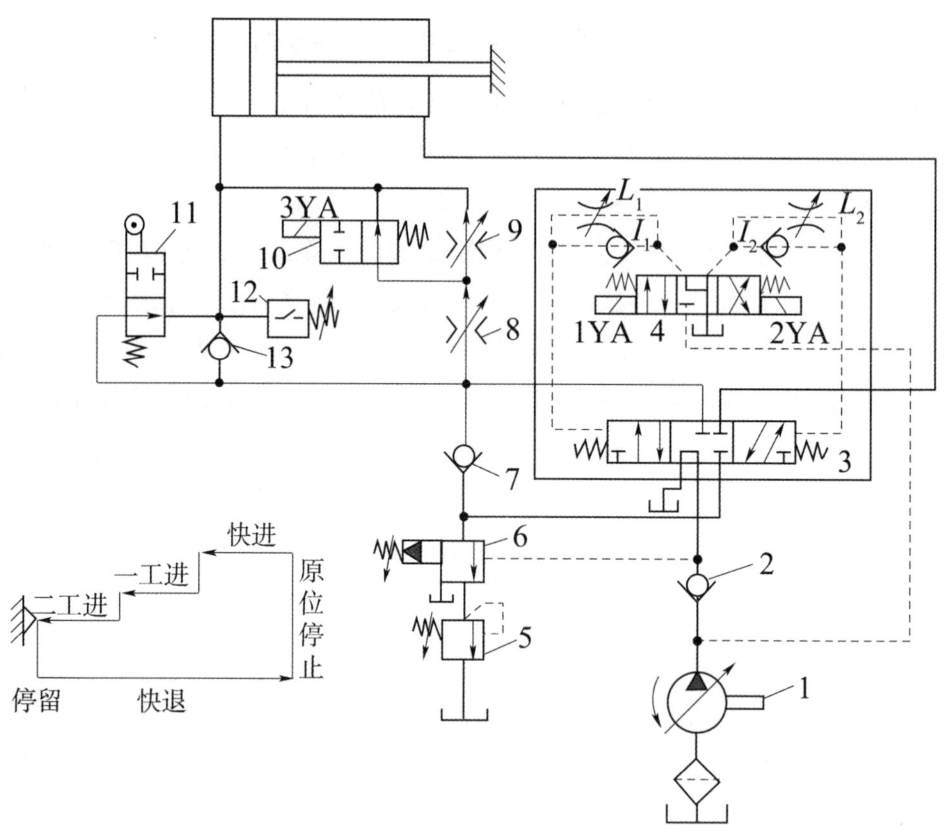

图 10-45　YT4543 型液压动力滑台的液压系统图

1-泵;2、7,13-止回阀;3、4-电液换向阀;5-背压阀;6-液压控制阀;8,9-调速阀;10-电磁阀;11-行程阀;12-压力继电器

(3)第二次工进。

当第一次工作进给终了,挡块压下行程开关使 3YA 通电,电磁阀 10 左位工作,压力油必须经过调速阀 8 和 9 进入液压缸左腔。实现由调速阀 9 调速的第二次工作进给,其主油路行程如下。

进油路:泵 1→止回阀 2→电液换向阀 3→调速阀 8→调速阀 9→缸左腔。

其他油路情况与第一次工进相同。

(4)死挡铁停留。

当第二次工作进给完成后挡块碰到死挡铁,液压系统的压力进一步升高,使压力继电器 12 发出信号给时间继电器,由时间继电器延时控制滑台停留时间。这时的油路与第二次工作进给的油路相同。

(5)快退。

时间继电器经延时后发出信号,使电磁铁 2YA 通电,1YA、3YA 断电。主油路行程如下。

进油路:泵 1→止回阀 2→电液换向阀 3→缸右腔。

回油路:缸左腔→止回阀 13→电液换向阀 3→油箱。

滑台返回时为空载,系统压力低,变量泵的流量又自动增大。

(6)原位停止。

当滑台快速退回到原位时,挡块压下行程开关,使 2YA 断电,换向阀处于中位,滑台停止运动。泵输出的油液经电液换向阀 3 直接回油箱,泵卸荷。

表 10-7 为该系统的电磁铁和行程阀的动作顺序表。表中"+"号表示电磁铁通电或行程阀压下;"-"号表示电磁铁断电或行程阀复位。

电磁铁和行程阀的动作顺序　　表 10-7

工作循环	信号来源	电磁铁			行程阀
		1YA	2YA	3YA	
快进	起动按钮	+	-	-	-
一工进	挡块压下行程阀	+	-	-	+
二工进	挡块压下行程开关	+	-	+	+
死挡铁停留	死挡铁、压力能电器	+	-	+	+
快退	时间继电器	-	+	-	±
原位停止	挡块压下终点行程开关	-	-	-	-

相关链接

随着科学技术的不断发展,各行各业对传动技术有了进一步的需求。特别是在第二次世界大战期间,由于军事上迫切地需要反应快、质量轻、功率大的各种武器装备,而液压传动技术正好具有这方面的优势,所以获得了较快的发展。在第二次世界大战后的 50 年中,液压传动技术迅速地扩展到其他各个领域,并得到了广泛的应用。

做一做

观察汽车的液压助力转向装置示意图(图 10-46),描述其工作过程。

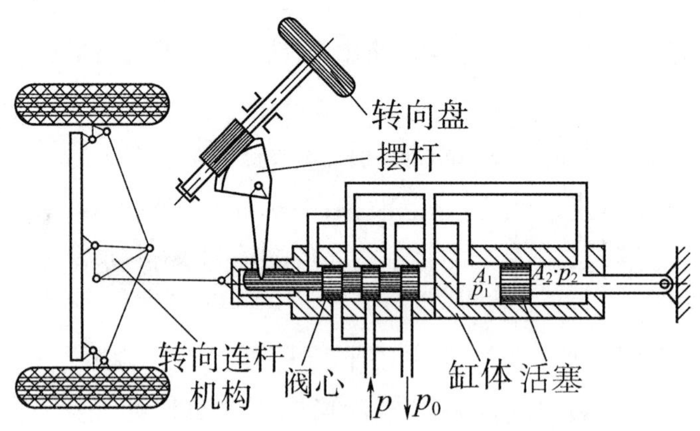

图 10-46　汽车液压助力转向装置示意图

实训项目　汽车真空助力液压制动系统的搭建

实训描述

图 10-47 所示是汽车真空助力液压制动系统,通过认识系统回路组成元件实物以及主要组成元件的拆装实训,帮助我们理解气压传动、液压传动系统的原理特点,熟悉典型传动回路的分析与搭建。

实训目标

完成本实训项目以后,你应能:

1. 认识常见气压传动、液压传动系统元件实物,会画其图形符号;
2. 熟悉常见气压传动、液压传动系统元件实物拆装,简单分析其回路。

一、实训设备与器材

大众轿车整车一台;汽车制动系统拆装工具、设备一套。

二、操作步骤及工作要点

1　认识元件,绘制图形符号

参照图 10- 47 认识图中所有气动、液动元件实物,并在表 10-8 中分别画出其图形符号。

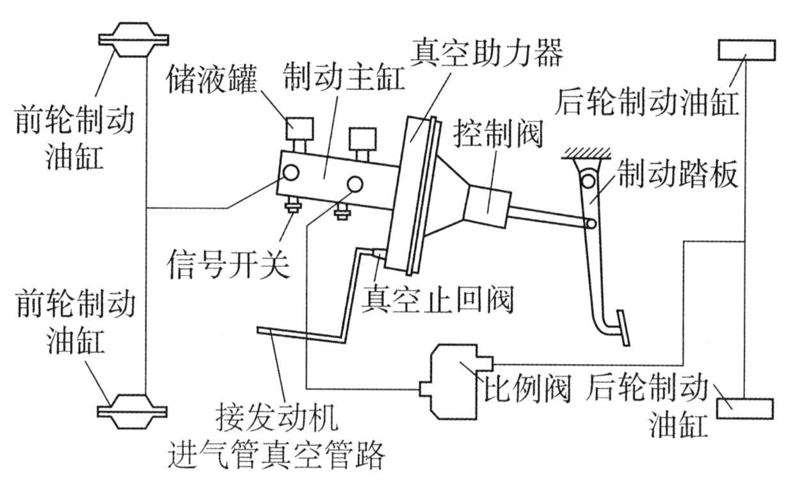

图 10-47　汽车真空助力液压制动系统图

2 气动回路观察

真空助力器气室与控制阀组合的真空助力器在工作时产生推力，也同制动踏板力一样直接作用在制动主缸的活塞推杆上。空气路径：真空助力器气室→真空止回阀→管路→发动机进气管。

汽车真空助力液压制动系统元件名称及图形符号　表 10-8

序号	元件名称	图形符号	序号	元件名称	图形符号
1			3		
2			4		

续上表

序号	元件名称	图形符号	序号	元件名称	图形符号
5			8		
6			9		
7			10		

3 液动回路观察

该车采用了左前轮制动油缸与右后轮制动油缸为一液压回路、右前轮制动油缸与左后轮制动油缸为另一液压回路的布置,即为对角线布置的双回路液压制动系统。油液路径:储液罐→制动主缸→前轮制动油缸;储液罐→制动主缸→比例阀→后轮制动油缸。比例阀(又称 P 阀)其作用是当前、后促动管路压力 P_1 和 P_2 同步增长到某一定值 P_S 后,即自动对 P_2 的增长加以限制,使 P_2 的增量小于 P_1 的增量。

4 系统回路搭建

1)气动元件选择

根据图 10-47 选用的相关气动元件有:________________

____

____

2)液动元件选择

根据图10-47选用的相关液动元件有:______________________________

____

____

3)系统回路连接

气动回路连接顺序是__________→__________→__________→__________→__________→__________→__________

液动回路连接顺序是__________→__________→__________→__________→__________→__________→__________

三、考核要求

(1)能正确选用元件;

(2)能分析各传动元件的作用和工作特点;

(3)能完成系统回路连接。

自我检测

一、填空题

1. 气压传动系统由________、________、________和________、工作介质五个部分组成 。

2. 气压执行元件是将压缩空气的________转换为________的能量转换装置。

3. 液压传动有两个基本参数,即________和________。

4. 液压泵按结构形式可分为________、________、________三大类。

5. 按完成的功能不同,液压回路可分为________控制回路、________控制回路、________控制回路、________控制回路等。

6. 液压传动系统中,辅助元件主要有________、________、________及________等。

二、选择题

1. 以下(　　)是气压传动系统的执行元件。

A. 压缩机　　B. 气缸　　C. 止回阀　　D. 储气罐

2. 以下(　　)是液压传动系统的动力元件。

A. 压缩机　　B. 气缸　　C. 换向阀　　D. 液压泵

3. 气压传动系统中,去除空气中杂质油的装置称为(　　)。

A. 空气过滤器　　B. 储气罐　　C. 除油器　　D. 冷却器

4. 以下(　　)属于液压传动系统的压力控制阀。

A. 溢流阀　　B. 节流阀　　C. 换向阀　　D. 调速阀

5. 液压传动系统中的止回阀的图形符号是(　　)。

A. 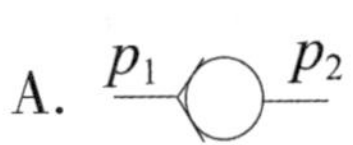

B. 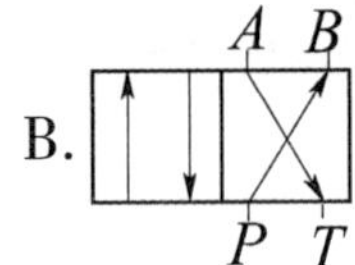

C. p_1　p_2

D. 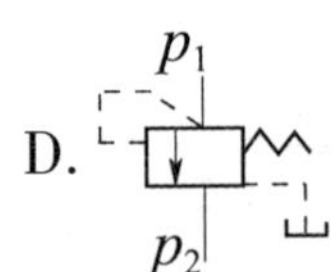

三、简答题

1. 气压传动与机械、电气、液压传动相比,有哪些优点?

2. 液压控制阀具有哪些共同结构特点?

第十一章

综合实践
——手动变速器传动机构的拆装

手动变速器是一个复杂的机械体,它由变速传动机构和变速操纵机构两部分组成。变速传动机构的主要作用是改变转矩和转速的大小和方向;操纵机构的主要作用是控制传动机构,实现变速器传动比的变换,即实现换挡,以达到变速变矩。通过对手动变速器传动机构的拆装、调试和分析,全面掌握手动变速器的受力、材料、传动、连接、润滑与密封等机械知识,实现理论知识和实践知识相结合。

综合实践描述

通过拆装手动变速器传动机构,学习机械中各种零部件的正确拆装方法;同时,将实践操作与课程理论内容相结合,系统掌握机械基础知识;对手动变速器进行简单调试,提高学生分析机械、解决问题的能力。

综合实践目标

完成本综合实践以后,你应能:

1. 认识手动变速器传动机构的组成,知道它在汽车上的作用;
2. 按照维修手册的要求,安全、规范的拆装手动变速器传动机构;
3. 结合所学的机械基础知识,通过查阅相关资料,分析手动变速器主要零件的受力情况,观察拆装实物,能分辨零件的材料;
4. 分析传动机构传动特点,正确地计算传动比;
5. 掌握手动变速器传动机构的润滑方式和密封方式;
6. 严格执行 7S 标准,展示中国工匠可信的形象。

一、知识准备:大众 Passat Variant 旅行车手动变速器的结构

大众 Passat Variant 旅行车采用五挡手动变速器,由传动机构、操纵机构、变速器壳体等组成,其结构紧凑、噪声低、操作灵活可靠。该变速器的五个前进挡

均装有锁环惯性式同步器,换挡轻便,所有挡位都采用防跳挡措施。

大众 Passat Variant 旅行车五挡手动变速器的结构如图 11-1 所示。图 11-2 为大众 Passat Variant 旅行车五挡变速器传动原理图。当驾驶员挂上某一挡位时,动力由输入轴传入变速器,通过相啮合的齿轮副将动力由输出轴传至主减速器,在变速器中实现了变速、变矩的作用。变速器设置有超速挡(传动比小于 1),主要用于在良好路面或空车行驶时,提高汽车的燃料经济性。

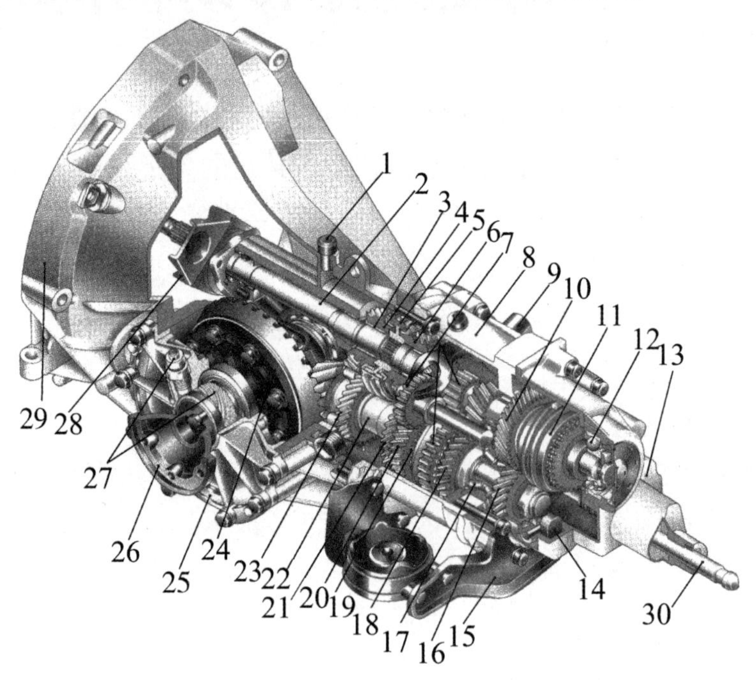

图 11-1 大众 Passat Variant 旅行车手动变速器

1-通气塞;2-输入轴(含一挡和二挡齿轮);3-滚针轴承;4-输入轴四挡齿轮;5-三挡和四挡同步器;6-输入轴三挡齿轮;7-倒挡齿轮组;8-轴承座壳体;9-倒挡拨叉定位锁;10-输入轴五挡齿轮;11-五挡同步器;12-球轴承;13-后盖总成;14-异形磁铁;15-后支架;16-输出轴五挡齿轮;17-双列圆锥滚子轴承;18-输出轴一挡齿轮;19-一挡和二挡同步器;20-输出轴二挡齿轮;21-输出轴三挡齿轮;22-输出轴(带主动锥齿轮);23-输出轴四挡齿轮;24-差速器组件(带从动锥齿轮);25-差速器盖;26-凸缘轴;27-车速里程表传动齿轮组;28-离合器分离板;29-变速器壳体;30-选挡轴

二、实训设备与器材

大众 Passat Variant 旅行车两轴式手动变速器 1 台,变速器常用拆装工具 1 套, 大众 Passat Variant 旅行车专用工具 1 套。

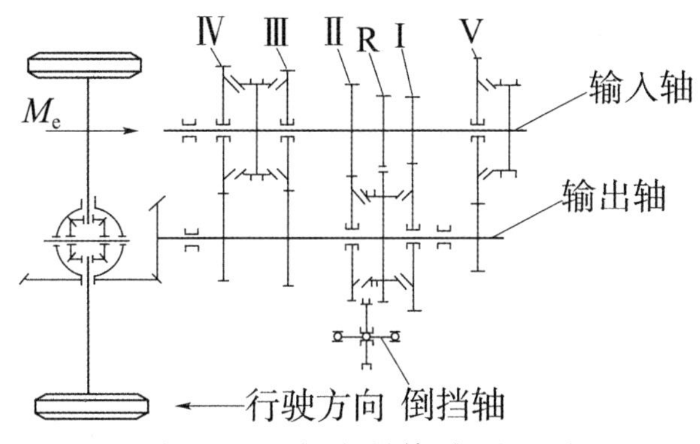

图 11-2　变速器传动原理图

Ⅰ-一挡；Ⅳ-四挡；Ⅱ-二挡；Ⅴ-五挡；Ⅲ-三挡；R-倒挡

三、操作步骤及工作要点

1　变速器总成的分解

(1)把变速器放在修理台或修理架上，放出变速器润滑油。

想一想

观察变速器润滑油，判断变速器润滑油是润滑材料的哪一种？它能和发动机润滑油混用吗？为什么？你能说出大众 Passat Variant 变速器润滑油的规格吗？

(2)将变速器后盖拆下，取出调整垫片和密封垫。若没有专用工具，先旋出轴承座壳体和后盖的连接螺栓，用橡胶锤(或木槌)敲击输入轴的前端和轴承座壳体，直至后盖和轴承座壳体结合处出现松动。

想一想

变速器后盖的密封是动密封还是静密封？这种密封在机械上有什么要求？

(3)小心地将三挡和四挡拨叉轴移向三挡方向，取出小止动挡块，将拨叉轴重新推至空挡位置(注意：拨叉轴不能拉出太远，否则，同步器内的挡块会弹出来，拨叉轴不能回到空挡位置)。

(4)将倒挡和一挡齿轮同时啮合，锁住输出轴，旋下输出轴螺母。

(5)用专用工具顶住输入轴的中心，取下输入轴的锁环和挡油圈。

(6)用拉具拉出输入轴的球轴承(后轴承)。如果是组合式轴承，应先取出轴承的塑料保持支架,再用拉具拉出轴承。

做一做

找一找轴承上的代号,你能说出它代表的含义吗?

(7)将变速器壳体固定在台虎钳上,钳口应有较软的金属保持垫片,以防夹坏机件。

(8)取出三挡和四挡拨叉轴的夹紧套筒,将三挡和四挡拨叉轴往回拉,直至可以把三挡和四挡拨叉取出为止。

(9)将一挡和二挡拨叉轴重新放在空挡位置,取出输入轴。

(10)压出倒挡齿轮轴,并取出倒挡齿轮。

(11)用小冲头冲出一挡和二挡拨叉上的弹性销,并取出弹性夹片。

(12)用工具拉出输出轴总成(注意:在拉出输出轴总成的同时,应注意一挡和二挡拨叉轴的间隙,以防卡住)。

注意:

1.操作流程必须严格按照维修手册执行,进行轴承和螺栓的拆解过程必须保证操作到位,避免设备损坏;

2.按照维修手册进行零部件的清洁和润滑,对于指定更换的零件,必须要严格执行,以保证设备的正常运行,养成做事严谨的匠人精神;

3.拆装轴承卡环的时候容易造成卡环飞溅,注意操作谨慎,避免人员受伤。

想一想

变速器总成分解时,要注意哪些事项?

2 分解输入、输出轴总成

1)分解输入轴(图11-3)

(1)拆下有齿的锁环,从轴上取下四挡齿轮、滚针轴承、同步环,再取下三挡和同步器接合套、滑块及滑块弹簧。

想一想

观察输入轴的四挡齿轮和输出轴的四挡齿轮,哪个是主动齿轮?它们的传动方式是齿轮传动的哪种类型?

(2)拆出三挡和四挡同步器花键毂一侧锁环,用压具压出同步器花键毂。

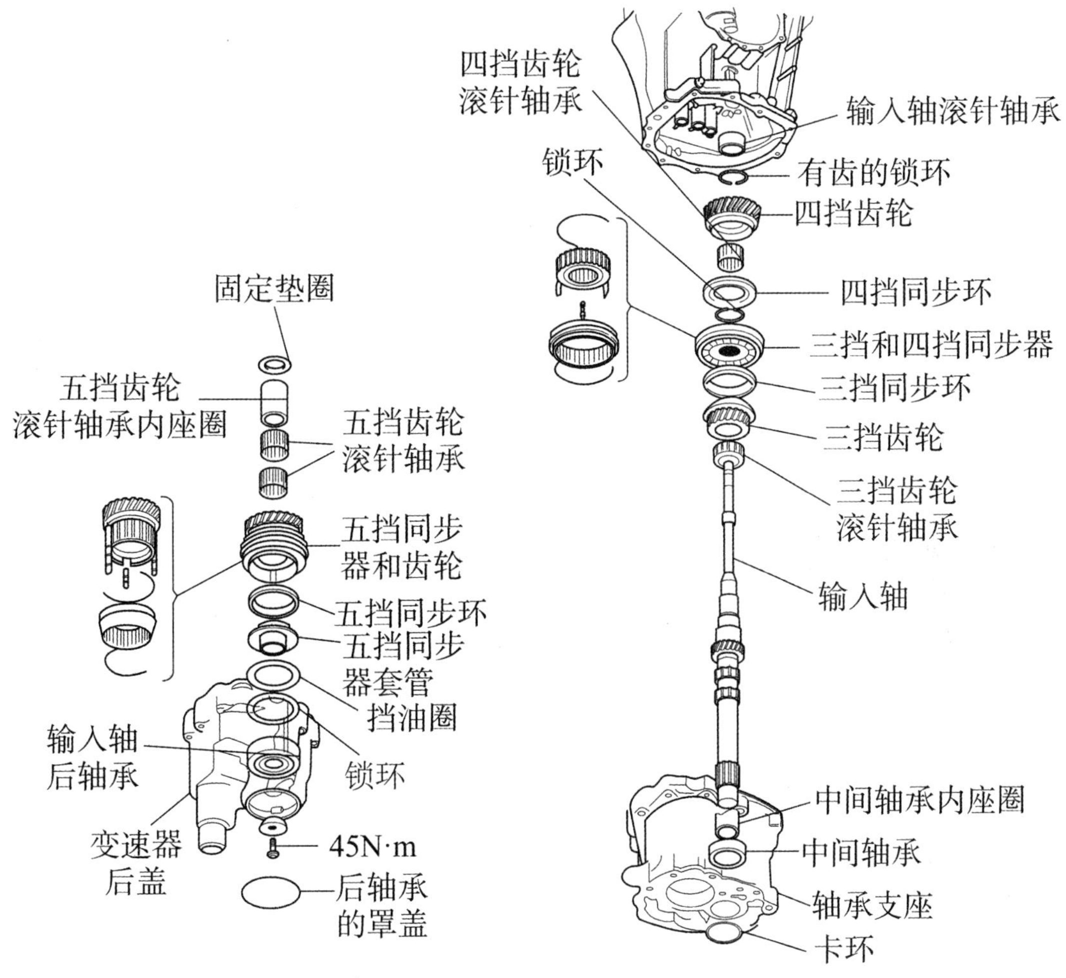

图 11-3　输入轴分解图

相关链接

由于变速器输入轴与输出轴以各自的速度旋转,变换挡位时存在一个“同步”问题。两个旋转速度不一样的齿轮强行啮合必然会发生冲击碰撞,损坏齿轮。因此设计师创造出“同步器”,通过同步器使将要啮合的齿轮达到一致的转速而顺利啮合。目前变速器上采用的大多是惯性同步器,它主要由接合套、同步环等组成,它的特点是依靠摩擦作用实现同步。

(3)取下三挡同步环、齿轮及滚针轴承。

(4)取下输入轴的中间轴承。

想一想

观察输入轴的结构,请说出它是哪种类型的轴、这种轴在结构上有什么特点以及轴上零件是怎么定位的。

2)分解输出轴(图11-4)

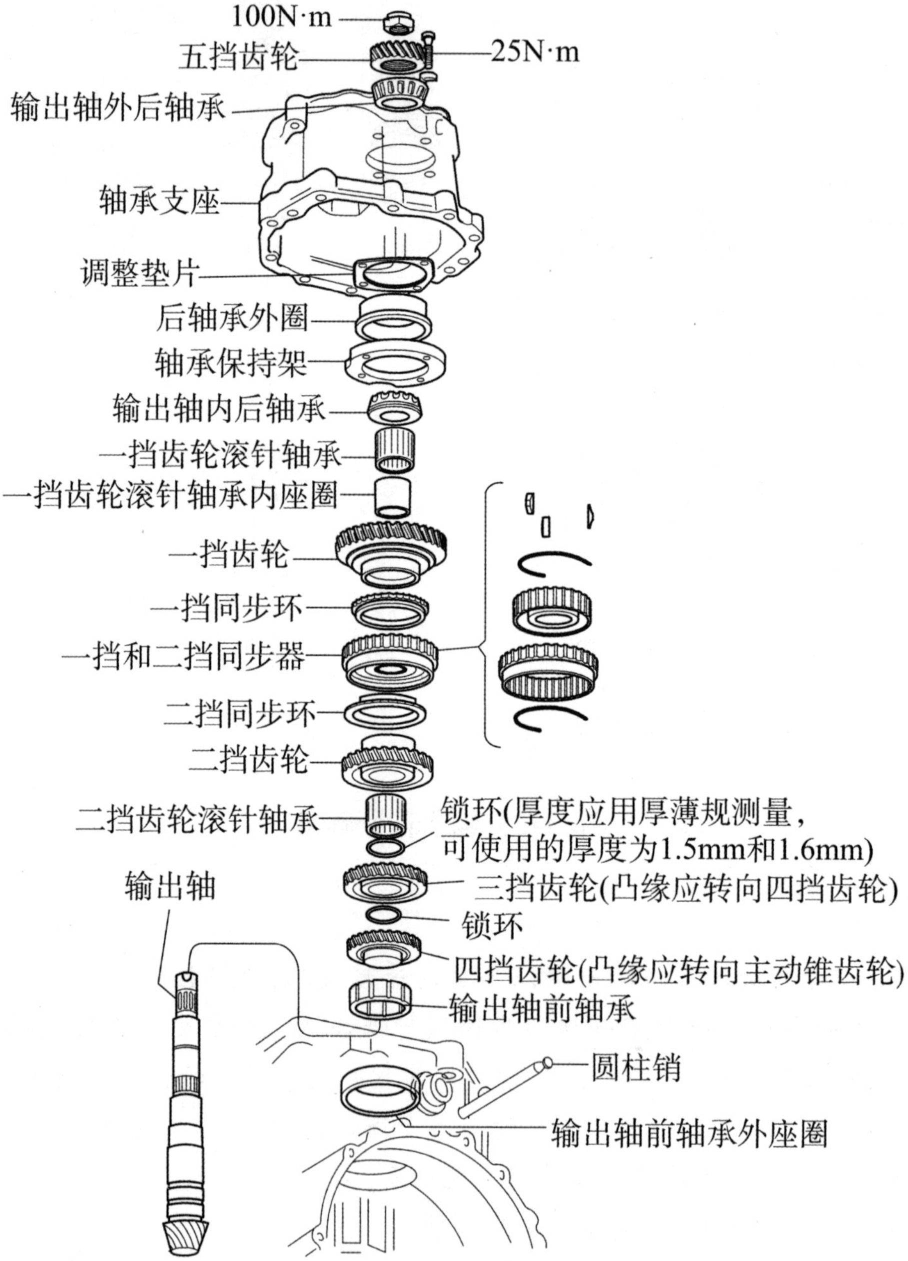

图11-4　输出轴分解图

(1)拆下输出轴内后轴承和一挡齿轮,取下滚针轴承和一挡同步环。

(2)压出二挡齿轮、一挡和二挡同步器,取下二挡齿轮滚针轴承。

(3)拆下三挡齿轮锁环及三挡齿轮。

想一想

输出轴上的三挡齿轮在工作时受到哪些力?

(4)拆下四挡齿轮锁环及四挡齿轮。

(5)取下轴出轴前端轴承。

想一想

输入轴、输出轴分解有哪些注意事项?

3 综合分析

(1)仔细观察变速器拆装后的零部件的结构,熟悉它们的名称及连接关系。

(2)将所拆下的机械零件按轴、轴承、齿轮、弹簧等形式分类,看看它们都包含了什么零件?

(3)注意观察轴、轴承、齿轮等零件,你能说出它们的主要损伤形式是什么吗?你可以判断哪些零件不能再使用而需要更换吗?

(4)查阅资料,分析变速器零件的材料。

(5)数一数输入轴、输出轴上的各挡齿轮的齿数,填写表 11-1 并回答问题。

传动比的计算 表 11-1

挡位	一挡	二挡	三挡	四挡	五挡	倒挡
输入轴齿数						
输出轴齿数						
传动比						

问题:

①五挡主动齿轮与从动齿轮在直径大小上跟其他挡位相比有什么特点?

②传动比越小说明什么?传动比小于 1 时变速器的速度有什么改变?

4 输入轴、输出轴的装配

1)输出轴总成的组装

(1)将前轴承压装到输出轴上,装上四挡齿轮(注意四挡齿轮的凸缘朝向轴承)。

(2)利用可供选择的锁环将四挡齿轮固定好(注意总是从较厚的锁环开始)。

相关链接

可选用的锁环厚度为2.35mm、2.38mm、2.41mm、2.44mm和2.47mm。

(3)压装三挡齿轮(注意三挡齿轮的凸缘朝向四挡齿轮)及三挡锁环。

(4)在二挡齿轮滚针轴承表面涂抹润滑脂,安装二挡齿轮滚针轴承、齿轮(注意二挡齿轮的凸缘背向主动锥齿轮)及二挡同步环。

想一想

请说出润滑滚针轴承的润滑脂名称和代号。在机械中,我们怎样选择润滑脂?

(5)安装一挡和二挡同步器。

2)输入轴总成的组装

(1)安装输入轴的中间轴承。

(2)将三挡齿轮滚针轴承表面涂抹润滑脂后,连同三挡齿轮安装到输入轴上。

(3)组装三挡和四挡同步器,将三挡齿轮和同步器压到输入轴上。

(4)安装锁环,轻压花键毂使其靠到锁环上。

(5)装入四挡同步环、滚针轴承、齿轮,安装有齿的锁环。

变速器轴的定位

变速器轴相对于变速器壳体位置精度高,套在轴上的轴类零件相对于轴的位置精度高,才能保证变速器可靠地工作。轴与壳体的相对位置主要靠轴承定位,轴类零件与轴的相对位置主要靠锁环定位。当变速器轴和轴上零件发生故障时,就要拆开变速器进行检查,因此,在拆装变速器轴时必须十分注意定位关系,才能保证装配精度。

在变速器轴的拆检装配和调整中，应首先调整好轴类零件对于轴的定位，只有零件定位准确才能再往变速器壳体上装配。当轴总成装到变速器壳体上时，应注意调整好轴对于壳体的定位。

5 变速器总成的装配

(1)压入输出轴总成。压入输出轴总成时，要将一挡和二挡拨叉、拨叉轴与输出轴总成一起装入轴承座壳体，然后再压入输出轴后轴承。压入时注意一挡和二挡拨叉轴的活动间隙，必要时轻轻敲击以免卡住。

(2)安装一挡和二挡拨叉，压入弹性销；安装倒挡齿轮，压入倒挡轴。

(3)安装输入轴时，要拉回三挡和四挡拨叉至能够装入接合套为止，同时应位于空挡位置，并用弹性销固定好拨叉。

(4)放好新的密封垫，将输入轴和输出轴及轴承座壳体一起与变速器壳体用M8×45的螺栓来连接，紧固力矩为25N·m。

(5)使用支承桥将输入轴支承住。

(6)压入输入轴的球轴承或组合式轴承。球轴承保持架密封面对着轴承座壳体，而组合式轴承的滚柱对着轴承座壳体。

(7)安装三挡和四挡拨叉轴上的小止动块，拧紧输出轴螺母的力矩为100 N·m。将三挡和四接拨叉轴置于空挡位置(注意：拨叉轴不能拉出太远，否则，同步器内的挡块可能弹出来。拨叉轴可能再压不回到空挡位置，这种情况下须重新拆卸变速器，将三个挡块压到同步器接套内)。

(8)安装差速器及变速器后盖。

(9)按规定加注变速器润滑油。

变速器装配后，应检查各挡齿轮的啮合与传动情况。各挡齿轮应运转自如，不得有碰撞情况。

四、考核要求

(1)能用正确的方法拆卸、装配变速器，能说出各零件的名称。

(2)知道手动变速器传动机构的组成及作用。

(3)能正确分析变速器中轴、轴承、齿轮等零件的类型，正确计算各挡传动比。

(4)注意各零件、部件的清洗和润滑。

(5)实践过程中严格执行7S标准。

(6)完成以下学习工作单的填制，见表11-2。

学 习 工 作 单 表11-2

<table>
<tr><td rowspan="2">手动变速器传动机构的拆装</td><td>姓名:</td><td>日期:</td></tr>
<tr><td>班级:</td><td>成绩:</td></tr>
<tr><td colspan="3">

一、学习目标描述

1. 认识手动变速器传动机构的组成,用正确的方法拆装汽车手动变速器传动机构;

2. 查阅相关资料,分析手动变速器主要零件的受力情况,观察拆装实物,能分辨零件的材料;

3. 正确计算传动比;

4. 掌握手动变速器的润滑方式和密封方式。

二、知识准备

1. 手动变速器由________和________两部分组成。变速传动机构的主要作用是改变________和________。

2. 大众 Passat Variant 采用五挡手动变速器,由________、________、________等组成。

3. 变速器设置有超速挡,传动比________1。

4. 请说出图中哪个是前进挡,哪个是倒挡。

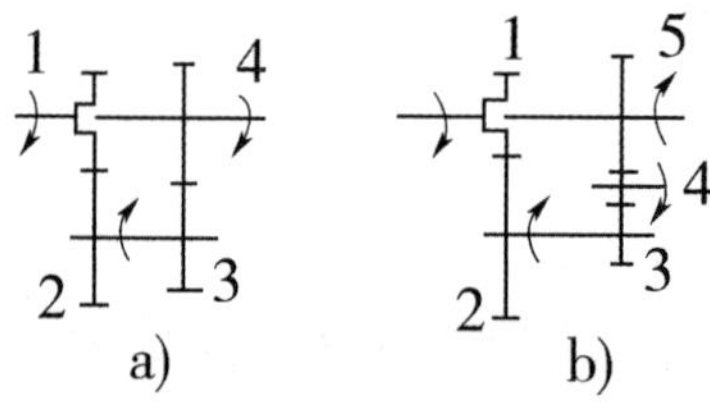

5. 观察二挡动力传递,说出二挡动力传递动力路线图。

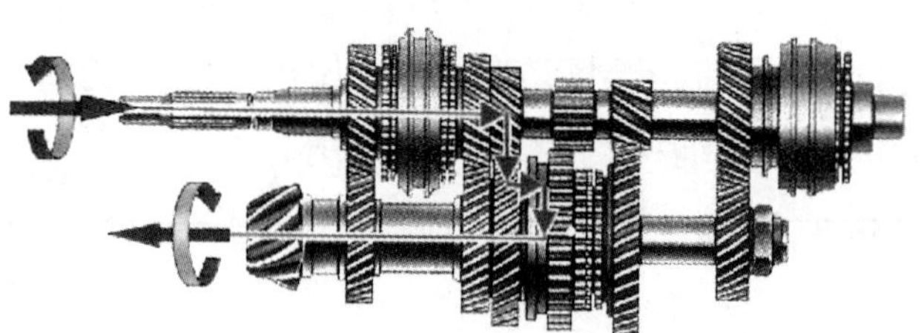

传递路线为:输入轴→________→________→________→________。

6. 数一数输入轴、输出轴上的各挡齿轮的齿数,填写表11-2,并回答问题。

</td></tr>
</table>

续上表

传 动 比 的 计 算

挡位	一挡	二挡	三挡	四挡	五挡	倒挡
输入轴齿数						
输出轴齿数						
传动比						

问题：

(1)五挡主动齿与从动齿在直径大小上跟其他挡位相比有什么特点?

(2)传动比越小说明什么?传动比小于1时变速器的速度有什么改变?

7. 大众 Passat Variant 变速器采用的润滑方式是________________。它需要加注润滑油的规格是________________,容量是________________升。

8. 用工具拉出输出轴总成时,要注意________________,以防卡住。

9. 变速器前盖的密封方式是________________。

10. 变速器轴与壳体的相对位置主要靠________________定位,轴类零件与轴的相对位置主要靠________________定位。

三、综合分析

1. 仔细观察变速器拆装后的零部件的结构,说出它们的名称及连接关系。

2. 将所拆下的机械零件按轴、轴承、齿轮等进行分类,看看它们都包含了什么零件?

3. 观察轴、轴承、齿轮等零件,说出它们的主要损伤形式是什么?判断哪些零件不能再使用,是否需要更换?

4. 查阅资料,分析变速器零件的材料。

参 考 文 献

[1] 凤勇. 汽车机械基础[M]. 4 版. 北京:人民交通出版社股份有限公司,2019.

[2] 李世维. 机械基础(机械类)[M]. 北京:高等教育出版社,2006.

[3] 周林福. 汽车底盘构造与维修[M]. 4 版. 北京:人民交通出版社股份有限公司,2019.

[4] 崔振民,张让莘. 汽车机械基础[M]. 北京:高等教育出版社,2005.

[5] 华楚生. 机械制造技术基础[M]. 重庆:重庆大学出版社,2000.

[6] 赵祥. 机械原理及机械零件[M]. 北京:中国铁道出版社,2006.

[7] 濮良贵,纪名刚. 机械设计[M]. 北京:高等教育出版社,2001.

[8] 彭胜得. 工程力学[M]. 4 版. 北京:中国劳动社会保障出版社,2007.

[9] 刘鸿文,吕荣坤. 材料力学实验[M]. 3 版. 北京:高等教育出版社,2006.

[10] 彭胜得. 工程力学[M]. 北京:中国劳动社会保障出版社,2007.

[11] 史艺农. 工程力学[M]. 西安:西安电子科技大学出版社,2009.

[12] 焦安红. 工程力学[M]. 西安:西安电子科技大学出版社,2009.

[13] 汤慧瑾. 机械零件课程设计[M]. 北京:高等教育出版社,2000.

[14] 韩满林. 机械基础[M]. 北京:电子工业出版社,2002.

[15] 陈霖,甘霖萍. 机械基础[M]. 北京:人民邮电出版社,2008.

[16] 李茂叶. 金属材料与热处理[M]. 北京:中国劳动社会保障出版社,2007.

[17] 潘建农. 金属材料与热处理[M]. 长沙:湖南大学出版社,2009.

[18] 刘德力. 金属材料与热处理[M]. 北京:科学出版社,2009.

[19] 王英杰,彭敏. 机械基础[M]. 北京:机械工业出版社,2018.

[20] 王珏翎. 气动与液压传动[M]. 北京:机械工业出版社,2018.

[21] 石金艳. 液压与气压传动[M]. 西安:西安交通大学出版社,2018.